科学出版社"十四五"普通高等教育研究生规划教材
电子科技大学"十四五"规划研究生教育精品教材

# 有限自动机理论
## （第四版）

周益民　陈文宇　段贵多　程　伟　编著

科学出版社
北　京

# 内 容 简 介

形式语言与自动机理论是计算机科学与技术专业的一门重要课程。本书简述形式语言基本内容，包括文法的分类、构造方法和语言间运算的封闭性。系统地论述三类有限自动机——有限状态自动机、下推自动机和图灵机的基础理论。从文法产生语言和自动机识别语言的角度对语言进行讨论，介绍了文法与等价的自动机之间的转换方法以及有限自动机的一些典型应用。本书以新的思维方式为读者提供了一把钥匙，主要培养读者的独立思考能力、抽象思维能力、使用符号化的系统描述程序设计语言或自然语言的语法结构的能力以及构造自动机的能力。

本书可作为高等学校计算机科学与技术学科各专业研究生的教材或参考书，也可作为计算机应用领域的广大科技人员的参考书。

**图书在版编目（CIP）数据**

有限自动机理论 / 周益民等编著. —4 版. — 北京：科学出版社，2021.9

（科学出版社"十四五"普通高等教育研究生规划教材·电子科技大学"十四五"规划研究生教育精品教材）

ISBN 978-7-03-069796-7

Ⅰ. ①有… Ⅱ. ①周… Ⅲ. ①有限自动机-自动机理论-高等学校-教材 Ⅳ. ①TP301.1

中国版本图书馆 CIP 数据核字 (2021) 第 185213 号

责任编辑：潘斯斯 张丽花 / 责任校对：王 瑞
责任印制：张 伟 / 封面设计：迷底书装

科 学 出 版 社 出版
北京东黄城根北街 16 号
邮政编码：100717
http://www.sciencep.com

北京九州迅驰传媒文化有限公司 印刷
科学出版社发行 各地新华书店经销
*
2007 年 3 月第 一 版 开本：787×1092 1/16
2021 年 9 月第 四 版 印张：13 1/2
2022 年 2 月第二次印刷 字数：320 000

**定价：88.00 元**

（如有印装质量问题，我社负责调换）

# 前　　言

　　计算机科学与技术学科强调 4 个方面的专业能力：计算思维能力，算法设计与分析能力，程序设计与实现能力，计算机系统的认知、分析、设计和运用能力。这也是计算机科学与技术学科同其他学科的重要区别。相关的理论是计算机科学与技术学科的基础。理论方面的知识是计算机的真正灵魂。理论是从计算机应用中抽象出来的，目的在于使用抽象出来的理论去更好地指导实践。

　　在本科阶段的学习过程中，学生以观察、描述、比较、分类、推断、应用、创造性思维等科学思维过程为主，强调自学能力的培养；在研究生阶段，需要对学生进一步进行抽象思维、逻辑思维、创造性思维能力的培养。相较本科生，研究生需要更宽厚、坚实的理论基础。

　　建立物理符号系统并对其实施等价变换，是计算机科学与技术学科进行问题描述和求解的重要手段。"可行性"所要求的"形式化"及其"离散特征"使得数学成为研究计算机科学的重要工具，而计算模型无论从方法还是从工具等方面，都表现出它在计算机科学中的重要作用。

　　计算机科学与技术学科要求具有形式化描述和抽象思维能力，要求掌握逻辑思维方法。这种能力就是计算思维能力或计算机思维能力。

　　计算理论是研究使用计算机解决计算问题的数学理论。它有 3 个核心领域：可计算性理论、计算的复杂性理论和形式语言与自动机理论。

　　可计算性理论的中心问题是，通过建立计算的数学模型，进而研究哪些是可计算的，哪些是不可计算的。在可计算性理论中，将问题分成可计算的和不可计算的。

　　计算的复杂性理论研究算法的时间复杂性和空间复杂性。计算的复杂性理论的目标是把可计算的问题分成简单的和困难的。

　　形式语言与自动机理论论述计算的数学模型的定义与性质（一个目标或者一个通俗的定义），这些模型在若干科学应用领域起着重要的作用。例如，在计算机科学中，自动机用作计算机和计算过程的动态数学模型，用来研究计算机的体系结构、逻辑操作、程序设计乃至计算复杂性理论；在语言学中，把自动机作为语言识别器，用于研究各种形式语言；在神经生理学中，将自动机定义为神经网络的动态模型，用于研究神经生理活动和思维规律；在生物学中，将自动机作为生命体的生长发育模型以研究新陈代谢与遗传变异；在数学中，用自动机定义可计算函数，研究各种算法。

　　形式语言与自动机理论是学习计算理论的良好起点，不仅能提高对问题的感知能力，也能提高思维的敏捷性，使得考虑问题仔细、严谨、周密、有理有据。形式语言与自动机理论实现了从形象思维到抽象思维的过渡，从个例入手，通过缜密的思维和推导，将问题或模型抽象从而推广。思维和推导的过程促进逻辑思维和创造力的发展，使得思维过程清晰化、条理化、整体化，提高推理、判断、分析问题和解决问题的能力。

　　计算理论并不神秘，它是容易理解且十分有趣的。计算理论的发展沉淀了无数科研工作者的辛勤与智慧，因此在学习计算理论的过程中不仅应当掌握理论知识，也要体会并感悟大师们思想的闪光点，站在巨人的肩膀上方可看得更远。

计算机学科的方法论有 3 个过程：抽象、理论和实现。根本的问题是：如何精确描述问题、哪些部分能够被自动化、如何进行自动化描述。

计算机求解特定问题建立在问题的高度抽象上。问题的符号化及处理过程的机械化、严格化等固有特性决定了数学是计算机科学与技术学科的重要基础。数学及其形式化描述以及严密的表达和计算，是计算机科学与技术学科研究和解决问题的重要工具。建立物理符号系统并对其实施变换，是计算机科学与技术学科进行问题描述和求解的重要手段。学科所要求的计算机问题求解的"可行性"限定了从问题抽象开始到根据适当理论的指导进行实现的科学世界过程。

形式语言与自动机理论包括 3 方面的内容：形式语言理论、自动机理论和形式语言与自动机等价性理论。本书主要讨论自动机理论和形式语言与自动机等价性理论。

研究生的适应能力及创新能力在很大程度上取决于坚实的理论基础和专业基础知识，这是高质量研究生教育的重要特征之一，因此理论课程的学习就显得尤为重要。研究生理论课程教学，必须立足于提高研究生的学术水平和科研能力，是实现研究生培养目标、保证研究生质量的重要环节。

全书共分为 5 章。第 1 章为基础知识，简要说明本书所需的基本数学知识、基本概念和推理方法；第 2 章是形式语言的基本内容，引入文法的相关概念与定义，并介绍正则表达式和正则集；第 3 章介绍有限状态自动机的概念、形式及应用；第 4 章介绍下推自动机和上下文无关文法；第 5 章是对图灵机的讨论。

本书的目标是，力求使计算机科学与技术学科各个专业的研究生掌握各类有限自动机的模型、构造方法和技巧，培养计算思维能力。

本书基本覆盖了形式语言的基本内容和有限自动机的主要内容，可以作为计算机科学与技术学科各个专业研究生的教材。

本书不注重定理的烦琐证明过程，而强调问题的思考方法和思路的研究，以提高读者的创新思维能力。

本书是在第 3 版的基础上进行修订的。全书由周益民、陈文宇、段贵多、程伟编著，王晓斌教授审阅了全书。

在本书撰写过程中，得到了田玲、曾红和陈青然等的热情帮助，在此对他们及所有为本书的出版付出辛勤劳动的同志表示衷心的感谢。

由于作者水平有限，本书难免存在疏漏之处，殷切希望广大读者批评指正。

编　者

2020 年 11 月

# 目　　录

# 第1章 基础知识

形式语言与自动机理论包括 3 方面的内容：形式语言理论、自动机理论和形式语言与自动机等价性理论。本书主要讨论自动机理论和形式语言与自动机等价性理论。

本书内容属于理论计算机科学的理论范畴，所需的数学基础知识较多。本章对形式语言和有限自动机理论中所需的数学基础知识做扼要的介绍，内容包括集合及其运算、关系、证明和证明的方法以及图与树的概念；同时对形式语言和自动机理论中的重要概念及相关术语做简要介绍。

## 1.1 集合及其运算

集合理论是计算机理论的重要基础，也是形式语言和自动机理论的基础。

一些没有重复的对象的全体称为集合，而这些被包含的对象称为该集合的元素。集合中元素可以按任意顺序进行排列。一般来说，使用大写英文字母表示一个集合。使用 $\varnothing$ 代表空集，表示该集合未包含任何元素。

若集合 $A$ 包含元素 $x$（也称元素 $x$ 属于集合 $A$），则记为 $x \in A$。

若集合 $A$ 未包含元素 $x$（也称元素 $x$ 不属于集合 $A$），则记为 $x \notin A$。

若一个集合包含的元素个数是有限的，则称该集合为有穷集合。若一个集合包含的元素个数是无限的，则称该集合为无穷集合。

对于任意的有穷集合 $A$，使用 $|A|$ 表示该集合包含的元素的个数，显然，$|\varnothing| = 0$。

对于具体的集合，可以使用明确的、形式化的方法进行描述。

对于元素个数较少的有穷集合，可以采用列举法，即将集合的所有元素全部列出，放在一对花括号中。例如，集合 $A = \{0, 1, 2, 3, 4, 5, 6, 7, 8, 9\}$，表示集合 $A$ 由 0、1、2、3、4、5、6、7、8、9 共 10 个元素组成。

对于集合元素较多的有穷集合和无穷集合，可以使用集合形成模式 $\{x \mid P(x)\}$ 进行描述（也称为命题法）；其中，$x$ 表示集合中的任一元素，$P(x)$ 是一个谓词，对 $x$ 进行限定。$\{x \mid P(x)\}$ 表示由满足 $P(x)$ 的一切 $x$ 构成的集合。可以使用自然语言或数学表示法来描述谓词 $P(x)$。

例如，$\{n \mid n$ 是偶数$\}$ 或 $\{n \mid n \bmod 2 = 0\}$，都表示由所有偶数组成的集合。

**定义 1.1** 子集的定义。

对于两个集合 $A$ 和 $B$，若集合 $A$ 的元素都是集合 $B$ 的元素，则称集合 $A$ 包含于集合 $B$ 中（或称集合 $B$ 包含集合 $A$），记为 $A \subseteq B$，并且称集合 $A$ 是集合 $B$ 的子集。

若 $A \subseteq B$，且集合 $B$ 中至少有一个元素不属于集合 $A$，则称集合 $A$ 真包含于集合 $B$ 中（或称集合 $B$ 真包含集合 $A$），记为 $A \subset B$，此时，称集合 $A$ 是集合 $B$ 的真子集。

两个集合相等，当且仅当 $A \subseteq B$ 且 $B \subseteq A$。注意：不是 $A \subset B$ 且 $B \subset A$。

**定义 1.2**　集合之间的运算。

集合 $A$ 与集合 $B$ 的并(或称为集合 $A$ 与集合 $B$ 的和)，记为 $A \cup B$，是由集合 $A$ 的所有元素和集合 $B$ 的所有元素合并在一起组成的集合：

$$A \cup B = \{x \mid x \in A \text{ 或 } x \in B\}$$

集合 $A$ 与集合 $B$ 的交，记为 $A \cap B$，是由集合 $A$ 和集合 $B$ 的所有公共元素组成的集合：

$$A \cap B = \{x \mid x \in A \text{ 且 } x \in B\}$$

集合 $A$ 与集合 $B$ 的差，记为 $A-B$，是由属于集合 $A$ 但不属于集合 $B$ 的所有元素组成的集合：

$$A-B = \{x \mid x \in A \text{ 且 } x \notin B\}$$

若 $B \subseteq A$，则将 $A-B$ 称为集合 $B$(关于集合 $A$)的补，集合 $A$ 称为集合 $B$ 的全集(论域)。

**思考**：什么情况下，$A \cup B = A$，$A \cap B = A$，$A-B = A$？

**定义 1.3**　幂集的定义。

设 $A$ 为一个集合，那么 $A$ 的幂集为 $A$ 的所有子集组成的集合，记为 $2^A$，即

$$2^A = \{B \mid B \subseteq A\}$$

**例 1.1**　幂集的例子。

集合 $A = \{1, 2, 3\}$，则 $A$ 的幂集为

$$2^A = \{$$
$$\varnothing,$$
$$\{1\}, \{2\}, \{3\},$$
$$\{1, 2\}, \{1, 3\}, \{2, 3\},$$
$$\{1, 2, 3\}$$
$$\}$$

当集合 $A$ 为有穷集合时，如果集合 $A$ 包含的元素个数为 $n$，那么集合 $2^A$ 的元素个数(集合 $A$ 的所有子集的个数)为 $2^n$，这就是称 $2^A$ 为集合 $A$ 的幂集的原因。当集合 $A$ 为无穷集合时，仍然使用 $2^A$ 表示集合 $A$ 的幂集，它也是无穷集合。

**注意**：任何集合 $A$ 的幂集 $2^A$ 的元素都是集合。空集 $\varnothing$ 是任何集合的子集，因此也是任何集合 $A$ 的幂集 $2^A$ 的子集。

**定义 1.4**　笛卡儿乘积的定义。

集合 $A$ 和 $B$ 的笛卡儿乘积使用 $A \times B$ 表示(也简记为 $AB$)，它是集合

$$\{(a, b) \mid a \in A \text{ 且 } b \in B\}$$

$A \times B$ 的元素称为有序偶对 $(a, b)$，总是 $A$ 的元素在前，$B$ 的元素在后。$A \times B$ 与 $B \times A$ 一般不相等。

例如，设 $A = \{a, b, c\}$，$B = \{0, 1\}$，则

$$A \times B = \{(a, 0), (a, 1), (b, 0), (b, 1), (c, 0), (c, 1)\}$$

而

$$B{\times}A=\{(0,a),(0,b),(0,c),(1,a),(1,b),(1,c)\}$$

**思考**：什么情况下，$A{\times}B=B{\times}A$？

# 1.2　关　　系

## 1.2.1　二元关系

**定义 1.5**　二元关系的定义。

设 $A$ 和 $B$ 为两个集合，则 $A{\times}B$ 的任何一个子集称为 $A$ 到 $B$ 的一个二元关系。若 $R$ 为 $A$ 到 $B$ 的关系，当 $(a,b)\in R$ 时，可记为 $aRb$。二元关系简称为关系。

若 $A=B$，则称为 $A$ 上的二元关系。

**例 1.2**　关系的例子。

设 $A$ 为正整数集合，则 $A$ 上的关系"$<$"是集合

$$\{(a,b)\mid a,b\in A\ \ 且\ a<b\}$$

即

$$\left\{
\begin{matrix}
(1,2),(1,3),\cdots \\
(2,3),(2,4),\cdots \\
(3,4),(3,5),\cdots \\
\cdots
\end{matrix}
\right\}$$

**思考**：如果集合 $A$ 和 $B$ 都是有穷集合，则 $A$ 到 $B$ 的二元关系有多少个？$A$ 到 $B$ 的一个二元关系最多可以有多少个元素？最少可以有多少个元素？

## 1.2.2　等价关系

设 $R$ 是集合 $A$ 上的关系，那么

若对 $A$ 中的任何元素 $a$，都有 $aRa$，则称 $R$ 为自反的。

若对 $A$ 中的任何元素 $a$ 和 $b$，从 $aRb$ 能够推出 $bRa$，则称 $R$ 为对称的。

若对 $A$ 中的任何元素 $a$、$b$ 和 $c$，从 $aRb$ 和 $bRc$ 能够推出 $aRc$，则称 $R$ 为传递的。

**定义 1.6**　等价关系的定义。

若关系 $R$ 同时是自反的、对称的和传递的，则称 $R$ 为等价关系。

等价关系的一个重要性质为：集合 $A$ 上的一个等价关系 $R$ 可以将集合 $A$ 划分为若干互不相交的子集，称为等价类。

对 $A$ 中的每个元素 $a$，使用 $[a]$ 表示 $a$ 的等价类，即

$$[a]=\{b\mid aRb\}$$

等价关系 $R$ 将集合 $A$ 划分成等价类的数目称为该等价关系的指数。

**例 1.3** 等价关系的例子。

考虑非负整数集合 $N$ 上的模 3 同余关系 $R$：

$$R=\{(a, b) \mid a, b\in N \text{ 且 } a \bmod 3=b \bmod 3\}$$

则集合

$$\{0, 3, 6,\cdots, 3n,\cdots\}$$

形成一个等价类，记为[0]。

集合

$$\{1, 4, 7,\cdots, 3n + 1,\cdots\}$$

形成一个等价类，记为[1]。

集合

$$\{2, 5, 8,\cdots, 3n + 2,\cdots\}$$

形成一个等价类，记为[2]。由于

$$N = [0]\cup [1]\cup [2]$$

因此 $R$ 的指数为 3。

### 1.2.3  关系合成

关系是可以合成的。

**定义 1.7**  关系合成的定义。

设 $R_1 \subseteq A\times B$ 是集合 $A$ 到 $B$ 的关系，设 $R_2 \subseteq B\times C$ 是集合 $B$ 到 $C$ 的关系，则 $R_1$ 和 $R_2$ 的合成是集合 $A$ 到 $C$ 的（二元）关系。

$R_1$ 和 $R_2$ 的合成记为 $R_1\circ R_2$，则有

$$R_1\circ R_2 = \{(a, c)|(a, b)\in R_1 \text{ 且 } (b, c)\in R_2\}$$

**例 1.4**  关系合成的例子。

设 $R_1$ 和 $R_2$ 是集合 $\{1, 2, 3, 4\}$ 上的关系，

$$R_1=\{(1, 1), (1, 2), (2, 3), (3, 4)\}$$

$$R_2=\{(2, 4), (4, 1), (4, 3), (3, 1), (3, 4)\}$$

则

$$R_1\circ R_2=\{(1, 4), (2, 1), (2, 4), (3, 1), (3, 3)\}$$

$$R_2\circ R_1=\{(4, 1), (4, 2), (4, 4), (3, 1), (3, 2)\}$$

**定义 1.8**  关系的 $n$ 次幂的定义。

设 $R$ 是 $S$ 上的二元关系，则关系的 $n$ 次幂 $R^n$ 有如下递归定义：

$$R^0=\{(a, a)|a\in S\}$$

$$R^i=R^{i-1}\circ R, \quad i=1, 2, 3,\cdots$$

**定义 1.9**  关系的闭包定义。

设 $R$ 是 $S$ 上的二元关系，$R$ 的正闭包 $R^+$ 定义为

(1) $R \in R^+$；

(2) 若 $(a, b)$, $(b, c) \in R^+$，则 $(a, c) \in R^+$；

(3) 除 (1) 和 (2) 外，$R^+$ 不再含有其他任何元素，即

$$R^+ = R \cup R^2 \cup R^3 \cup \cdots$$

且当 $S$ 为有穷集合时，有

$$R^+ = R \cup R^2 \cup R^3 \cup \cdots \cup R^{|S|}$$

设 $R$ 是 $S$ 上的二元关系，$R$ 的克林尼(Kleene)闭包 $R^*$ 定义为

$$R^* = R^0 \cup R^+$$

**例 1.5** 关系闭包的例子。

设 $R_1$ 和 $R_2$ 是集合 $\{a, b, c, d, e\}$ 上的二元关系，且

$$R_1 = \{(a, b), (c, d), (b, d), (b, b), (d, e)\}$$
$$R_2 = \{(a, a), (b, c), (d, c), (e, d), (c, a)\}$$

求 $R_1 \circ R_2$，$R_1^+$，$R_1^*$。

(1) $R_1 \circ R_2 = \{(a, c), (c, c), (b, c), (d, d)\}$

(2) $R_1^+ = \{(a, b), (c, d), (b, d), (b, b), (d, e), (a, d), (a, e), (c, e), (b, e)\}$

(3) $R_1^* = \{(a, a), (b, b), (c, c), (d, d), (e, e)\} \cup R_1^+$

# 1.3 证明和证明的方法

形式语言和有限自动机有很强的理论性，许多论断是以定理的形式给出的，而定理的正确性是需要进行证明的。

形式语言和有限自动机理论中定理的证明，大多使用反证法和归纳法进行。

## 1.3.1 反证法

反证法也称为归谬法。利用反证法证明一个命题时，一般步骤如下。

(1) 假设该命题不成立。

(2) 进行一系列的推理。

(3) 如果在推理的过程中，出现了下列情况之一：

① 得出的结论与已知条件矛盾；

② 得出的结论与公理矛盾；

③ 得出的结论与已证明过的定理矛盾；

④ 得出的结论与临时的假定矛盾；

⑤ 得出的结论自相矛盾；

则可以断言"假设该命题不成立"的假定是不正确的。

(4) 肯定原来的命题是正确的。

**例 1.6** 反证法举例。

利用反证法证明 $\sqrt{2}$ 是无理数。

证明：假设 $\sqrt{2}$ 不是无理数，那么 $\sqrt{2}$ 是有理数，则 $\sqrt{2}$ 可以记为 $\dfrac{n}{m}$，而且 $n$ 和 $m$ 是互质的，即 $n$ 和 $m$ 的最大公约数为 1。

$$\sqrt{2}=\frac{n}{m}$$

则

$$2=\frac{n^2}{m^2}$$

$$n^2=2m^2$$

所以，$n$ 是偶数。令 $n=2k$，则

$$(2k)^2=2m^2$$

$$4k^2=2m^2$$

$$2k^2=m^2$$

所以，$m$ 是偶数。

$n$ 和 $m$ 都是偶数，与 $n$ 和 $m$ 的最大公约数为 1 矛盾。所以假设不成立，因此得证 $\sqrt{2}$ 是无理数。

思考：18 是完全平方数吗？

## 1.3.2 归纳法

归纳法就是从特殊到一般的推理方法。归纳法分为完全归纳法和不完全归纳法两种形式。完全归纳法是根据一切情况的分析而做出的推理。由于必须考虑所有的情况，所以得出的结论是完全可靠的。不完全归纳法是根据一部分情况做出的推理，因此它不能作为严格的证明方法。

在形式语言与有限自动机理论中，大量使用数学归纳法来证明某个命题。数学归纳法可以使用"有限"的步骤来解决"无限"的问题。数学归纳法的步骤如下。

假定对于一切非负整数 $n$，有一个命题 $M(n)$：

（1）$M(0)$ 为真；

（2）设对于任意的 $k\geq0$，$M(k)$ 为真；若能够推出 $M(k+1)$ 为真，则对一切 $n\geq0$，$M(n)$ 为真。

因此，在使用数学归纳法证明某个关于非负整数 $n$ 的命题 $P(n)$ 时，只需要证明（1）、（2）两点即可。第（1）步称为归纳基础，第（2）步称为归纳步骤。第（2）步中"设对于任意的 $k\geq0$，$M(k)$ 为真"称为归纳假设。

在实际应用中，某些命题 $P(n)$ 并非对 $n\geq0$ 都成立，而是对 $n\geq N$（$N$ 为大于 0 的某个自然数）成立，此时，也一样可以使用该归纳法。具体步骤如下。

假定对于一切非负整数 $n$，有一个命题 $M(n)$：

（1）$M(N)$ 为真；

（2）设对于任意的 $k \geqslant N$，$M(k)$ 为真；若能够推出 $M(k+1)$ 为真，则对一切 $n \geqslant N$，$M(n)$ 为真。

### 1.3.3 递归的定义与归纳证明

递归定义提供了集合的一种良好定义方式，使得集合中元素的构造规律较为明显，同时给集合性质的归纳证明提供了良好的基础。递归定义集合的步骤如下。

（1）基础：首先定义该集合中最基本的元素。

（2）递归：若该集合的元素为 $x_1, x_2, x_3, \cdots$，则使用某种运算、函数或组合方法对这些元素进行处理后所得的新元素也在该集合中。

（3）有限性：只有满足（1）和（2）的元素才包含在集合中。

归纳方法证明递归定义集合性质的步骤如下。

（1）基础：证明该集合中的最基本元素具有性质 $P$，而且使得该集合非空。

（2）归纳：证明若该集合的元素 $x_1, x_2, x_3, \cdots$ 具有性质 $P$，则使用某种运算、函数或组合方法对这些元素进行处理后所得的元素也具有性质 $P$。

（3）根据归纳法原理，集合中的所有元素也具有性质 $P$。

**例 1.7** Fibonacci 数组成的集合的定义。

Fibonacci 数组成的集合为 $\{0, 1, 1, 2, 3, 5, 8, 13, 21, 34, 55, \cdots\}$

按照下列步骤生成该集合中的所有元素。

（1）基础：0 和 1 是该集合最基本的两个元素。

（2）归纳：若 $m$ 是第 $i$ 个元素，$n$ 是第 $i+1$ 个元素，则第 $i+2$ 个元素为 $n+m$，其中 $i \geqslant 1$。

（3）只有满足（1）和（2）的数，才是集合的元素。

**例 1.8** 括号匹配的串所构成的集合的定义。

该集合是指所有左括号和右括号相匹配的串的集合，例如，（ ）、（（ ））、（ ）（ ）等都是该集合的元素；而）（、（（ ）等就不是该集合的元素。

按照下列步骤生成该集合中的所有元素。

（1）基础：（ ）是该集合最基本的元素。

（2）归纳：若 $A$ 是该集合的元素，则（$A$）是该集合的元素；若 $A$ 和 $B$ 是该集合的元素，则（$AB$）是该集合的元素。

（3）只有满足（1）和（2）的串，才是集合的元素。

## 1.4 图 与 树

现实世界中，有许多问题可以抽象成图来表示。图是由一些点和连接两点的边组成的。

**定义 1.10** 无向图的定义。

设 $V$ 是一个非空的有穷集合，$E \subseteq V \times V$，称 $G = (V, E)$ 为一个无向图。$V$ 称为顶点集，$V$ 中的元素称为顶点；$E$ 称为无向边集，$E$ 中的元素称为无向边。

无向图中的边都没有方向。例如，$(v_i, v_j)$ 和 $(v_j, v_i)$ 表示的是同一条边。

**定义 1.11** 有向图的定义。

设 $V$ 是一个非空的有穷集合，$E \subseteq V \times V$，称 $G=(V, E)$ 为一个有向图。$V$ 称为顶点集，$V$ 中的元素称为顶点；$E$ 称为有向边集，$E$ 中的元素称为有向边。

有向图中的边都有方向。例如，$(v_i, v_j)$ 表示的是从顶点 $v_i$ 出发，到达顶点 $v_j$ 的一条边；其中，$v_i$ 称为 $v_j$ 的前导，$v_j$ 称为 $v_i$ 的后继。$(v_i, v_j)$ 和 $(v_j, v_i)$ 表示的是不同的边。

**定义 1.12** 有向路的定义。

设 $G=(V, E)$ 为一个有向图。若对于 $1 \leqslant i \leqslant k$，均有 $(v_i, v_{i+1}) \in E$，则称 $v_1, v_2, v_3, \cdots, v_k$ 是 $G$ 的一条有向路。当 $v_1=v_k$ 时，$v_1, v_2, v_3, \cdots, v_k$ 称为一条有向回路。

**定义 1.13** 树的定义。

设 $G=(V, E)$ 为一个有向图。当 $G$ 满足如下条件时，称 $G$ 为一棵（有向）树：

(1) 一个顶点 $v$ 若没有前导，且 $v$ 到图中的其他顶点都有一条有向路，则该顶点称为树的根节点；

(2) 每个非根顶点有且仅有一个前导；

(3) 每个顶点的后继按其拓扑关系从左到右排序。

通常，树中的顶点称为节点，某个顶点的前导称为该节点的父亲，某个顶点的后继称为该节点的儿子。若树中有一条从顶点 $v_i$ 到顶点 $v_j$ 的有向路，则称 $v_i$ 是 $v_j$ 的祖先，$v_j$ 是 $v_i$ 的后代。无儿子的节点称为叶子节点，非叶子节点称为中间节点(分支节点)。

# 1.5 语　　言

任意字符的非空集合就是一个字母表，最常用的字母表是 26 个英文字母大小写表、10 个阿拉伯数字字母表、24 个希腊字符字母表以及 0 和 1 的二进制字母表。

字母表具有非空性、有穷性。一般用 $\sum$ 表示字母表。

字母表中的字母按照某种顺序一个接一个地排列起来，形成的字符的序列，称为一个字符串；一般用 $\varepsilon$ 代表空串。

形式语言和自动机理论中的语言是一个广泛的概念，一个字母表上的语言就是该字母表的某些字符串(也称为句子)的集合。

对于语言的研究，实际上包括 3 个方面。

(1) 如何给出一个语言的表示。如果该语言是有穷语言，那么可以使用列举法列举出语言中所包含的所有字符串；如果该语言是无穷语言，那么对该语言的表示，需要考虑语言的有穷描述。

(2) 一个给定的语言是否存在有穷描述。并不是所有的语言都存在有穷描述，即对于某些语言，并不存在有穷表示。

(3) 具有有穷表示的语言的结构和结构的特性问题。

# 1.6 常 用 术 语

(1) 用 $\varepsilon$ 代表空串，$\{\varepsilon\}$ 代表仅含有空串的集合。

(2)用 $\varnothing$ 代表空集，表示不包含任何元素的集合。

(3)用 $\Sigma$ 代表一个符号的非空有限集合，称为字母表，其中的元素称为字母。

(4)用 $\alpha\beta$ 代表两个字符串 $\alpha$ 与 $\beta$ 的连接。

若 $\alpha = a_1a_2a_3\cdots a_n$，$\beta = b_1b_2b_3\cdots b_m$，$m, n \geqslant 0$，则

$$\alpha\beta = a_1a_2a_3\cdots a_nb_1b_2b_3\cdots b_m$$

显然

$$\alpha\varepsilon = \varepsilon\alpha = \alpha$$

(5)用 $AB$ 代表两个集合 $A$ 与 $B$ 的连接。

若 $A=\{a_1, a_2, a_3,\cdots, a_n\}$，$B=\{b_1, b_2, b_3,\cdots, b_m\}$，则

$$
\begin{aligned}
AB=\{ & a_1b_1, a_1b_2, a_1b_3,\cdots, a_1b_m, \\
& a_2b_1, a_2b_2, a_2b_3,\cdots, a_2b_m, \\
& a_3b_1, a_3b_2, a_3b_3,\cdots, a_3b_m, \\
& \cdots \\
& a_nb_1, a_nb_2, a_nb_3,\cdots, a_nb_m \}
\end{aligned}
$$

注意：

$$A\varnothing=\varnothing A=\varnothing$$

一般来说，$AB$ 与 $BA$ 是不相等的。$AB$ 与 $BA$ 在 3 种情况下相等：① $A=B$；② $A$ 和 $B$ 中有一个为 $\{\varepsilon\}$，则 $A\{\varepsilon\}=\{\varepsilon\}A=A$；③ $A$ 和 $B$ 中有一个为 $\varnothing$，则 $A\varnothing=\varnothing A=\varnothing$。

(6)用 $A^n$ 代表集合 $A$ 的 $n$ 次连接，即

$$A^0=\{\varepsilon\}$$
$$A^1=A$$
$$A^2=AA$$
$$A^3=AA^2$$
$$\cdots$$
$$A^n=AA^{n-1}$$

(7)用 $A^*$ 代表集合 $A$ 上所有字符串的集合，即表示集合 $A$ 中的所有字符串进行任意次连接而形成的串的集合，也称 $A^*$ 为集合 $A$ 的闭包(克林闭包)：

$$A^*=A^0\cup A^1\cup A^2\cup\cdots$$

例如，$A=\{0, 1\}$，则

$A^0=\{\varepsilon\}$，即长度为 0 的由 0 和 1 组成的串的集合

$A^1=A=\{0, 1\}$，即长度为 1 的由 0 和 1 组成的串的集合

$A^2=AA=\{00, 01, 10, 11\}$，即长度为 2 的由 0 和 1 组成的串的集合

$A^3=AA^2=\{000, 001, 010, 011, 100, 101, 110, 111\}$，即长度为 3 由 0 和 1 组成的串的集合

$$\cdots$$

$$A^*=A^0\cup A^1\cup A^2\cup\cdots$$

$$=\{0\text{ 和 }1\text{ 组成的所有的串}\}$$

$$=\{\omega \mid \omega\text{ 是由 }0\text{ 和 }1\text{ 组成的串}\}$$

例如，若 $A=\{a, b, c\}$，则

$$A^*=\{a, b, c\text{ 组成的所有的串}\}$$

$$=\{\omega \mid \omega\text{ 是由 }a, b\text{ 和 }c\text{ 组成的串}\}$$

若串 $\omega$ 是一个集合 $A$ 的闭包中的串，则也称 $\omega$ 是集合 $A$ 上的串。

对于任何集合 $A$，有 $(A^*)^*=A^*$，$A^0=\{\varepsilon\}$。

(8)用 $A^+$ 代表一个集合，称为 $A$ 的正闭包，

$$A^+=A^1 \cup A^2 \cup \cdots$$

$A^+$ 也代表集合 $A$ 上所有串的集合(除 $\varepsilon$ 外)。

根据定义，对于任意的集合 $A$，有

$$A^*=A^0 \cup A^+$$

对于任意的集合 $A$，有

$$A^+=AA^*$$

即正闭包运算可以通过克林闭包运算和连接运算得到。

**思考**：对于任意的集合 $A$，是否都有 $A^+=A^*-\{\varepsilon\}$ 成立？

**注意**：

$$A^0=\{\varepsilon\}$$

$$\{\varepsilon\}^*=\{\varepsilon\}$$

$$\{\varepsilon\}^+=\{\varepsilon\}$$

$$\varnothing^*=\{\varepsilon\}$$

$$\varnothing^+=\varnothing$$

(9)给定字母表 $\Sigma$，则 $\Sigma^*$ 的任意子集 $L$ 称为字母表 $\Sigma$ 上的一个语言；本质上，语言 $L$ 是字母表 $\Sigma$ 上的字符串形成的集合。语言中的元素称为语言的句子。

(10)语言的乘积。设 $\Sigma_1$ 和 $\Sigma_2$ 是两个字母表；$L_1 \subseteq \Sigma_1^*$，$L_2 \subseteq \Sigma_2^*$，语言 $L_1$ 与 $L_2$ 的乘积是一个语言

$$L_1L_2=\{xy \mid x \in L_1, y \in L_2\}$$

该语言是字母表 $\Sigma_1 \cup \Sigma_2$ 上的语言。

一个语言是一个集合，集合能够进行的运算也适合语言。

字母表 $\{0, 1\}$ 语言有

$$\varnothing$$

$$\{0\}$$

$$\{1\}$$

$$\{0, 1\}$$

$$\{00, 11\}$$

$$\{0, 1, 00, 11\}$$

$$\{0\}\{0, 1\}^*\{1\}$$

$$\{0, 1\}^*\{111\}\{0, 1\}^*$$

$$\{0^n 1^n \mid n \geqslant 1\}$$

$$\{0\}^+$$

$$\{1\}^*$$

$$\{0, 1\}^+$$

$$\{0, 1\}^*$$

$$\{0^n 1^m 0^k \mid n, m, k \geqslant 1\}$$

$$\{0^n 1^m 0^k \mid n, m, k \geqslant 0\}$$

……

## 1.7　形式语言与自动机的发展

语言学家 Chomsky(乔姆斯基)最早从产生语言的角度研究了语言。1956 年,通过抽象,Chomsky 将语言形式定义为由一个字母表的字母组成的一些串的集合:对于任意语言 $L$,有一个字母表,使得 $L \subseteq \Sigma^*$。可以在字母表上按照一定的形成规则定义一个文法,该文法产生的所有句子组成的集合就是该文法产生的语言。判断一个字符串是否为一个语言的句子,需要判断该字符串是否能够由语言对应的文法推导产生。如果能,该字符串就是语言的句子;否则,该字符串就不是语言的句子。1959 年,Chomsky 根据产生语言文法的产生式的不同特点,将文法和对应产生的语言分为 3 大类。

数学家 Kleene 在 1951~1956 年,从识别语言的角度来研究语言,给出了语言的另一种描述方式。Kleene 在研究神经细胞时建立了自动机模型,Kleene 使用该模型来识别(接收)一个语言:按照某种识别规则构造自动机,该自动机就定义了一个语言,该语言由自动机能够识别的所有字符串构成。

语言的两种不同定义方式进一步引起了人们的研究兴趣。一个语言可以采取不同的描述方式:文法产生语言和自动机识别语言。由于是同一个语言,两种方式应该是等价的,因此也就存在两种方式之间等价的相互转换方法。

Chomsky 于 1959 年将他的形式语言的研究成果和 Kleene 的自动机的研究成果结合起来,不仅确定了文法和自动机分别从产生与识别角度定义语言,而且证明了文法与自动机的等价性。此时,形式语言与自动机理论才真正诞生。

形式语言与自动机理论出现后，迅速在计算机科学技术领域得到了应用。使用巴克斯-诺尔范式(Backus-Naur Form，BNF)成功地对高级程序设计语言 ALGOL-60 的词法和语法规则进行了形式化的描述(实际上，巴克斯-诺尔范式就是上下文无关文法产生式的另一种表示方式)。这一成功使得形式语言与自动机理论得到了进一步的发展。尤其是上下文无关文法，被作为计算机程序设计语言语法的最佳近似描述得到了较为深入的研究。后来，人们又将上下文无关文法应用到模式匹配和模型化处理等方面，而这些内容都是算法描述和分析、计算复杂性理论及可计算性理论的研究基础。

形式语言理论的研究对象与以前的所有语言研究不同，不只是自然语言，而是人类的一切语言：既有自然语言，也有人工语言，包括计算机编程的高级语言。Chomsky 的形式语言理论得到了多重验证，因此才为语言学界和计算机科学界所折服，引发了语言学中伽利略式的科学革命的开端。

Chomsky 的形式语言理论得到过计算机科学的 3 种验证。

验证 1：Chomsky 的 4 种类型文法与 4 种语言自动机一一对应。Chomsky 根据转换规则将文法分为 4 类，每类文法的生成能力与相应的语言自动机(识别语言的装置)的识别能力等价，即 4 类文法分别与 4 种自动机对应，如表 1.1 所示。

**表 1.1　4 类文法与 4 种自动机对应关系表**

| 文法类型 | 文法名称 | 对应自动机 |
| --- | --- | --- |
| 0 型 | 短语结构文法(无限制文法) | 图灵机 |
| 1 型 | 上下文有关文法 | 线性有界自动机 |
| 2 型 | 上下文无关文法 | 下推自动机 |
| 3 型 | 右线性文法(正则文法) | 有限状态自动机 |

Chomsky 的上述结论被计算机的程序语言设计、图像识别等有效运用，Chomsky 理论的科学性被科学实践所验证，从而引起计算机科学界的关注。

验证 2：计算机所使用的各种高级语言，如 ALGOL、Fortran、Pascal、C、LISP 等，都遵循一种程序语言文法描述的范式，即巴克斯-诺尔范式。计算机科学家发现，巴克斯-诺尔范式等价于 Chomsky 的 2 型文法，即上下文无关文法。而 Chomsky 的 3 型文法——正则文法，在研究文字的计算机模式识别时，也被有效应用。于是，Chomsky 的 4 种类型文法被计算机科学界称为 Chomsky 分类。

验证 3：Chomsky 用形式语言理论的思想证明了计算机科学的一个重大理论问题：计算机程序语言是否有歧义性是不可判定的。20 世纪中期，程序语言 ALGOL-60 问世不久，人们发现它有歧义性。当计算机科学家绞尽脑汁寻找办法来判断一种程序语言是否有歧义性时，Chomsky 用形式语言理论的思想证明，一个任意的上下文无关文法是否有歧义性是不可判定的，因此，属于上下文无关文法的程序语言是否有歧义性也是不可判定的。Chomsky 的论证令计算机科学界折服。

实际上，形式语言与自动机理论除了在计算机科学与技术领域的直接应用外，在计算机科学与技术领域人才计算思维的培养中也占有极其重要的地位。

# 习　题　1

1.1　请用命题法给出下列集合。

(1)字母表{$a$, $b$}上的所有语言。

(2){0, 1}$^*$中 0 的个数为 1 的个数的两倍的字符串的集合。

(3){0, 1}$^*$中 1 的个数为 3 的字符串的集合。

(4){0, 1}$^*$中倒数第 2 个字符为 1 的字符串的集合。

(5)1～10 的和为 10 的整数集合的集合。

1.2　给出集合{0, 1, 2, 3, 4}中：

(1)所有基数为 3 的子集。

(2)所有基数不大于 4 的子集。

1.3　给出下列对象的递归定义。

(1)$n$ 个二元关系的合成。

(2)$n$ 个集合的乘积。

(3)字母 $a$ 的 $n$ 次幂。

(4)字符串 $x$ 的倒序。

(5)字符串 $x$ 的长度。

(6)自然数。

1.4　设$\Sigma$={0, 1}，请给出下列语言的形式表示。

(1)所有以 0 开头的串形成的语言。

(2)所有以 0 开头、以 1 结尾的串形成的语言。

(3)所有以 11 开头、以 11 结尾的串形成的语言。

(4)所有长度为偶数的串形成的语言。

(5)所有长度为奇数的串形成的语言。

(6)所有包含子串 01011 的串形成的语言。

(7)所有包含 3 个连续 0 的串形成的语言。

(8)所有正数第 10 个字符是 0 的串形成的语言。

(9)所有倒数第 6 个字符是 0 的串形成的语言。

1.5　设 $R_1$ 和 $R_2$ 是集合{$a$, $b$, $c$, $d$, $e$}上的二元关系：

$$R_1=\{\{a, b\}, \{c, d\}, \{b, d\}, \{b, b\}, \{d, e\}\}$$

$$R_2=\{\{a, a\}, \{b, c\}, \{d, c\}, \{e, d\}, \{c, a\}\}$$

求 $R_1 \circ R_2$, $R_2 \circ R_1$, $R_1^+$, $R_2^+$, $R_1^*$, $R_2^*$。

# 第 2 章 形 式 语 言

形式语言和自动机理论中的语言是一个广泛的概念，一个字母表上的语言就是该字母表的某些字符串的集合。语言中的字符串称为该语言的句子。

语言的定义可以从如下两个方面进行：

(1)从语言产生的角度；

(2)从接收(或识别)语言的角度。

产生一个语言，目的就是根据语言中的基本句子和句子的形成规则，产生该语言所包含的所有句子。这就是形式语言理论所研究的问题。

接收一个语言，目的就是使用某种自动机模型来接收串，该模型所接收的所有串也形成一个语言。这是有限自动机理论所研究的问题。

形式语言与自动机作为统一的理论，实际上包括 3 方面的内容：

(1)形式语言理论；

(2)自动机理论；

(3)形式语言与自动机的等价性理论。

本章介绍形式语言理论的基本内容。

## 2.1  例 子 语 言

给定字母表 $\Sigma$，则 $\Sigma^*$ 的任意子集 $L$ 称为字母表 $\Sigma$ 上的一个语言。本质上，语言 $L$ 是字母表 $\Sigma$ 上的字符串组成的集合。语言中的元素称为语言的句子。

产生一个语言，即需要生成该语言中的所有句子。实际上，就是需要给出语言中所有句子的形成规则。

递归定义提供了语言的良好定义方式，使得语言中句子的构造规律较明显。

括号匹配串的语言是指所有的左括号和右括号相匹配的串的集合，如( )、(( ))、( )( )等都是该语言的句子，而)(、( ))等就不是该语言的句子。

常用 3 种方法描述语言中句子的形成规则：自然语言、BNF、产生式。

**例 2.1**  括号匹配串的语言。

1)自然语言的描述方式

① ( )是该语言最基本的句子；

② 若 $S$ 是一个句子，则 $SS$ 是一个句子；

③ 若 $S$ 是一个句子，则 $(S)$ 是一个句子。

根据这些形成规则，可以：

(1)产生该语言任意的句子；

(2)判断某个串(由左括号和右括号组成的串)是否为语言的句子。

例如，可以产生句子((())，可以判断串((()))不是合法的串。

因为规则是递归的，所以虽然形成规则是有限的，但可以产生无限个句子和长度无限的句子。

2) 巴克斯和诺尔采用 BNF

① <括号相匹配的串>∷=()；

② <括号相匹配的串>∷=<括号相匹配的串><括号相匹配的串>；

③ <括号相匹配的串>∷=(<括号相匹配的串>)。

使用尖括号"<"和">"括起来的部分可以作为一个整体来看待，表示某个语法成分，最终需要使用字母表中的字母来定义。

符号"∷="是 BNF 本身的符号(元符号)，代表"定义为"或"就是"，符号"("和")"是字母表的元素。

3) Chomsky 采用符号化的描述方式

形成规则称为产生式，符号"$S$"代表任意的句子。

① $S \rightarrow ()$；

② $S \rightarrow SS$；

③ $S \rightarrow (S)$。

其中，"$\rightarrow$"读作"定义为"或"就是"，它的左边和右边分别称为该产生式的左边和右边。

根据产生式，可以生成任意的句子。产生串的过程为从 $S$ 开始，反复利用产生式的右边代替产生式的左边(称为推导过程)，最终可以得到匹配的()组成的串。

例如，串(())(()())的产生过程如下：

$$
\begin{aligned}
S &\Rightarrow SS \\
&\Rightarrow (S)S \\
&\Rightarrow (())S \\
&\Rightarrow (())(S) \\
&\Rightarrow (())(SS) \\
&\Rightarrow (())(()S) \\
&\Rightarrow (())(()())
\end{aligned}
$$

其中，"$\Rightarrow$"表示单步推导过程。

虽然产生式的个数是有限的，但是规则是递归的(一个符号既出现在一个产生式的左边，又出现在该产生式的右边)，因而所有的圆括号匹配的串(有无限个)均可以由它们产生，它们组成的集合就称为一个语言。

"$S$"称为非终结符，是指在推导过程中可以被代替的符号。

"("和")"称为终结符，是指在推导过程中不可以被代替的符号。

"$\rightarrow$"是产生式系统的元符号，不属于非终结符，也不属于终结符。

**例 2.2**　由偶数个 0 组成的串的语言。

1) 自然语言描述生成规则

① 00 是该语言基本的句子；

② 若 $S$ 是句子，则 $00S$ 是句子。

2）形式化方式描述生成规则

① $S \to 00$；

② $S \to 00S$。

**问题**：将产生式 $S \to 00S$ 换成 $S \to 0S0$ 或者 $S \to S00$ 或者 $S \to SS$，是否还产生相同的语言？

**思考**：考虑由奇数个 1 组成串的语言的产生。

**例 2.3** 高级程序设计语言中包含+、−、*、/、（）的算术表达式的语言。

算术表达式的操作数可以为简单变量、常量、下标变量(数组元素)、函数调用(返回的结构)、复杂数据的分量等。为简化起见，本例仅考虑操作数是简单变量的情况，并使用 $i$ 代表所有的简单变量。

1）自然语言描述生成规则

① 单个变量 $i$ 是最基本的句子；

② 若 $E$ 是一个句子，则 $EAE$ 是一个句子(其中 $A$ 代表运算符+、−、*、/)；

③ 若 $E$ 是一个句子，则 $(E)$ 是一个句子。

2）形式化方式描述生成规则

① $E \to i$；

② $E \to EAE$；

③ $E \to (E)$；

④ $A \to +$；

⑤ $A \to -$；

⑥ $A \to *$；

⑦ $A \to /$；

其中，$A \to +$，$A \to -$，$A \to *$，$A \to /$四个产生式的左边是相同的符号，可以合并为

$$A \to + \mid - \mid * \mid /$$

其中，"|"读作"或者"，是产生式系统的元符号；"+"、"−"、"*"和"/"称为 $A$ 的候选式。

产生式

$$E \to i$$
$$E \to EAE$$
$$E \to (E)$$

也可以记为

$$E \to i \mid EAE \mid (E)$$

**思考**：若以 $A$ 开始推导，则产生什么串？

算术表达式的 7 个产生式可以描述出算术表达式的形成规则，但未表示出运算符不同的优先级和结合性。例如，对于

$$i + i*i$$

可以理解为

$$(i+i)*i$$

表示先加后乘，或理解为

$$i+(i*i)$$

表示先乘后加。

表示出运算符不同的优先级和结合性的产生式组合为

$$E \rightarrow E + T \mid E-T \mid T$$

$$T \rightarrow T*F \mid T/F \mid F$$

$$F \rightarrow (E) \mid i$$

其中，$E$ 代表表达式；$T$ 代表项；$F$ 代表因子；$(E)$ 代表带圆括号的表达式。该组产生式表示先算因子，再乘、除，最后加、减。

若使用"%"代表模运算(取余数运算)、使用"^"代表指数运算，则有

$$E \rightarrow E + T \mid E-T \mid T$$

$$T \rightarrow T*F \mid T/F \mid T\%F \mid A$$

$$A \rightarrow F^{\wedge}A \mid F$$

$$F \rightarrow (E) \mid i$$

注意：还需要考虑"^"运算的结合性，即"^"是右结合的。

**例 2.4** 标识符(以字母开头的字母和/或数字的串)的语言(仅考虑小写字母)。

标识符的形成规则：单个字母就是基本的标识符；在标识符后面增加 1 个字母或数字，可以得到新的标识符。

$$I \rightarrow L$$

$$I \rightarrow IL$$

$$I \rightarrow ID$$

$$L \rightarrow a \mid b \mid c \mid d \mid e \mid f \mid g \mid h \mid i \mid j \mid k \mid l \mid m \mid n \mid o \mid p \mid q \mid r \mid s \mid t \mid u \mid v \mid w \mid x \mid y \mid z$$

$$D \rightarrow 0 \mid 1 \mid 2 \mid 3 \mid 4 \mid 5 \mid 6 \mid 7 \mid 8 \mid 9$$

按照标识符的定义：以字母开头的字母和/或数字的串，则有

$$I \rightarrow L$$

$$I \rightarrow LS$$

$$S \rightarrow SS \mid L \mid D$$

$$L \rightarrow a \mid b \mid c \mid d \mid e \mid f \mid g \mid h \mid i \mid j \mid k \mid l \mid m \mid n \mid o \mid p \mid q \mid r \mid s \mid t \mid u \mid v \mid w \mid x \mid y \mid z$$

$$D \rightarrow 0 \mid 1 \mid 2 \mid 3 \mid 4 \mid 5 \mid 6 \mid 7 \mid 8 \mid 9$$

其中，$S$ 代表字母和/或数字的串。

可见，一个语言，可以使用不同的产生式组合来产生。

注意：

$$L \rightarrow a \mid b \mid c \mid d \mid e \mid f \mid g \mid h \mid i \mid j \mid k \mid l \mid m \mid n \mid o \mid p \mid q \mid r \mid s \mid t \mid u \mid v \mid w \mid x \mid y \mid z$$

不能简写为

$$L \rightarrow a \mid b \mid c \mid \cdots \mid z$$

使用标识符表示变量，可以将标识符 $I$ 的定义加入表达式中，即

$$E \rightarrow E + T \mid E{-}T \mid T$$

$$T \rightarrow T * F \mid T / F \mid F$$

$$F \rightarrow (E) \mid I$$

$$I \rightarrow L \mid IL \mid ID$$

$$L \rightarrow a \mid b \mid c \mid d \mid e \mid f \mid g \mid h \mid i \mid j \mid k \mid l \mid m \mid n \mid o \mid p \mid q \mid r \mid s \mid t \mid u \mid v \mid w \mid x \mid y \mid z$$

$$D \rightarrow 0 \mid 1 \mid 2 \mid 3 \mid 4 \mid 5 \mid 6 \mid 7 \mid 8 \mid 9$$

**思考:**

(1)其他类型的表达式(如关系表达式等)的语言。

(2)标识符(以下画线或字母开头的字母、下划线和数字的串)的语言。

**例 2.5** C 语言中基本类型简单变量说明语句的语言。

C 语言中的说明语句形式为

　　　TYPE　变量名表;

　　　TYPE　变量名表;

　　　…

　　　TYPE　变量名表;

产生式为

$$S \rightarrow SS \mid P$$

$$P \rightarrow T\ V$$

$$T \rightarrow \text{int} \mid \text{char} \mid \text{float} \mid \text{double}$$

$$V \rightarrow V, V \mid I$$

$$I \rightarrow L \mid IL \mid ID$$

$$L \rightarrow a \mid b \mid c \mid d \mid e \mid f \mid g \mid h \mid i \mid j \mid k \mid l \mid m \mid n \mid o \mid p \mid q \mid r \mid s \mid t \mid u \mid v \mid w \mid x \mid y \mid z$$

$$D \rightarrow 0 \mid 1 \mid 2 \mid 3 \mid 4 \mid 5 \mid 6 \mid 7 \mid 8 \mid 9$$

其中,$S$ 代表简单变量的说明语句(可以由一个或多个的单个说明语句构成),$P$ 代表单个的说明语句,$T$ 代表简单类型,$V$ 代表变量名表(由",″隔开的多个变量),$I$ 代表单个变量。

产生式

$$S \rightarrow SS$$

可以替换为

$$S \rightarrow PS$$

或

$$S \rightarrow SP$$

产生式

$$V \rightarrow V, V$$

可以替换为

$$V \rightarrow I, V$$

或

$$V \rightarrow V, I$$

PASCAL 语言简单变量的说明语句形式如下:

*VAR*

变量名表: TYPE;

变量名表: TYPE;

...

变量名表: TYPE;

请读者给出对应的形成规则。

## 2.2  文法和语言的关系

语言就是某个字母表上的字符串组成的一个集合。语言中的字符串称为句子。

有穷语言的表示比较容易,即使语言中句子的组成没有什么规律,也可以使用枚举的方式列出语言中的所有句子。

无穷语言使用有穷描述的方式表达,需要从语言包含的句子的一般构成规律去考虑问题。这种从语言的有穷描述来表达语言的方法对一般的语言都是有效的。尤其是在使用计算机判断一个字符串是否为某个语言的句子时,从句子和语言的结构特征上着手是非常重要的。

有一类语言可以在字母表上按照句子的结构特点和构成规则,定义产生该语言的文法。

使用文法作为相应语言的有穷描述,不仅可以描述出语言的结构特征,而且可以产生这个语言的所有句子。

### 2.2.1  文法

**定义 2.1**  短语结构文法(Phrase Structure Grammar,PSG,简称文法)的定义。

文法 $G$ 是一个四元式(由 4 个部分组成),即 $G=(\Sigma, V, S, P)$。

其中,$\Sigma$ 是一个有限字符的集合,称为字母表,它的元素称为字母或者终结符;$V$ 是一个有限字符的集合,称为非终结符集合,它的元素称为变量或者非终结符(一般用大写英文字母表示);$S$ 是一个特殊的非终结符,即 $S \in V$,称为文法的开始符号;$P$ 是有序偶对 $(\alpha, \beta)$ 的集合,其中 $\alpha$ 是集合 $(\Sigma \cup V)$ 上的字符串,但至少包含一个非终结符;$\beta$ 是集合 $(\Sigma \cup V)^*$ 的元素。

一般来说,将有序偶对 $(\alpha, \beta)$ 记为 $\alpha \rightarrow \beta$,称为产生式(要注意顺序,$\alpha$ 在前,$\beta$ 在后,$\alpha$ 称为该产生式的左部,$\beta$ 称为该产生式的右部)。

对于一组有相同左部的产生式:

$$\alpha \rightarrow \beta_1$$
$$\alpha \rightarrow \beta_2$$
$$\cdots$$
$$\alpha \rightarrow \beta_n$$

可以简单地记为

$$\alpha \rightarrow \beta_1 \mid \beta_2 \mid \cdots \mid \beta_n$$

**注意**：一个产生式的左边可能不止一个符号（第一个产生式的左边只能有一个符号，就是开始符号 $S$）。

**一般约定**（若没有特别说明）：第一个产生式左边的符号就是开始符号，可以不是 $S$；大写的英文字母代表非终结符；小写的英文字母 $a$、$b$、$c$、$d$、$e$ 和数字代表终结符；小写的英文字母 $u$、$v$、$w$、$x$、$y$、$z$ 代表终结符串；小写的希腊字母 $\alpha$、$\beta$、$\gamma$ 代表非终结符和终结符串。特别地，$\alpha \rightarrow \varepsilon$ 称为空串产生式（$\varepsilon$ 产生式）；$A \rightarrow B$ 称为单产生式。

**定义 2.2** 推导（派生）的定义。

给定文法 $G$、$y$ 和 $z$ 是集合（$\sum \cup V$）上的串，若 $y$ 和 $z$ 可以分别写成 $pvr$ 和 $pur$（$p$ 和 $r$ 可能同时为空串），而

$$v \rightarrow u$$

是文法 $G$ 的一个产生式，则称串 $y$ 可以直接推导（一步推导）出串 $z$，记为

$$y \Rightarrow z$$

或

$$pvr \Rightarrow pur$$

推导的实质是用产生式的右边代替产生式的左边。非终结符代表在推导的过程中可以被替代的符号，而终结符代表在推导的过程中不可以被替代的符号。与之相对应，称串 $pur$ 可以直接归约成串 $pvr$。

用

$$y \Rightarrow^+ z$$

表示 $y$ 可以经过多步（至少一步）推导出 $z$，即存在一个串的序列 $a_1, a_2, \cdots, a_n$，有

$$y = a_1, \qquad z = a_n$$

且

$$a_i \Rightarrow a_{i+1}, \qquad \text{对所有 } n > i \geqslant 1$$

用

$$y \Rightarrow^* z$$

表示 $y$ 可以经过任意步（包括 0 步）推导出 $z$，即

$$y = z$$

或者

$$y \Rightarrow^+ z$$

对于文法 $G$，若

$$S \Rightarrow^* \omega$$

则称 $\omega$ 是文法的一个句型；若

$$\omega \in \sum^*$$

则称 $\omega$ 是句子。

**思考**：对于任意文法 $G$

$$S \Rightarrow^* S$$

和

$$S \Rightarrow^+ S$$

一定都成立吗?

对于一步推导

$$pAr \Rightarrow pur$$

如果

$$p \in \Sigma^*$$

则称为一步最左推导($A$ 是串 $pAr$ 中最左边的非终结符);如果

$$r \in \Sigma^*$$

则称为一步最右推导。

对于某个句型,若在推导的过程中,每一步推导都是最左推导,则称整个推导过程为最左推导;若每一步推导都是最右推导,则称整个推导过程为最右推导(也称为规范推导)。

对于某个句型,可以采用最左推导或最右推导产生,也可以最左、最右推导交叉进行,而最左推导和最右推导是比较常用的推导方式。

## 2.2.2 语言

**定义 2.3** 语言的定义。

给定文法 $G$,有开始符号 $S$,则把 $S$ 可以推导出的所有的终结符串的集合(即所有句子的集合)称为由文法产生的语言,记为 $L(G)$,即

$$L(G) = \{\omega \mid S \Rightarrow^* \omega \, \text{且} \, \omega \in \Sigma^*\}$$

例如,产生括号匹配语言的文法就是

$$G = (\{(,)\}, \{S\}, S, \{S \to (\,), S \to (S), S \to SS\})$$

**注意**:一个文法确实产生语言 $L(G)$,必须有以下条件:

(1)该文法推导产生的所有句子都在该语言中;

(2)语言中的任意一个句子都可以由该文法产生。

**约定**:对于文法 $G = (\Sigma, V, S, P)$,第一个产生式左边的符号就是开始符号(可以不是 $S$);大写的英文字母代表非终结符。

据此约定,对于一个文法,只需列出该文法的所有产生式即可。例如,产生括号匹配语言的文法,可以记为

$$S \to (\,)$$
$$S \to (S)$$
$$S \to SS$$

还可以简记为

$$S \to (\,) \mid (S) \mid SS$$

**注意**:一个文法只能产生一个语言,一个语言 $L$ 可能会由不同的文法产生。

**例 2.6**　构造文法 $G$，使 $L(G)=\{0, 1, 00, 11\}$。

$$G_1:$$
$$S\to0 \mid 1 \mid 00 \mid 11$$
$$G_2:$$
$$S\to A \mid B \mid AA \mid BB$$
$$A\to0$$
$$B\to1$$

有 $\{0, 1, 00, 11\}=L(G_1)=L(G_2)$。

**定义 2.4**　文法等价的定义。

设有两个文法 $G_1$ 和 $G_2$，若 $L(G_1)=L(G_2)$，则称 $G_1$ 和 $G_2$ 等价。

**注意**：文法 $G_1$ 和 $G_2$ 等价与文法 $G_1$ 和 $G_2$ 相同的区别。

**思考**：如何证明两个文法等价？

## 2.2.3　文法和语言的 3 类问题

一个文法只能产生一个语言，而一个语言可以由不同的文法产生（它们都是等价的文法）。

文法和语言之间存在如下 3 类问题：

(1)给定文法，如何得到该文法产生的语言？

(2)给定语言，如何构造产生该语言的某个文法？

(3)一个语言是否由某一特定文法产生？

**问题 1**：文法产生的语言，包括开始符号 $S$ 能够推导产生的所有句子，因此需要考虑文法所有产生式的所有可能使用情况，包括产生式使用的顺序和次数。

**思考**：文法 $S\to aSa \mid bSb \mid c$ 产生的语言是什么？

**问题 2**：需要根据语言的基本句子和其他句子的形成规则，构造能够产生该语言的某个文法。

**思考**：

(1)构造产生语言 $L$ 的文法：

$$L=\{\omega\omega^{\mathrm{T}} \mid \omega\in\{a, b, c\}^{+}\}$$

其中，$\omega^{\mathrm{T}}$ 是 $\omega$ 的逆（反序）。

(2)构造产生下列语言的文法：

$$L_1=\{a^nb^n \mid n>0\}$$

$$L_2=\{a^nb^n \mid n\geqslant0\}$$

**问题 3**：判断一个语言是否由给定的文法产生。

**思考**：文法

$$S\to0B \mid 1A$$

$$A\to0 \mid 0S \mid 1AA$$

$$B\to1 \mid 1S \mid 0BB$$

是否产生语言 $L$?

$$L=\{\omega \mid \omega \in \{0, 1\}^+ 且 \omega 中有相同数量的 0 和 1\}$$

形式语言理论中，对于文法 $G=(\Sigma, V, S, P)$ 和字母表上的串 $\omega$，判断 $\omega$ 是否为文法 $G$ 的一个句子，称为语法分析。

## 2.3　Chomsky 对文法和语言的分类

根据文法产生式的特点，Chomsky 对文法进行了分类，语言是由文法产生的，对语言的分类是根据产生语言的文法的分类进行的。

一般的短语结构文法 $G=(\Sigma, V, S, P)$，称为 0 型文法或 PSG。对应的 $L(G)$ 称为 0 型语言或短语结构语言 (Phrase Structure Language, PSL)、递归可枚举集。

对于文法 $G$，若对于任意

$$\alpha \to \beta \in P$$

均有

$$|\alpha| \leqslant |\beta|$$

成立，则称 $G$ 为 1 型文法或上下文有关文法 (Context-Sensitive Grammar, CSG)。对应的 $L(G)$ 称为 1 型语言或者上下文有关语言 (Context-Sensitive Language, CSL)。

1 型文法每个产生式的标准形式为

$$yAz \to y\omega z$$

其中

$$A \in V$$
$$y, z \in (\Sigma \cup V)^*$$
$$\omega \in (\Sigma \cup V)^+$$

可以证明，任意一个 1 型文法，都可以改造为 1 型文法的标准形式。

对于文法 $G$，若对于任意

$$\alpha \to \beta \in P$$

均有

$$|\alpha| \leqslant |\beta|$$

且

$$\alpha \in V$$

成立，则称 $G$ 为 2 型文法或上下文无关文法 (Context-Free Grammar, CFG)。对应的 $L(G)$ 称为 2 型语言或上下文无关语言 (Context-Free Language, CFL)。

若对于任意

$$\alpha \to \beta \in P$$

均具有形式

$$A \to \omega$$

或

$$A \rightarrow \omega B$$

其中，$A$, $B \in V$, $\omega \in \Sigma^+$，则称 $G$ 为 3 型文法或右线性文法（Right-Linear Grammar, RLG）或正则文法（Regular Grammar, RG）。对应的 $L(G)$ 称为 3 型语言，也可称为右线性语言（Right-Linear Language, RLL）或正则语言（Regular Language, RL）。

　　右线性语言类包含于上下文无关语言类，上下文无关语言类包含于上下文有关语言类，上下文有关语言类包含于递归可枚举语言类。这里的包含都是集合的真包含关系，即存在递归可枚举语言不属于上下文有关语言类，存在上下文有关语言不属于上下文无关语言类，存在上下文无关语言不属于右线性语言类。

　　4 类文法和对应的 4 类语言之间都有真包含关系，如图 2.1 所示。

　　设文法 $G = (\Sigma, V, S, P)$，则对文法分类的方法如下：

　　(1) $G$ 是短语结构文法；

　　(2) 若对于所有产生式都有左边部分长度小于等于右边部分长度，则 $G$ 是上下文有关文法；

　　(3) 若所有产生式的左边部分是单个非终结符号，则 $G$ 是上下文无关文法；

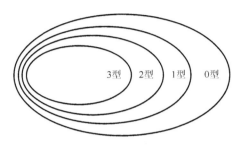

图 2.1　4 类文法和 4 类语言之间的包含关系

　　(4) 若所有产生式的右边部分最多只有一个非终结符号，且该非终结符号只能出现在最右边，则 $G$ 是右线性文法。

　　文法 $G_1$、$G_2$ 和 $G_3$ 是 RLG、CFG 和 CSG，也是 PSG。

$$G_1:$$
$$S \rightarrow 0 \mid 1 \mid 00 \mid 11$$
$$G_2:$$
$$S \rightarrow 0 \mid 1 \mid 0A \mid 1B$$
$$A \rightarrow 0$$
$$B \rightarrow 1$$
$$G_3:$$
$$S \rightarrow 0 \mid 0S$$

　　文法 $G_4$ 和 $G_5$ 是 CFG、CSG 和 PSG，但不是 RLG。

$$G_4:$$
$$S \rightarrow A \mid B \mid AA \mid BB$$
$$A \rightarrow 0$$
$$B \rightarrow 1$$
$$G_5:$$
$$S \rightarrow A \mid AS$$
$$A \rightarrow a \mid b \mid c \mid d \mid e \mid f \mid g \mid h \mid i \mid j \mid k \mid l \mid m \mid n \mid o \mid p \mid q \mid r \mid s \mid t \mid u \mid v \mid w \mid x \mid y \mid z$$

　　文法 $G_6$ 是 CSG 和 PSG，但不是 CFG 和 RLG。

$$G_6:$$
$$S \to aBC \mid aSBC$$
$$aB \to ab$$
$$bB \to bb$$
$$bC \to bc$$
$$cC \to cc$$

文法 $G_7$ 是 PSG，但不是 CFG、RLG 和 CSG。

$$G_7:$$
$$S \to aB$$
$$aB \to a$$

**定义 2.5**  空产生式的定义。

形如 $\alpha \to \varepsilon$ 的产生式称为空产生式，也称为 $\varepsilon$ 产生式。

**思考**：若文法 $G$ 包含 $\varepsilon$ 产生式，则 $G$ 属于哪一类文法？

根据文法分类的定义，在 CSG、CFG 和 RLG 中，都不能含有空产生式，所以任何 CSL、CFL 和 RLL 中都不包含空句子 $\varepsilon$。

一般地，若语言 $L$ 中没有空句子，则文法中仅增加关于开始符号 $S$ 的 $\varepsilon$ 产生式

$$S \to \varepsilon$$

就可以直接产生空句子。

实际上，空句子 $\varepsilon$ 在语言中的存在并不影响该语言其他句子的有穷描述，除了直接生成空句子 $\varepsilon$ 外，空产生式可以不被用于非空句子的推导中。

假设允许在 CSG、CFG 和 RLG 中含有空产生式，也就允许 CSL、CFL 和 RLL 中包含空句子 $\varepsilon$。

空句子不影响文法的类型。

**定义 2.6**  设 $G = (\sum, V, S, P)$ 为一个文法，若 $S$ 不出现在任何产生式的右部，则

(1) 若 $G$ 是 CSG，则仍然称文法 $(\sum, V, S, P \cup \{S \to \varepsilon\})$ 为 CSG，产生的语言仍然是 CSL。

(2) 若 $G$ 是 CFG，则仍然称文法 $(\sum, V, S, P \cup \{S \to \varepsilon\})$ 为 CFG，产生的语言仍然是 CFL。

(3) 若 $G$ 是 RLG，则仍然称文法 $(\sum, V, S, P \cup \{S \to \varepsilon\})$ 为 RLG，产生的语言仍然是 RLL。

限制条件"$S$ 不出现在任何产生式的右部"的作用是什么呢？

设右线性文法 $G$：

$$S \to ab \mid aS$$

则

$$L(G) = \{a^n b \mid n > 0\}$$

加入 $S \to \varepsilon$ 后，得到文法 $G'$：

$$S \to ab \mid aS \mid \varepsilon$$

而

$$L(G') = \{\varepsilon\} \cup \{a^n b \mid n > 0\} \cup \{a^n \mid n > 0\}$$

$L(G')$ 不仅增加了空句子 $\varepsilon$，还增加了其他句子。因为使用

$$S \to \varepsilon$$

可以直接产生空句子，而

$$S \stackrel{*}{=>} a^n S$$

还可以使用

$$S \to \varepsilon$$

推导出 $a^n$。

限制 $S$ 不出现在任何产生式的右部，使得开始符号 $S$ 仅仅只负责推导的开始，而不能够作为一般的非终结符号使用。产生式

$$S \to \varepsilon$$

只能使用 1 次：只负责产生空句子，而不影响其他句子的产生，也不能增加其他句子。

**定理 2.1** 设文法 $G=(\Sigma, V, S, P)$，则存在与 $G$ 同类型的文法 $G'=(\Sigma, V', S', P')$，使得 $L(G)=L(G')$，且 $G'$ 的开始符号 $S'$ 不出现在 $G'$ 的任何产生式的右部。

**证明**：若文法 $G$ 的开始符号 $S$ 不出现在文法 $G$ 的任何产生式的右部，则 $G'=G$；否则，先根据文法 $G$ 构造满足条件的文法 $G'$，然后证明两者等价。

构造

$$G'=(\Sigma, V \cup \{S'\}, S', P')$$

其中

$$P'=P \cup \{S' \to \alpha \mid S \to \alpha \in P\}$$

则 $G'$ 与 $G$ 属于相同类型的文法，而且 $S'$ 不出现在 $G'$ 中任何产生式的右边。

要证明 $L(G)=L(G')$，则需要证明 $L(G') \subseteq L(G)$ 和 $L(G) \subseteq L(G')$。

先证明 $L(G') \subseteq L(G)$。对 $\forall \omega \in L(G')$，在 $G'$ 中存在推导

$$S' => \alpha \stackrel{*}{=>} \omega$$

那么在 $G$ 中一定存在推导

$$S => \alpha \stackrel{*}{=>} \omega$$

故 $\omega \in L(G)$。

再证明 $L(G) \subseteq L(G')$。对 $\forall \omega \in L(G)$，在 $G$ 中存在推导

$$S => \alpha \stackrel{*}{=>} \omega$$

那么在 $G'$ 中一定存在推导

$$S' => \alpha \stackrel{*}{=>} \omega$$

故 $\omega \in L(G')$。

综上所述，$L(G)=L(G')$。

**结论**：加入空句子不影响语言的类型。

**定理 2.2** 下列命题成立：

(1) 若 $L$ 是 CSL，则 $L \cup \{\varepsilon\}$ 仍然是 CSL。

(2) 若 $L$ 是 CFL，则 $L \cup \{\varepsilon\}$ 仍然是 CFL。

(3) 若 $L$ 是 RLL，则 $L \cup \{\varepsilon\}$ 仍然是 RLL。

**证明**：这里只证明第 (1) 个定理，定理 (2) 和 (3) 同理可证。

设 $L$ 是 CSL，则存在

$$CSG=(\Sigma, V, S, P)$$

使得 $L(G)=L$。由定理 2.1，不妨设 $S$ 不出现在 $G$ 的任何产生式的右部，构造

$$G'=(\textstyle\sum, V, S, P \cup \{S \to \varepsilon\})$$

则 $G'$ 也是 CSG。

由于 $S$ 不出现在 $G$ 中任何产生式的右部，所以 $S \to \varepsilon$ 不可能被用到任何非空句子的推导中，因此 $L(G')=L(G) \cup \{\varepsilon\}$。

因此 $L(G) \cup \{\varepsilon\}$ 是 CSL。

**定理 2.3**　下列命题成立：

(1) 若 $L$ 是 CSL，则 $L-\{\varepsilon\}$ 仍然是 CSL。

(2) 若 $L$ 是 CFL，则 $L-\{\varepsilon\}$ 仍然是 CFL。

(3) 若 $L$ 是 RLL，则 $L-\{\varepsilon\}$ 仍然是 RLL。

**证明**：这里只证明第 (1) 个定理，定理 (2) 和 (3) 同理可证。

设 $L$ 是 CSL，则存在一个 CSG=$(\textstyle\sum, V, S, P)$，使得 $L(G)=L$。

若 $\varepsilon \notin L$，则 $L-\{\varepsilon\}=L$，所以 $L-\{\varepsilon\}$ 仍然是 CSL。

由定理 2.1，设 $S$ 不出现在 $G$ 的任何产生式的右部，构造

$$G'=(\textstyle\sum, V, S, P-\{S \to \varepsilon\})$$

则 $G'$ 也是 CSG。

由于 $S$ 不出现在 $G$ 中任何产生式的右部，去掉 $S \to \varepsilon$，不影响任何非空句子的推导，因此 $L(G')=L(G)-\{\varepsilon\}$。因此 $L(G)-\{\varepsilon\}$ 是 CSL。

**结论**：去掉空句子不影响语言的类型。

除了生成空句子 $\varepsilon$ 外，空产生式可以不用于其他句子的推导中。空句子 $\varepsilon$ 在一个语言中的存在并不影响该语言的有穷描述。

**总结**：CSG、CFG 和 RLG 只能包含 1 个空产生式 $S \to \varepsilon$，而且开始符号不能出现在任何产生式的右边。

文法可以包含一般的空串产生式，属于 0 型文法。

例如，产生语言 $L=\{\omega|\omega \in \{0, 1\}^+$ 且 $\omega$ 以 0 开始$\}$。可以构造 RLL 文法：

$$S \to 0 \mid 0A$$
$$A \to 0 \mid 1 \mid 0A \mid 1A$$

其中，$A$ 产生 $\{0, 1\}^+$，或构造 PSG 文法：

$$S \to 0A$$
$$A \to \varepsilon \mid 0A \mid 1A$$

其中，$A$ 产生 $\{0, 1\}^*$。

## 2.4　文法产生语言

**定义 2.7**　递归上下文无关文法的定义。

对于一个上下文无关文法 $G$，若存在 $A \in V$，有

$$A \Rightarrow^+ \alpha A \beta$$

则 $A$ 称为递归的非终结符。递归包括直接递归和间接递归。若有

$$A => \alpha A \beta$$

则 $A$ 称为直接递归的非终结符。直接递归的非终结符可以从产生式判断，而间接递归的非终结符需要根据推导过程才能进行判断。

若一个上下文无关文法 $G$ 包含递归的非终结符号，则称该上下文无关文法为递归的上下文无关文法。

一个上下文无关文法产生式的个数总是有限的，但若该文法是递归的文法，则该文法就能够产生一个无穷的语言。

**注意**：对于 $A \to A$ 形式的产生式，该类产生式是递归的，可以反复利用任意多次，但对于无穷语言的产生，没有任何作用。

若一个上下文无关文法不是递归的文法，则该文法一定产生有穷的语言。

**定义 2.8**　上下文无关文法空串产生式的定义。

形如 $A \to \varepsilon$ 的产生式，称为上下文无关文法的空串产生式，或 $\varepsilon$ 产生式。其中，$A \in V$。空串产生式的作用就是在推导的过程中，对于某个句型，省略掉能够产生 $\varepsilon$ 的非终结符号。

若某个文法有空串产生式 $S \to \varepsilon$（$S$ 为文法的开始符号），则该文法产生的语言一定包含空句子 $\varepsilon$。

**例 2.7**　文法

$$S \to 0S$$
$$S \to 0$$

产生语言 $L=\{0^n | n>0\}$。

**分析**：若开始使用第 2 个产生式 $S \to 0$，则 $S => 0$，产生基本句子：0；若开始使用第 1 个产生式 $S \to 0S$，$n-1$ 次后，有

$$S=>0S=>00S=>000S=>^*0^{n-1}S$$

最后，再使用第 2 个产生式 $S \to 0$，则 $S =>^* 0^n$，这对于任何 $n>1$ 都是成立的。

因此，该文法产生语言 $L=\{0^n | n>0\}$。

**例 2.8**　文法

$$S \to 0S$$
$$S \to \varepsilon$$

产生语言 $L=\{0^n | n \geq 0\}$。

**分析**：若开始使用第 2 个产生式 $S \to \varepsilon$，则 $S => \varepsilon$，就不能再往下进行推导了，产生空串 $\varepsilon$；若开始使用第 1 个产生式 $S \to 0S$，$n$ 次后，有

$$S =>0S =>00S =>000S =>^*0^nS$$

最后，使用第 2 个产生式 $S \to \varepsilon$，则 $S =>^* 0^n$，这对于任何 $n \geq 1$ 都是成立的。

因此，该文法产生语言 $L=\{0^n | n \geq 0\}$。

**例 2.9**　文法

$$S \to aSb$$
$$S \to ab$$

产生语言 $L=\{a^n b^n | n>0\}$。

**分析**：若开始使用第 2 个产生式 $S{\rightarrow}ab$，则 $S{=>}ab$，就不能再往下进行推导了，产生基本句子：$ab$；若开始使用第 1 个产生式 $S{\rightarrow}aSb$，$n{-}1$ 次后，有

$$S => aSb => aaSbb => aaaSbbb =>^* a^{n-1}Sb^{n-1}$$

最后，使用第 2 个产生式 $S{\rightarrow}ab$，则 $S{=>}^* a^n b^n$，这对于任何 $n{>}1$ 都是成立的。

因此，该文法产生语言 $L{=}\{a^n b^n | n{>}0\}$。

**例 2.10** 文法

$$S{\rightarrow}aS$$
$$S{\rightarrow}bS$$
$$S{\rightarrow}\varepsilon$$

产生语言 $L{=}\{a, b\}^*$。

**例 2.11** 构造文法产生该语言：字母表 $\{a, b\}$ 上所有对称的串（没有中心点）组成的语言。

**分析**：$aa$ 和 $bb$ 是最基本合法的串。

若串 $x$ 是句子，则 $axa$ 和 $bxb$ 也是句子，得到文法

$$S{\rightarrow}aSa$$
$$S{\rightarrow}bSb$$
$$S{\rightarrow}aa$$
$$S{\rightarrow}bb$$

**思考**：

(1) 文法

$$S{\rightarrow}aSa$$
$$S{\rightarrow}bSb$$
$$S{\rightarrow}a$$
$$S{\rightarrow}b$$

产生的语言是什么？

(2) 文法

$$S{\rightarrow}aSa$$
$$S{\rightarrow}bSb$$
$$S{\rightarrow}\varepsilon$$

产生的语言是什么？

(3) $L{=}\{\omega d\omega^{\mathrm{T}} | \omega{\in}\{a, b, c\}^+\}$，构造产生语言 $L$ 的文法。

(4) $L{=}\{a^n b^n | n{\geqslant}0\}$，构造产生语言 $L$ 的文法。

(5) $L{=}\{$字母表 $\{a, b\}$ 上所有对称的非空串组成的语言$\}$，构造产生该语言的文法。

一般地，对于字母表 $\Sigma$，$a, b{\in}\Sigma^+$，可以使用

$$A{\rightarrow}ab | aAb$$

产生

$$\{a^n b^n | n{>}0\}$$

可以使用

$$A{\rightarrow}\varepsilon | aAb$$

产生

$$\{a^n b^n \mid n \geqslant 0\}$$

　可以使用

$$A \rightarrow \varepsilon \mid aA \mid bA$$

产生

$$\{a, b\}^*$$

　可以使用

$$A \rightarrow a \mid b \mid aA \mid bA$$

产生

$$\{a, b\}^+$$

　可以使用

$$A \rightarrow \varepsilon \mid aA$$

产生

$$\{a^n \mid n \geqslant 0\}$$

　可以使用

$$A \rightarrow a \mid aA$$

产生

$$\{a^n \mid n > 0\}$$

　可以使用

$$A \rightarrow aAa \mid bAb$$

产生

$$\{\omega A \omega^{\mathrm{T}} \mid \omega \in \{a, b\}^+\}$$

　**注意**：不能使用

$$A \rightarrow a^2$$

代表产生式

$$A \rightarrow aa$$

　不能使用

$$A \rightarrow a^n (n > 0)$$

代表产生式

$$A \rightarrow a \mid aA$$

　**思考**：构造文法，分别产生 $\Sigma = \{0, 1\}$ 上的语言：

(1) $\{x \mid x = x^{\mathrm{T}}, x \in \Sigma\}$

(2) $\{x \mid x = x^{\mathrm{T}}, x \in \Sigma^+\}$

(3) $\{xx^{\mathrm{T}} \mid x \in \Sigma^+\}$

(4) $\{xx^{\mathrm{T}} \mid x \in \Sigma^*\}$

(5) $\{x0x^{\mathrm{T}} \mid x \in \Sigma^+\}$

(6) $\{x\omega x^{\mathrm{T}} \mid x, \omega \in \Sigma^+\}$

(7) $\{xx^{\mathrm{T}}\omega \mid x, \omega \in \Sigma^+\}$

**例 2.12** 构造文法 $G$，产生语言 $\{\omega \mid \omega$ 是实数$\}$。

**分析**：实数包括有符号实数和无符号实数，使用 $S$ 代表实数，$R$ 代表无符号实数，则有

$$S \to R \mid +R \mid -R \mid 0$$

按照无符号实数的结构，它又可以划分成无符号整数、无符号小数和无符号纯小数，分别使用 $N$、$B$ 和 $P$ 表示，因此，有

$$R \to N \mid B \mid P$$

无符号小数由小数点"."隔开的整数部分和小数部分组成，其中的整数部分就是无符号整数；小数部分用 $D$ 代表，则有

$$B \to N.D$$

无符号纯小数的结构为"0"后跟小数点"."再跟小数部分，有

$$P \to 0.D$$

现在需要解决的是无符号整数 $N$ 和小数部分 $D$ 的定义。

无符号整数是由 $\{0, 1, 2, 3, 4, 5, 6, 7, 8, 9\}$ 中的若干个数字符号组成的，但不允许以 0 开始，因此，

$$N \to AM$$
$$A \to 1 \mid 2 \mid 3 \mid 4 \mid 5 \mid 6 \mid 7 \mid 8 \mid 9$$
$$M \to \varepsilon \mid 0M \mid 1M \mid 2M \mid 3M \mid 4M \mid 5M \mid 6M \mid 7M \mid 8M \mid 9M$$

**注意**：无符号整数 0 已由开始符号定义。

小数部分由 $\{0, 1, 2, 3, 4, 5, 6, 7, 8, 9\}$ 中的若干个数字符号组成，但不允许以 0 结束，因此，

$$D \to 0 \mid MA$$

得到整个文法：

$$S \to R \mid +R \mid -R \mid 0$$
$$R \to N \mid B \mid P$$
$$B \to N.D$$
$$P \to 0.D$$
$$N \to AM$$
$$D \to 0 \mid MA$$
$$A \to 1 \mid 2 \mid 3 \mid 4 \mid 5 \mid 6 \mid 7 \mid 8 \mid 9$$
$$M \to \varepsilon \mid 0M \mid 1M \mid 2M \mid 3M \mid 4M \mid 5M \mid 6M \mid 7M \mid 8M \mid 9M$$

**例 2.13** 文法

$$S \to 0B \mid 1A$$
$$A \to 0 \mid 0S \mid 1AA$$
$$B \to 1 \mid 1S \mid 0BB$$

其中，$S$、$A$ 和 $B$ 是非终结符，0 和 1 是终结符，$S$ 是开始符号。

**证明**：该文法产生的是 $\{0, 1\}$ 上包含相同个数 0 和 1 的串的语言，即

$$L(G) = \{\omega \mid \omega \in \{0, 1\}^+ \text{且} \omega \text{ 中有相同个数的 0 和 1}\}$$

**思路**：为证明该文法确实产生语言 $L(G)$，必须证明以下两个命题。

(1)该文法确实只能推导出包含相同个数的 0 和 1 的串；

(2)所有包含相同个数的 0 和 1 的串都可以由该文法产生。

先证明命题(1)。

**证明**：使用归纳法，要证明 3 个断言：

(1)$S$ 仅能推导出包含相同个数的 0 和 1 的串；

(2)$A$ 仅能推导出 0 比 1 多一个串；

(3)$B$ 仅能推导出 1 比 0 多一个串。

**基础**：当串的长度为 1 时，(2)和(3)成立；当串的长度为 2 时，(1)成立。

**假设**：当串的长度小于 $n$ 时，(1)、(2)和(3)成立。

**推理**：当串 $\omega$ 的长度等于 $n$ 时，若

$$S \Rightarrow^* \omega$$

则第一步推导使用的产生式是

$$S \rightarrow 0B$$

或者是

$$S \rightarrow 1A$$

假设使用的产生式是 $S \rightarrow 0B$，注意到

$$S \Rightarrow 0B \Rightarrow^* \omega$$

所以 $B$ 推导出的串长度小于 $n$(为 $n-1$)，而根据假设，$B$ 仅能推导出 1 比 0 多一个串，故

$$S \Rightarrow 0B \Rightarrow^* \omega$$

$\omega$ 中包含相同个数的 0 和 1 的串；若第一步推导使用的产生式是 $S \rightarrow 1A$，亦然。$b$ 和 $c$ 的证明类似。

命题(2)的证明也使用归纳法，此处略。

产生语言 $L(G)=\{\omega \mid \omega \in \{0, 1\}^* 且 \omega 中有相同个数的 0 和 1\}$ 的文法为

$$S \rightarrow 0AS \mid 1BS \mid \varepsilon$$
$$A \rightarrow 1 \mid 0AA$$
$$B \rightarrow 0 \mid 1BB$$

或

$$S \rightarrow S0S1S \mid S1S0S \mid \varepsilon$$

### 例 2.14 文法

(1)$S \rightarrow aSBC$；

(2)$S \rightarrow aBC$；

(3)$CB \rightarrow BC$；

(4)$aB \rightarrow ab$；

(5)$bB \rightarrow bb$；

(6)$bC \rightarrow bc$；

(7)$cC \rightarrow cc$；

产生的语言为 $L(G)=\{a^n b^n c^n \mid n>0\}$。

注意到下面的事实：

使用 $n-1$ 次第（1）个产生式，有 $S=>^* a^{n-1} S(BC)^{n-1}$；

使用 1 次第（2）个产生式，有 $a^{n-1} S(BC)^{n-1} => a^n (BC)^n$；

使用 $n(n-1)/2$ 次第（3）个产生式，有 $a^n (BC)^n =>^* a^n B^n C^n$；

使用 1 次第（4）个产生式，有 $a^n B^n C^n => a^n b B^{n-1} C^n$；

使用 $n-1$ 次第（5）个产生式，有 $a^n b B^{n-1} C^n =>^* a^n b^n C^n$；

使用 1 次第（6）个产生式，有 $a^n b^n C^n => a^n b^n c\, C^{n-1}$；

使用 $n-1$ 次第（7）个产生式，有 $a^n b^n c\, C^{n-1} =>^* a^n b^n c^n$。

下面证明，从 $S$ 开始只能推导出形如 $a^n b^n c^n$ 的句子。

从 $S$ 开始，先使用产生式

$$S \rightarrow aSBC$$

得到

$$S => aSBC => aaSBCBC =>^* a^n S(BC)^n$$

使用第（2）个产生式

$$S \rightarrow aBC$$

则

$$S =>^* a^n (BC)^n$$

此时，若使用第（4）个产生式

$$aB \rightarrow ab$$

和第（6）个产生式

$$bC \rightarrow bc$$

则

$$aa\cdots aBCBCBC\cdots BC => aa\cdots abCBCBC\cdots BC => aa\cdots abcBCBC\cdots BC$$

无论后面的推导过程怎样，$c$ 和 $B$ 始终连续出现，而无法最终产生终结符串。所以，该文法从 $S$ 开始，只能按照上述顺序，推导出形如 $a^n b^n c^n$ 的串。

**思考**：该文法的 3 个产生式

$$bB \rightarrow bb$$
$$bC \rightarrow bc$$
$$cC \rightarrow cc$$

是否可以改为 2 个产生式

$$B \rightarrow b$$
$$C \rightarrow c$$

文法中的产生式

$$S \rightarrow aSBC$$

和

$$S \rightarrow aBC$$

的目的是使 $a$ 与 $B$、$C$ 的个数相等，再利用

$$CB \rightarrow BC$$

将 $B$ 集中在中间，$C$ 集中在右边。

文法可以简化为

$$S \rightarrow abc \mid aSBc$$
$$cB \rightarrow Bc$$
$$bB \rightarrow bb$$

**思考：**

(1)请补充下面文法的产生式，使该文法产生 $L(G) = \{a^n b^n c^n \mid n > 0\}$

$$S \rightarrow aBc \mid aBSc$$
$$Ba \rightarrow \cdots$$
$$\cdots$$

(2)构造文法，产生语言

$$L(G) = \{\omega \mid \omega \in \{a, b, c\}^+ \ \text{且} \ \omega \ \text{中} \ a \text{、} b \text{、} c \ \text{个数相等}\}$$

**例 2.15** 下面文法产生的语言是什么？

$$S \rightarrow ACaB$$
$$Ca \rightarrow aaC$$
$$CB \rightarrow DB$$
$$CB \rightarrow E$$
$$aD \rightarrow Da$$
$$AD \rightarrow AC$$
$$aE \rightarrow Ea$$
$$AE \rightarrow \varepsilon$$

**分析**：非终结符 $A$ 和 $B$ 分别在句型的左端和右端，起着边界的作用。非终结符 $C$ 有特殊的作用，它由左到右越过 $A$ 和 $B$ 间的由 $a$ 组成的字符串，并利用第 2 个产生式 $Ca \rightarrow aaC$，每越过一个 $a$，就变为两个 $a$，因此，$C$ 从左到右"走"一趟，就会使 $a$ 的数目加倍。当 $C$ 遇到右边界 $B$ 时，有如下两种选择。

(1)使用第 4 个产生式 $CB \rightarrow E$，将 $CB$ 变为 $E$，然后连续使用第 7 个产生式 $aE \rightarrow Ea$，将 $E$ 移动到最左边，使用第 8 个产生式 $AE \rightarrow \varepsilon$，将 $AE$ 都消除，结束整个推导过程；

(2)使用第 3 个产生式 $CB \rightarrow DB$，将 $CB$ 变为 $DB$，使用第 5 个产生式 $aD \rightarrow Da$，将 $D$ 移动到最左边，使用第 6 个产生式 $AD \rightarrow AC$，将最左边的 $AD$ 变为 $AC$，可以重复该过程，产生更多的 $a$。

实际上，在没有使用第 4 个产生式 $CB \rightarrow E$(准备结束推导过程)前，句型是下面两种形式之一：

$$Aa^i Ca^j B, \qquad i + j = 2^k, \ k \geqslant 1$$
$$Aa^i Da^j B, \qquad i + j = 2^k, \ k \geqslant 1$$

在使用第 4 个产生式 $CB \rightarrow E$ 后，句型为 $Aa^i E (i = 2^k, k \geqslant 1)$，然后连续使用 $i$ 次第 7 个产生式 $aE \rightarrow Ea$，将 $E$ 移动到最左边，使用第 8 个产生式 $AE \rightarrow \varepsilon$，将 $AE$ 都消除，结束整个推导过程。

因此，文法产生语言 $\{a^n|n=2^k, k\geqslant 1\}$。

**例 2.16** 文法 $G$

$$S\rightarrow CD$$
$$C\rightarrow aCA \mid bCB$$
$$AD\rightarrow aD$$
$$BD\rightarrow bD$$
$$Aa\rightarrow aA$$
$$Ab\rightarrow bA$$
$$Ba\rightarrow aB$$
$$Bb\rightarrow bB$$
$$C\rightarrow \varepsilon$$
$$D\rightarrow \varepsilon$$

产生的语言是 $L=\{\omega\omega|\omega\in\{a, b\}^*\}$，即 $L\{z|z$ 的前半部分和后半部分相同且 $z\in\{a, b\}^*\}$。

请读者自行分析。

**思考：**

(1) 构造文法 $G$，使得 $L(G)=\{a^nb^{2n}|n\geqslant 1\}$；

(2) 构造文法 $G$，使得 $L(G)=\{a^{m+1}b^{2m+1}\mid m\geqslant 0\}$；

(3) 构造文法 $G$，使得 $L(G)=\{a^nb^{2n-1}\mid n\geqslant 1\}$。

## 2.5 无用非终结符

对于一个上下文无关文法 $G$，$A\in V$，若 $A$ 不出现在任何形如

$$S=>^*uAv=>^+u\omega v$$

的推导中，则 $A$ 为无用非终结符。其中，$u, \omega, v\in\Sigma^*$。

同时满足如下条件时，$A$ 为有用非终结符：

(1) $A$ 必须出现在某个句型中；

(2) 从 $A$ 开始，能够产生终结符号串（包括 $\varepsilon$）。

若一个产生式（产生式的左边或右边）包含无用非终结符，则该产生式就是无用的产生式，可以删除无用的产生式。

**思考：**

(1) 若文法 $G$ 的开始符号 $S$ 是无用非终结符，则 $L(G)$ 是什么？

(2) 判断 $A$ 是有用非终结符的算法。

## 2.6 推 导 树

对于上下文无关文法 $G$，若串 $\omega$ 能由该文法产生，则 $\omega$ 的产生过程可以用推导的办法表示，即采用符号"=>"表示，也可以用推导树的形式表示。推导树是一个有向无循环的图。

　　树的节点是文法中的非终结符或终结符(若有空串产生式，则 $\varepsilon$ 也可以是树的节点)，树的根节点是文法的开始符号 $S$。若推导使用了产生式 $A \to a_1 a_2 a_3 \cdots a_n$，其中 $A$ 是非终结符，$a_i$ 是非终结符或终结符，则 $a_1$，$a_2$，$a_3$，$\cdots$，$a_n$ 都是 $A$ 的直接后继节点($A$ 称为父节点，$a_1$，$a_2$，$a_3$，$\cdots$，$a_n$ 称为子节点)。一个节点和它的直接后继节点之间用有向边连接起来。

　　若节点是终结符，则该节点称为叶子节点；若节点是非终结符，则该节点称为非叶子节点(或称为分枝节点)。

　　端末节点(仅有入口而没有出口的节点)从左到右的连接，是该推导树产生的边缘。推导树端的边缘，就是该推导树产生的句型。文法和推导树都可以产生句型(或句子) $\alpha$。

　　**注意**：推导树是向下生长的。

　　**定理 2.4**　设文法 $G$ 为上下文无关文法，$S \overset{*}{=>} \alpha$，当且仅当存在一棵以 $\alpha$ 为边缘的推导树时。

　　**证明**：略。

　　**定义 2.9**　直接子孙和子孙的定义。

　　在一个(棵)有向无循环的图(树)中，称满足下列条件的节点 $n$ 为节点 $m$ 的直接子孙：有一条有向边从节点 $m$ 出发进入节点 $n$。

　　若有节点的序列 $n_1$，$n_2$，$n_3$，$\cdots$，$n_k$ 使得 $m=n_1$，$n=n_k$，以及对于每一个 $i$，$n_{i+1}$ 是 $n_i$ 的一个直接子孙，则节点 $n$ 称为节点 $m$ 的子孙。一棵推导树 $T$ 中的每个节点都是根节点 $S$ 的一个子孙。

　　**约定**：每一个节点都是自己的子孙。

　　**定义 2.10**　推导树的另一个定义。

　　上下文无关文法 $G=(\Sigma, V, S, P)$，若一棵树满足下列条件：

　　(1)每个节点都有一个标记(是 $\Sigma \cup V$ 的一个符号或者是 $\varepsilon$)；

　　(2)根的标记为 $S$；

　　(3)若一个节点有多于一个的子孙，则该节点标记的符号为非终结符；

　　(4)若节点 $A$ 的所有直接子孙，从左到右的次序是标记为 $A_1$，$A_2$，$A_3$，$\cdots$，$A_k$ 的节点，则

$$A \to A_1 A_2 A_3 \cdots A_k$$

为文法 $G$ 的一个产生式，则称该树为文法的推导树。

　　存在产生句子的(完整的)推导树，也存在产生句型的(不完整的)推导树。一棵推导树中，仅有一个子孙的节点称为端末节点(该子孙就是自己)。

　　**定义 2.11**　上下文无关文法的最左推导和最右推导的定义。

　　上下文无关文法 $G$，有产生式 $A \to \beta$。对于一步直接推导 $\alpha_1 A \alpha_2 => \alpha_1 \beta \alpha_2$：

　　(1)若 $\alpha_1 \in \Sigma^*$，则称为一步最左推导；

　　(2)若 $\alpha_2 \in \Sigma^*$，则称为一步最右推导。

　　对于文法 $G$ 和句型 $\omega$：

　　(1)若产生 $\omega$ 的每一步推导都是最左推导，则称产生 $\omega$ 的推导为最左推导；

　　(2)若产生 $\omega$ 的每一步推导都是最右推导，则称产生 $\omega$ 的推导为最右推导。

　　当然，还有其他方式(如交叉方式)的推导过程，而最左推导和最右推导是比较常用的

推导方式。最右推导也称为规范推导。一般来说，常使用最左推导。

**例 2.17**　文法

$$S \to 0B \mid 1A$$

$$A \to 0 \mid 0S \mid 1AA$$

$$B \to 1 \mid 1S \mid 0BB$$

对于串 0011 的产生过程，可以使用如下推导方式。

最左推导：

$$S \Rightarrow 0\underline{B} \Rightarrow 00B\underline{B} \Rightarrow 001\underline{B} \Rightarrow 0011$$

最右推导：

$$S \Rightarrow 0\underline{B} \Rightarrow 00\underline{B}B \Rightarrow 00\underline{B}1 \Rightarrow 0011$$

也可以用推导树表示推导过程，如图 2.2 所示。

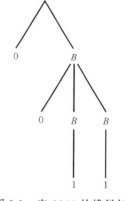

实际上，一棵推导树代表了一个句型(或句子)的最左推导和最右推导过程以及其他所有的以任意顺序进行推导的过程。在推导树中，从根节点到一个叶子节点(或者端末节点)称为一条路径。一条路径上的非终结符的个数称为该路径的长度。最大的路径长度称为该推导树的高度。

**定义 2.12**　推导树的子树的定义。

在一棵推导树 $T$ 中，以任意一个非终结符 $A$ 为根，连同它的所有后继节点(直接节点和非直接节点，即它的所有子孙，并且子孙的个数大于 1)构成一棵子树，称为推导树 $T$ 的 $A$-子树。

推导树本身就是树 $T$ 最大的一棵子树，即 $S$-子树，而一个非终结符本身不是一棵子树。

图 2.2　串 0011 的推导树

图 2.2 表示的推导树有 4 棵子树，如图 2.3 所示。

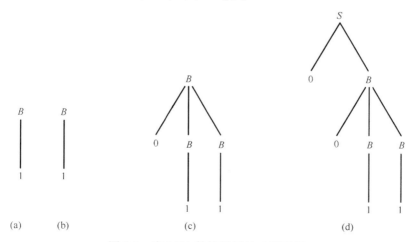

(a)　　　(b)　　　(c)　　　(d)

图 2.3　串 0011 的推导树的 4 棵子树

# 2.7　空　串　定　理

**定理 2.5**　消除空串产生式。

$G$ 是一个上下文无关文法，存在一般的空串产生式 $A \to \varepsilon$，若 $\varepsilon \notin L(G)$，则存在另一个上下文无关文法 $G'$，使得

(1)　$L(G) = L(G')$；

(2)　$G'$ 中没有任何空串产生式。

**证明**：因为 $\varepsilon \notin L(G)$，对于任意的 $C \in V$，考虑 $C$ 的所有产生式 $C \to \omega$（$\omega$ 不为空串 $\varepsilon$），如果 $\omega$ 中有非终结符 $A_1, A_2, \cdots, A_k, B_1, B_2, \cdots, B_j$，对于 $A_i$，有

$$A_i \to \varepsilon$$

其中，$1 \leqslant i \leqslant k$。

将 $C \to \omega$ 改造为 $C \to \omega'$，其中 $\omega'$ 是通过 0 步，1 步，$\cdots$，$k$ 步删除 $\omega$ 中的 $A_i$ 得到的，$\omega'$ 共有 $2^k$ 个；去掉所有的空串产生式（包括在改造 $\omega$ 的过程中引入的空串产生式，如 $C \to A_1$，则改造为 $C \to A_1|\varepsilon$，引入了 $C \to \varepsilon$），去掉无用的非终结符就得到 $G'$。

再考虑 $G$ 产生串 $\beta$ 的推导树 $T$，若 $\beta$ 的推导中使用了空串产生式，则树 $T$ 中有以 $\varepsilon$ 为标志的叶子节点，删除树 $T$ 中所有产生 $\varepsilon$ 的子树，得到树 $T_1$，而它刚好是文法 $G'$ 产生串 $\beta$ 的推导树，所以 $L(G) = L(G')$。

例如：

| 文法 | 改造为新文法 |
|---|---|
| $S \to ABCD$ | $S \to ACD$ |
| $C \to RS$ | $C \to S$ |
| $B \to \varepsilon$ | $A \to a$ |
| $A \to a$ | $D \to d$ |
| $D \to d$ | $S \to d$ |
| $R \to \varepsilon$ | |
| $S \to d$ | |

它们产生相同的语言 $L$。

**定理 2.6**　空串定理。

一个上下文无关文法 $G$，若存在一般的空串产生式 $A \to \varepsilon$，则存在另一个上下文无关文法 $G'$，使得

(1) $L(G) = L(G')$；

(2) 若 $\varepsilon \notin L(G)$，则 $G'$ 中没有任何空串产生式；

(3) 若 $\varepsilon \in L(G)$，则 $G'$ 中有一个空串产生式（$S' \to \varepsilon$），且 $S'$ 不出现在 $G'$ 的任何产生式的右边（$S'$ 是 $G'$ 的开始符号）。

**证明**：若 $\varepsilon \notin L(G)$，消除文法 $G$ 中的所有空串产生式，得到 $G'$。假设 $\varepsilon \in L(G)$，则要增加新的开始符号 $S'$ 和两个产生式：

$$S' \rightarrow S$$
$$S' \rightarrow \varepsilon$$

再消除文法 $G$ 中其他所有空串产生式得到 $G'$。

# 2.8　消除左递归

一个上下文无关文法 $G$，若存在 $A \in V$，有

$$A =>^+ A\beta$$

则 $A$ 称为左递归的非终结符。

若有

$$A => A\beta$$

则 $A$ 称为直接左递归的非终结符。

在某些情况下(如避免回溯的语法分析方法等)，需要消除一个上下文无关文法中的左递归。

递归的作用是产生无穷的语言，消除左递归，只是将左递归改造为右递归。

## 2.8.1　消除直接左递归

直接左递归的产生式为

$$A \rightarrow Av$$

其中，$A \in V$；$v \in (\sum \cup V)^+$。

递归的产生式可以产生串 $v$ 的任意次连接，可以将左递归转换为右递归。

假设文法 $G$ 的产生式为

$$A \rightarrow Av \mid \omega$$

其中，$A \in V$；$v$、$\omega \in (\sum \cup V)^*$，且 $\omega$ 不以 $A$ 开头，对于 $A$，有

$$A =>^* \omega v^*$$

增加一个新的非终结符 $B$，构造无左递归文法：

$$A \rightarrow \omega B \mid \omega$$
$$B \rightarrow vB \mid \omega$$

或者构造无左递归文法：

$$A \rightarrow \omega B$$
$$B \rightarrow vB \mid \varepsilon$$

$A$ 产生的串也为 $\omega v^*$ 的形式。

一般而言，产生式的形式为

$$A \rightarrow Av_1 \mid Av_2 \mid \cdots \mid Av_n \mid \omega_1 \mid \omega_2 \mid \cdots \mid \omega_m$$

对于 $A$，有

$$A =>^* (\omega_1 \mid \omega_2 \mid \cdots \mid \omega_m)(v_1 \mid v_2 \mid \cdots \mid v_n)^*$$

增加一个新的非终结符 $B$，构造无左递归文法：

$$A \rightarrow \omega_1 B \mid \omega_2 B \mid \cdots \mid \omega_m B \mid \omega_1 \mid \omega_2 \mid \cdots \mid \omega_m$$
$$B \rightarrow v_1 B \mid v_2 B \mid \cdots \mid v_n B \mid v_1 \mid v_2 \mid \cdots \mid v_n$$

$A$ 产生的串也是

$$(\omega_1 \mid \omega_2 \mid \cdots \mid \omega_m)(v_1 \mid v_2 \mid \cdots \mid v_n)^*$$

某些文法可能没有直接左递归，但可能会有间接左递归，例如，文法

$$S \rightarrow Aa$$
$$A \rightarrow Sb \mid b$$

虽然它的每个产生式都没有直接左递归，但推导

$$S \Rightarrow Aa \Rightarrow Sba$$

导致了左递归的出现，这种左递归就称为间接左递归。

## 2.8.2　消除间接左递归

$G$ 是一个上下文无关文法，首先删除文法的空串产生式，然后将文法 $G$ 中的所有非终结符按任意顺序排列为 $A_1, A_2, \cdots, A_n$，根据下列算法消除可能存在的间接左递归：

```
for i:=1 to n do
    begin
        for j:=1 to i-1 do
            begin
                将形如 Ai→Ajω的产生式改写为
                Ai→v1ω|v2ω|···|vkω
                (其中，v1, v2,···, vk 是 Aj 的候选式)
            end
        消除 Ai 产生式的直接左递归;
    end
```

最后，删除无用的产生式就可以得到没有间接左递归的文法。

该算法思想是将推导过程中可能出现的左递归，在文法的产生式中就体现出来，产生式的改写实际上是推导的体现——用 $A_j$ 的候选式替代 $A_j$。

为方便实现，将上述算法改写如下。

$G$ 是一个上下文无关文法，将文法 $G$ 中的所有非终结符按任一给定的顺序排列为 $A_1$, $A_2, \cdots, A_n$，那么，文法的每个产生式是 $A_i \rightarrow A_j \omega$ 的形式（对于 $A_i \rightarrow a\omega$ 形式的产生式，不需要考虑，因为它不会导致左递归的出现），而 $i$ 和 $j$ 的大小关系只可能有如下 3 种情况：

（1）$i < j$，称该产生式是向上的，这类产生式不用替代；

（2）$i = j$，该产生式是直接左递归的，消除直接左递归；

（3）$i > j$，称该产生式是向下的，这类产生式需要替代，用 $A_j$ 的候选式替代 $A_j$，若出现了直接左递归，还需要将直接左递归消除。

首先，考虑非终结符 $A_1$：

$$A_1 \rightarrow A_j \omega$$

若 1＜$j$，则该产生式是向上的；若 1=$j$，则该产生式是直接左递归的，消除直接左递归。

对于非终结符 $A_2$：

$$A_2 \rightarrow A_j \omega$$

若 2＜$j$，则该产生式是向上的；若 2=$j$，则该产生式是直接左递归的，消除直接左递归；若 2＞$j$，则该产生式是向下的，这类产生式需要替代，用 $A_j$ 的候选式替代 $A_j$，若出现了直接左递归，还需要将直接左递归消除。

...

对于非终结符 $A_n$：

$$A_n \rightarrow A_j \omega$$

若 $n$=$j$，则消除直接左递归；若 $n$＞$j$，则该产生式是向下的，这类产生式需要替代，用 $A_j$ 的候选式替代 $A_j$，若出现了直接左递归，还需要将直接左递归消除。

最后，删除多余的产生式，得到的文法就没有左递归(包括直接左递归和间接左递归)。

**例 2.18**　消除下列文法的左递归：

$$S \rightarrow Qc \mid c$$
$$Q \rightarrow Rb \mid b$$
$$R \rightarrow Sa \mid a$$

**解法 1**：按 $S$、$Q$、$R$ 排列，代入后

$$S \rightarrow Qc \mid c$$
$$Q \rightarrow Rb \mid b$$
$$R \rightarrow Rbca \mid bca \mid ca \mid a$$

消除 $R$ 中的直接左递归：

$$R \rightarrow bcaR' \mid caR' \mid aR'$$
$$R' \rightarrow bcaR' \mid \varepsilon$$

最终得到不包含任何左递归的文法：

$$S \rightarrow Qc \mid c$$
$$Q \rightarrow Rb \mid b$$
$$R \rightarrow bcaR' \mid caR' \mid aR'$$
$$R' \rightarrow bcaR' \mid \varepsilon$$

文法产生的语言为 $(bca \mid ca \mid a)(bca)^* bc \mid bc \mid c$。

**解法 2**：按 $R$、$Q$、$S$ 排列，代入：

$$R \rightarrow Sa \mid a$$
$$Q \rightarrow Sab \mid ab \mid b$$
$$S \rightarrow Sabc \mid abc \mid bc \mid c$$

消除 $S$ 中的直接左递归：

$$S \rightarrow abcS' \mid bcS' \mid cS'$$
$$S' \rightarrow abcS' \mid \varepsilon$$

最终得到不包含任何左递归的文法：

$$S \rightarrow abcS' \mid bcS' \mid cS'$$

$$S' \rightarrow abcS' \mid \varepsilon$$
$$R \rightarrow Sa \mid a$$
$$Q \rightarrow Sab \mid ab \mid b$$

而 $R$、$Q$ 是无用的符号(因为从 $S$ 开始,不会产生包含 $R$、$Q$ 的任何句型),删除它们所在的产生式,得

$$S \rightarrow abcS' \mid bcS' \mid cS'$$
$$S' \rightarrow abcS' \mid \varepsilon$$

文法产生的语言为 $(abc|bc|c)(abc)^*$。

# 2.9　上下文无关文法的另一种表示

为提高语法分析的效率,文法有另外一种表示方法:使用 $\{\alpha\}$ 表示 $\alpha$ 可任意重复 $0 \sim n$ 次,即闭包运算 $\alpha^*$;使用 $[\alpha]$ 表示 $\alpha$ 的出现可有可无(等价于 $\alpha | \varepsilon$);增加元符号(、)。

左递归的产生式

$$A \rightarrow a \mid b \mid A\omega$$

改写成

$$A \rightarrow (a \mid b)\{\omega\}$$

右递归的产生式

$$A \rightarrow a \mid b \mid \omega A$$

改写成

$$A \rightarrow \{\omega\}(a \mid b)$$

**例 2.19**　标识符文法为

$$I \rightarrow L$$
$$I \rightarrow IL$$
$$I \rightarrow ID$$
$$L \rightarrow a \mid b \mid c \mid d \mid e \mid f \mid g \mid h \mid i \mid j \mid k \mid l \mid m \mid n \mid o \mid p \mid q \mid r \mid s \mid t \mid u \mid v \mid w \mid x \mid y \mid z$$
$$D \rightarrow 0 \mid 1 \mid 2 \mid 3 \mid 4 \mid 5 \mid 6 \mid 7 \mid 8 \mid 9$$

也可以表示为

$$I \rightarrow L\{L \mid D\}$$
$$L \rightarrow a \mid b \mid c \mid d \mid e \mid f \mid g \mid h \mid i \mid j \mid k \mid l \mid m \mid n \mid o \mid p \mid q \mid r \mid s \mid t \mid u \mid v \mid w \mid x \mid y \mid z$$
$$D \rightarrow 0 \mid 1 \mid 2 \mid 3 \mid 4 \mid 5 \mid 6 \mid 7 \mid 8 \mid 9$$

对于标识符的语法分析,可以采用循环语句进行,这可提高语法分析的效率。

**例 2.20**　实数可定义为

**decimal**$\rightarrow$ [sign]integer.{digit}[exponent]

**exponent**$\rightarrow E$[sign]integer

**integer**$\rightarrow 0 \mid$ digit1{digit2}

**sign**$\rightarrow + \mid -$

digit1$\rightarrow 1 \mid 2 \mid 3 \mid 4 \mid 5 \mid 6 \mid 7 \mid 8 \mid 9$

digit2→0 | digit

其中，decimal、exponent、integer、sign、digit1 和 digit2 代表非终结符。

# 2.10　语言之间的运算及运算的封闭性

产生复杂语言的方法之一是对简单的语言进行运算。

## 2.10.1　语言之间的基本运算

**定义 2.13**　语言的运算的定义。

若 $L_1$ 和 $L_2$ 是两个语言，定义语言 $L_1$ 和 $L_2$ 的联合运算为

$$L_1 \cup L_2 = \{ \omega \mid \omega \in L_1 \ \text{或者} \ \omega \in L_2 \}$$

语言 $L_1$ 和 $L_2$ 的连接运算为

$$L_1 L_2 = \{ \omega \mid \omega = \omega_1 \omega_2, \ \omega_1 \in L_1, \ \omega_2 \in L_2 \}$$

语言 $L_1$ 的迭代运算（或者称为星运算、闭包运算）为

$$L_1^* = \{ \omega \mid \omega = \omega_1 \omega_2 \omega_3 \cdots \omega_m, \ \omega_i \in L_1, \ m \geq 0 \}$$

$$= \cup L_1^n, \qquad n \geq 0$$

其中，$L_1^0 = \{\varepsilon\}$；$L_1^{n+1} = L_1 L_1^n$，$n \geq 0$。

**注意**：语言

$$L_1 = \{ a^n \mid n > 0 \}$$

$$L_2 = \{ b^n \mid n > 0 \}$$

则

$$L_1 L_2 = \{ a^n b^m \mid n, m > 0 \}$$

$$\neq \{ a^n b^n \mid n > 0 \}$$

**语言的封闭性**：若任意的、属于某一语言类的语言在某一特定运算下所得到的结果仍然是该语言类的语言，则称该语言类对此运算具有封闭性（Closure Property）。

**语言的有效封闭性**：给定一个语言类的若干语言的（文法）描述。若存在一个算法，它可以构造出这些语言在给定运算下所获得的语言的（文法）描述，则称此语言类对相应的运算是有效封闭的，并称此语言类对相应的运算具有有效封闭性（Valid Closure Property）。

有效封闭性需要提供构造文法的一般性方法，即存在文法 $G_1$ 和 $G_2$：

$$L_1 = L(G_1)$$

$$L_2 = L(G_2)$$

需要构造文法 $G$，使得 $L(G)$ 是对 $L_1$ 和 $L_2$ 进行某种运算后得到的语言。

语言的封闭性可以用于证明某些语言属于某类语言，以及可以从简单的某类语言构造复杂的某类语言。

### 2.10.2　语言之间的运算的封闭性

**定义 2.14**　语言对运算的封闭定义。

给定字母表$\Sigma$，$l$ 是 $\Sigma$ 上的一类语言，语言 $L_1$ 和 $L_2$ 是 $l$ 内的语言，令 $\alpha$ 是语言上的二元运算

$$(L_1, L_2) \rightarrow \alpha\,(L_1, L_2)$$

$\beta$ 是语言上的一元运算

$$L_1 \rightarrow \beta\,(L_1)$$

若对于 $l$ 内任意语言 $L_1$ 和 $L_2$，$\alpha\,(L_1, L_2)$ 也是 $l$ 内的语言，则称 $l$ 对于运算 $\alpha$ 是封闭的；若对于 $l$ 的任意语言 $L_1$，$\beta\,(L_1)$ 也是 $l$ 的语言，则称 $l$ 对于运算 $\beta$ 是封闭的。

**定理 2.7**　$i(i=0, 1, 2, 3)$ 型语言对联合、连接和迭代运算是封闭的。

**证明**：参加运算的语言可以属于不同的字母表，也可以属于同一个字母表。

对于两个语言参加的连接运算，若语言是 CSL 或 PSL，则需要特别考虑两个语言是否属于同一个字母表，而其他情况不用特别考虑。

假设参加运算的语言是不同字母表上的语言 $L_1$ 和 $L_2$，产生 $L_1$ 的文法为

$$G_1 = (\Sigma_1, V_1, S_1, P_1)$$

产生 $L_2$ 的文法为

$$G_2 = (\Sigma_2, V_2, S_2, P_2)$$

假定

$$\Sigma_1 \cap \Sigma_2 = \varnothing$$
$$V_1 \cap V_2 = \varnothing$$
$$S \notin V_1$$
$$S \notin V_2$$

设置

$$\Sigma = \Sigma_1 \cup \Sigma_2$$
$$V = V_1 \cup V_2 \cup \{S\}$$

（1）对于联合运算，构造

$$G_3 = (\Sigma, V, S, P_3)$$

其中，

$$P_3 = \{S \rightarrow S_1\} \cup \{S \rightarrow S_2\} \cup P_1 \cup P_2$$

对于 $i=0, 1, 2$，若 $G_1$ 和 $G_2$ 是 $i$ 型文法，则 $G_3$ 也是 $i$ 型文法；从 $S$ 开始，使用

$$S \rightarrow S_1$$

开始推导，利用 $P_1$，得到 $L(G_1)$，或者使用

$$S \rightarrow S_2$$

开始推导，利用 $P_2$，得到 $L(G_2)$，显然

$$L(G_3)=L(G_1)\cup L(G_2)$$

所以，0、1、2 型语言类对于联合封闭。

若 $G_1$ 和 $G_2$ 是 RG，则 $G_3$ 不是 RG，构造文法

$$G_4=(\Sigma, V, S, P_4)$$

其中

$$P_4=\{S\to\alpha\,|\,S_1\to\alpha\ 在\ P_1\ 中\}\cup\{S\to\beta\,|\,S_2\to\beta\ 在\ P_2\ 中\}\cup\ P_1\cup\ P_2$$

则 $G_4$ 是 RG，且

$$L(G_4)=L(G_1)\cup L(G_2)$$

所以 3 型语言对于联合封闭。

注意：$G_4$ 的构造方法也适合于 0、1、2 型文法。

(2) 对于连接运算，构造

$$G_5=(\Sigma, V, S, P_5)$$

其中

$$P_5=\{S\to S_1S_2\}\cup P_1\cup P_2$$

对于 $i=0,1,2$，若 $G_1$ 和 $G_2$ 是 $i$ 型文法，则 $G_5$ 亦然；若

$$S_1=>^*\omega_1$$
$$S_2=>^*\omega_2$$

则

$$S=>S_1S_2=>^*\omega_1\omega_2$$

$L(G_5)=L(G_1)L(G_2)$，所以 0、1、2 型语言对连接封闭。

由于 $G_5$ 不是 RG，构造

$$G_6=(\Sigma, V_1\cup V_2, S_1, P_6)$$

其中

$$P_6=\{A\to\omega B\,|\,A\to\omega B\ 在\ P_1\ 中\}\cup\{A\to\omega S_2\,|\,A\to\omega\ 在\ P_1\ 中\}\cup P_2$$

将 $P_1$ 每个形如 $A\to\omega$ 的产生式改写为

$$A\to\omega S_2$$

则

$$S_1=>^+r_1r_2\cdots r_kA$$
$$=>r_1r_2\cdots r_k\omega S_2$$
$$=>^+\omega_1\omega_2$$

其中，$r_1r_2\cdots r_k\omega\in L_1$。$L(G_6)=L(G_1)L(G_2)$，所以 3 型语言对连接封闭。

注意：若 $P_1$ 中有空串产生式，则要先消除空串产生式。若 $G_1$ 和 $G_2$ 是 0 型或 1 型文法，而

$$\Sigma_1\cap\Sigma_2\neq\varnothing\ (包括\ \Sigma_1=\Sigma_2)$$

则文法 $G_5$ 可能存在问题。例如，文法 $G_1$ 为

$$S_1\to b$$

文法 $G_2$ 为

$$S_2 \rightarrow c \mid bA \mid A$$
$$A \rightarrow a$$
$$bA \rightarrow bb$$

则

$$L(G_1) = \{b\}$$
$$L(G_2) = \{c, a, ba, bb\}$$
$$L(G_1)L(G_2) = \{bc, ba, bba, bbb\}$$

对于 $G_5$，存在

$$S \Rightarrow S_1 S_2 \Rightarrow bS_2 \Rightarrow bA \Rightarrow bb$$

而 $bb$ 不是语言 $L(G_1)$ 和 $L(G_2)$ 连接后的句子。

该问题产生的原因是 $S_1$ 和 $S_2$ 产生的串发生了串道：$S_1$ 产生的串可能将 $S_2$ 产生的串作为下文，$S_2$ 产生的串可能将 $S_1$ 产生的串作为上文。由于

$$V_1 \cap V_2 = \varnothing$$

因此，串道是由终结符引起的。

解决串道问题的基本方法是将终结符变换为不一致的非终结符形式，最后还原为对应的终结符。将 $\sum$ 复制为 $\sum'$ 和 $\sum''$，令

$$\sum' = \{x' \mid x \in \sum\}$$
$$\sum'' = \{x'' \mid x \in \sum\}$$

将 $P_1$ 中的 $x$ 用相应的 $x'$ 代替，得到 $P'$，将 $P_2$ 中的 $x$ 用相应的 $x''$ 代替，得到 $P''$，构造
$$G_7 = (\sum, V \cup \sum' \cup \sum'', S, P_7)$$

其中
$$P_7 = \{S \rightarrow S_1 S_2\} \cup P_1' \cup P_2'' \cup \{x' \rightarrow x \mid x \in \sum\} \cup \{x'' \rightarrow x \mid x \in \sum\}$$

则 $L(G_7) = L(G_1)L(G_2)$。

对于上例，构造 $P_7$ 为

$$S \rightarrow S_1 S_2$$
$$S_1 \rightarrow b'$$
$$S_2 \rightarrow c'' \mid b''A \mid A$$
$$A \rightarrow a''$$
$$b''A \rightarrow b''b''$$
$$b' \rightarrow b$$
$$c'' \rightarrow c$$
$$b'' \rightarrow b$$

则产生语言

$$\{bc, ba, bba, bbb\}$$

（3）对于迭代运算，迭代运算需要考虑空句子的产生和句子的任意多次连接。若使用
$$S \rightarrow \varepsilon \mid SS_1$$

但 $S$ 在产生式右边，封闭性存在问题，构造

$$S \rightarrow \varepsilon \mid S'$$
$$S' \rightarrow S_1 \mid S_1 S'$$

则 $S$ 推导出 $\varepsilon$ 和 $S_1^n$（$n \geqslant 1$）。

构造

$$G_8 = (\textstyle\sum, V_1 \cup \{S, S'\}, S, P_8)$$

其中

$$P_8 = \{S \rightarrow \varepsilon \mid S'\} \cup \{S' \rightarrow S_1 \mid S_1 S'\} \cup P_1$$

若 $G_1$ 是 CFG，则 $G_8$ 也是 CFG，且

$$S \stackrel{*}{\Rightarrow} L(G_1)^*$$

所以 2 型语言对迭代封闭。若 $G_1$ 是 CSG 或者 PSG，文法 $G_8$ 也可能存在串道问题。例如，文法 $G_1$ 若为

$$S_1 \rightarrow ab S_1 \mid S_1 a$$
$$b S_1 \rightarrow bb$$
$$S_1 a \rightarrow c$$

则文法 $G_8$ 存在串道问题。

为避免串道问题，首先，消除 $G_1$ 中的空串产生式，将 $\sum$ 复制为 $\sum'$ 和 $\sum''$，令

$$\textstyle\sum' = \{x' \mid x \in \textstyle\sum\}$$
$$\textstyle\sum'' = \{x'' \mid x \in \textstyle\sum\}$$

将 $V_1$ 复制为 $V'$ 和 $V''$，令

$$V' = \{A' \mid A \in V_1\}$$
$$V'' = \{A'' \mid A \in V_1\}$$

将 $P_1$ 中的 $x$ 用相应的 $x'$ 代替，并将 $P_1$ 中的 $A$ 用 $A'$ 代替得到 $P'$，同时将 $S_1$ 改写为 $S$，得到

$$G' = (\textstyle\sum, V' \cup \textstyle\sum \cup \{S'\} - \{S_1\}, S', P')$$

将 $P_1$ 中的 $x$ 用相应的 $x''$ 代替，并将 $P_1$ 中的 $A$ 用 $A''$ 代替得到 $P''$，同时将 $S_1$ 改写为 $S''$，得到

$$G'' = (\textstyle\sum, V'' \cup \textstyle\sum' \cup \{S''\} - \{S_1\}, S'', P'')$$

构造

$$G_9 = (\textstyle\sum, V' \cup V'' \cup \textstyle\sum \cup \textstyle\sum'', \cup \{S, S', S'', S_1, S_2\}, S, P_9)$$

其中

$$P_9 = \{S \rightarrow \varepsilon \mid S_1 \mid S_2\} \cup \{S_1 \rightarrow S' \mid S' S_2\} \cup \{S_2 \rightarrow S'' \mid S'' S_1\} \cup P' \cup P''$$
$$\cup \{x' \rightarrow x \mid x \in \textstyle\sum\} \cup \{x'' \rightarrow x \mid x \in \textstyle\sum\}$$

注意：原来的 $S_1$ 改写为 $S'$ 和 $S''$。$P_9$ 中 $S_1$ 实现 $S'$ 和 $S''$ 的交替：

$$S_1 \stackrel{+}{\Rightarrow} S' S'' S' S'' \cdots S' S''$$

或

$$S_1 \stackrel{+}{\Rightarrow} S' S'' S' S'' \cdots S'$$

$S_2$ 实现 $S''$ 和 $S'$ 的交替：

$$S_2 =>^+ S''S'S''S'\cdots S''S'$$

或

$$S_2 =>^+ S''S'S''\cdots S'S''$$

则 $L(G_9)=L(G_1)^*$，所以 0 型和 1 型语言对迭代封闭。

对于 RG，引入新的开始符号 $S$ 和 $S\to\varepsilon$ 来产生空串 $\varepsilon$（若在 $P_1$ 中有 $S_1\to\varepsilon$ ，则删除），增加 $S\to r$（$S_1\to r$ 在 $P_1$ 中）以便开始推导（$r=\omega B$ 或 $r=\omega$），对于每个形如 $A\to\omega$ 的产生式，增加 $A\to\omega S_1$（不删除 $A\to\omega$），这样，从 $S$ 开始，可以推导出句型

$$r_1r_2\cdots r_kA$$

其中，$r_1, r_2, \cdots, r_k\in L_1$。

可以在推导出

$$r_1r_2\cdots r_k\omega$$

时停止，也可以从

$$r_1r_2\cdots r_k\omega S_1$$

开始推导出另一个更长的串，直至 $L(G_1)^*$。所以，若 $G_1$ 是正则文法，则

$$G_{10}=(\Sigma, V_1\cup\{S\}, S, P_{10})$$

其中

$P_{10}=\{S\to\varepsilon\}\cup(P_1-\{S_1\to\varepsilon\})\cup\{S\to r\mid S_1\to r$ 在 $P_1$ 中$\}\cup\{A\to\omega S_1\mid$ 若 $A\to\omega$（包括 $S\to\omega$）$\}$

$G_{10}$ 也是 RG，且 $L(G_{10})=L(G_1)^*$，所以 3 型语言对迭代封闭。

因此，无论字母表

$$\Sigma_1\cap\Sigma_2=\varnothing$$

或

$$\Sigma_1\cap\Sigma_2\neq\varnothing（包括 \Sigma_1=\Sigma_2）$$

4 类语言对联合、连接和迭代运算是有效封闭的。

### 2.10.3　语言之间的其他运算

**定理 2.8**　正则语言对于补和交运算是封闭的。

**证明**：该定理的证明需要使用自动机的知识，留待第 3 章证明。

**定理 2.9**　上下文无关语言对于补和交运算不是封闭的。

**证明**：举一个反例即可。上下文无关语言

$$L_1=\{a^nb^nc^m\mid n, m>0\}$$

和

$$L_2=\{a^ib^kc^k\mid i, k>0\}$$

的交集为

$$L=\{a^nb^nc^n\mid n>0\}$$

而该语言不是上下文无关语言，是一个上下文有关语言。

**定义 2.15** 上下文无关置换映射的定义。

$X$ 和 $Y$ 是两个字母表，对于一个映射

$$g: X^* \rightarrow Y^*$$

若

$$g(\varepsilon) = \{\varepsilon\}$$

且对 $n \geq 1$ 有

$$g(\omega_1 \omega_2 \cdots \omega_n) = g(\omega_1) g(\omega_2) \cdots g(\omega_n)$$

其中，$g(\omega_i) = y \in Y^*$，或有

$$g(\omega_i) = \{y_1, y_2, \cdots\}, \quad y_j \in Y^*$$

则 $g$ 是一个上下文无关置换映射。

若对于所有的 $i$，有

$$g(\omega_i) = y \in Y^*$$

即 $g(\omega_i)$ 只包含 $Y^*$ 的一个元素，则 $g$ 称为同态。同态可以映射为 $\varepsilon$ 或者一个串；若 $|y| = 1$，同态仅仅改变了成分的名字。

若 $L$ 是字母表 $\sum$ 上的一个语言，$\omega \in L$，则

$$g(L) = \cup g(\omega)$$

**例 2.21** 对于 $\sum = \{a, b\}$，

$$g(a) = 0^*$$
$$g(b) = 1$$

若语言

$$L = (aba)^*$$

则

$$g(L) = (0^* 1 0^*)^*$$

对于 $a \in \sum$，

$$g(\{a\}^*) = g(\varepsilon) \cup g(a) \cup g(aa) \cup \cdots \cup g(a \cdots a) = (g(a))^*$$
$$g(L^*) = (g(L))^*$$

**定理 2.10** 上下文无关语言对于上下文无关置换映射是封闭的。

**证明**：上下文无关文法 $G = (\sum, V, S, P)$，产生无关语言 $L$，$g$ 是一个置换映射：

$$g(x) = L_x$$

其中，$x \in \sum$。

将文法 $G$ 改造为

$$G' = (Y, V \cup \sum, S, P')$$

将 $G$ 中每个产生式右边的终结符 $x$ 替换为 $x'$，增加产生式，使得

$$x' =>^+ L_x$$

得到 $P'$，文法 $G$ 产生串

而文法 $G'$ 产生串

$$x_1x_2\cdots x_n$$

$$x_1'x_2'\cdots x_n'$$

再得到句子

$$L_{x_1}L_{x_2}\cdots L_{x_n}$$

所以文法 $G'$ 可以产生语言 $g(L)$，也是上下文无关的语言。

例如，文法 $G$

$$S \to aSb|ab$$
$$L(G)=a^nb^n$$

若

$$g(a)=0^*$$
$$g(b)=1$$

构造文法

$$S \to a'S\,b' \mid a'b'$$
$$a' \to \varepsilon \mid 0a'$$
$$b' \to 1$$

产生语言

$$\{0\}^*\{1\}^+$$

**定理 2.11**　正则语言对于(上下文无关)置换映射是封闭的。

**证明**：类似上下文无关语言的证明，此处略。

## 2.11　正则表达式和正则集

计算学科讨论的是什么能够被有效自动化，而实现有效自动化的基础是实现对问题恰当的形式化描述。

在形式语言中，有时使用表达式的形式来代表一个语言。对于正则的语言，可以使用正则表达式来表示。正则表达式对正则语言的表示具有特殊的优势：它更简单、更方便、更容易进行处理，而且这种表达形式还更接近语言的集合表示和语言的计算机表示。语言的集合表达形式使得它本身更容易理解和使用，而适合计算机的表达形式又使得它更容易被计算机系统处理。

本节介绍正则表达式(Regular Expression, RE)和它表示的正则集(Regular Set, RS)。

**定义 2.16**　正则集的定义。

$L$ 是字母表 $\sum$ 上的语言，若语言 $L$ 是有限的，则语言 $L$ 是正则的；或者语言 $L$ 能够由下列运算递归地产生：

(1)若 $L_1$ 和 $L_2$ 是正则的，且 $L=L_1\cup L_2$；

(2)若 $L_1$ 和 $L_2$ 是正则的，且 $L=L_1L_2$；

(3)若 $L_1$ 是正则的，且 $L=L_1^*$；

则 $L$ 也是正则的。若一个语言是正则的，该语言也称为正则集。

例如，下列语言是正则的：

(1)空集 $\varnothing$ 和空串的集合 $\{\}$，因为它们是有限的；

(2)语言 $\{ab, a\}^*$ 也是正则的，因为是正则的语言是经过运算得到的。

**定义 2.17**　正则表达式的定义。

正则表达式 $R$ 和它所表达的正则集 $S(R)$ 的定义：

(1) $\varnothing$ 是一个正则表达式，$S(\varnothing)=\varnothing$；

(2) $\varepsilon$ 是一个正则表达式，$S(\varepsilon)=\{\varepsilon\}$；

(3)若 $a\in\Sigma$，则 $a$ 是一个正则表达式，$S(a)=\{a\}$；

(4)若 $R_1$ 和 $R_2$ 是正则表达式，则 $(R_1+R_2)$ 是正则表达式，$S(R_1+R_2)=S(R_1)\cup S(R_2)$；

(5)若 $R_1$ 和 $R_2$ 是正则表达式，则 $(R_1R_2)$ 是正则表达式，$S(R_1R_2)=S(R_1)S(R_2)$；

(6)若 $R$ 是正则表达式，则 $(R)^*$ 是正则表达式，$S((R^*))=(S(R))^*$。

**注意：**

$$R=ab$$

则

$$R^*=(ab)^* \neq ab^*$$

对于每个正则集，至少能够找到表示该正则集的一个正则表达式。每个正则表达式都唯一地表示一个正则集。若两个正则表达式 $R_1$ 和 $R_2$ 均表示同一个正则集，则称这两个正则表达式相等，记为 $R_1=R_2$，即若 $S(R_1)=S(R_2)$，则 $R_1=R_2$。

对于正则表达式，有下列基本的代数性质(若 $\alpha$、$\beta$ 和 $\gamma$ 是正则表达式)。

(1)结合律：

$$\alpha(\beta\gamma)=(\alpha\beta)\gamma$$
$$\alpha+(\beta+\gamma)=(\alpha+\beta)+\gamma$$

(2)分配律：

$$\alpha(\beta+\gamma)=\alpha\beta+\alpha\gamma$$
$$(\alpha+\beta)\gamma=\alpha\gamma+\beta\gamma$$

(3)交换律：

$$\alpha+\beta=\beta+\alpha$$

(4)幂等律：

$$\alpha+\alpha=\alpha$$

(5)加法运算零元素：

$$\alpha+\varnothing=\alpha$$

(6)乘法运算单位元：

$$\alpha\varepsilon=\varepsilon\alpha=\alpha$$

(7)其他的代数性质：

$$\varnothing^*=\varepsilon$$

$$\alpha^* = \alpha + \alpha^*$$
$$(\alpha^*)^* = \alpha^*$$
$$\alpha\varnothing = \varnothing \quad \alpha\varnothing = \varnothing$$

若 $R$ 是正则表达式,则 $RRRR$ 是正则表达式,可以记为 $R^4$。但 $R^n$ 不是正则表达式,应该表示为 $R^+$。

一些典型的正则表达式和对应的语言有如下几种。

正则表达式

$$(a + b)^*$$

代表语言

$$\{a, b\}^*$$

正则表达式

$$a(b + c)^* d$$

代表语言

$\{\omega \mid \omega$ 以 $a$ 开头,中间是 $b$ 和 $c$ 组成的任意串,最后以 $d$ 结尾$\}$

正则表达式

$$(a + b)(a + b)$$

代表语言

$$\{aa, ab, ba, bb\}$$

正则表达式

$$a(a + b + c)^* a + b(a + b + c)^* b + c(a + b + c)^* c$$

代表语言

$L = \{\ \omega \mid \omega \in \{a, b, c\}^+$ 且 $\omega$ 中最后一个字母与第一个字母相同$\}$

正则表达式

$$(a + b + c)^* a(a + b + c)^* a(a + b + c) + (a + b + c)^* b(a + b + c)^* b(a + b + c) + (a + b + c)^*$$
$$c(a + b + c)^* c(a + b + c)$$

代表语言

$L = \{\ \omega \mid \omega \in \{a, b, c\}^+$ 且 $\omega$ 中倒数第二个字母肯定在前面出现过$\}$

**例2.22** 对于正则表达式 $(b^* + (ab)^*)$,构造一个正则文法 $G$,使之产生语言(正则集)$L = \{b^*, (ab)^*\}$。

**提示**:利用正则语言对连接、联合和迭代运算是封闭的原理,构造正则文法。

产生 $b^*$ 的文法:

$$S_1 \rightarrow \varepsilon \mid bS_1$$

产生 $ab$ 的文法:

$$S_2 \rightarrow aB_2$$
$$B_2 \rightarrow b$$

产生 $(ab)^*$ 的文法:

$$S_2 \rightarrow \varepsilon$$

$$S_2 \rightarrow aB_2$$
$$B_2 \rightarrow bS_2$$
$$B_2 \rightarrow b$$

产生 $\{b^*, (ab)^*\}$ 的文法：

$$S \rightarrow bS_1 \mid baB_2$$
$$S_1 \rightarrow bS_1 \mid \varepsilon$$
$$S_2 \rightarrow aB_2 \mid \varepsilon$$
$$B_2 \rightarrow bS_2 \mid b$$

一个 3 型语言，从文法角度称为右线性语言，从运算角度称为正则语言。

# 习　题　2

2.1　设 $L = \{0^n 1^m \mid n, m \geqslant 1\}$，试构造满足要求的文法 $G$。

(1) $G$ 是 RG；

(2) $G$ 是 CFG，但不是 RG；

(3) $G$ 是 CSG，但不是 CFG；

(4) $G$ 是短语结构文法，但不是 CSG。

2.2　设 $\Sigma = \{0, 1\}$，请给出 $\Sigma$ 上的下列语言的文法。

(1) 所有以 0 开头的串；

(2) 所有以 0 开头、以 1 结尾的串；

(3) 所有以 11 开头、以 11 结尾的串；

(4) 所有 0 和 1 一样多的串；

(5) 所有 0 比 1 多的串；

(6) 所有长度为偶数的串；

(7) 所有包含子串 01011 的串；

(8) 所有包含 3 个连续 0 的串。

2.3　设 $\Sigma = \{a, b, c\}$，构造下列语言的文法。

(1) $\{a^n b^n \mid n \geqslant 0\}$；

(2) $\{a^n b^m \mid n, m \geqslant 1\}$；

(3) $\{a^n b^n a^n \mid n \geqslant 1\}$；

(4) $\{a^n b^m a^k \mid n, m, k \geqslant 1\}$；

(5) $\{a\omega a \mid a \in \Sigma, \omega \in \Sigma^+\}$；

(6) $\{x\omega x^{\mathrm{T}} \mid x, \omega \in \Sigma^+\}$；

(7) $\{x \mid x = x^{\mathrm{T}}, x \in \Sigma^+\}$；

(8) $\{xx^{\mathrm{T}}\omega \mid x, \omega \in \Sigma^+\}$。

2.4　给定如下文法，请分别给出句子 $aacb$ 和 $aacabdaacb$ 的最左归约和最右归约，并画出相应的派生树。

$$S \rightarrow aAcB \mid BdS$$

$$B \rightarrow aScA \mid cAB \mid b$$
$$A \rightarrow BaB \mid aBc \mid a$$

2.5 消除下列文法中的 $\varepsilon$-产生式。

(1) $S \rightarrow ABCDE \mid aB \mid \varepsilon$

　　$A \rightarrow aBCA \mid BC \mid \varepsilon$

　　$B \rightarrow b \mid bB \mid \varepsilon$

　　$C \rightarrow c \mid cC \mid \varepsilon$

　　$D \rightarrow d \mid dD \mid \varepsilon$

　　$E \rightarrow e \mid eE \mid \varepsilon$

(2) $S \rightarrow ABDC$

　　$A \rightarrow BD \mid aa \mid \varepsilon$

　　$B \rightarrow aB \mid a$

　　$C \rightarrow DC \mid c \mid \varepsilon$

　　$D \rightarrow \varepsilon$

2.6 消除下列文法中的左递归。

(1) $A \rightarrow Ab \mid CAA \mid dB$

　　$B \rightarrow cAB \mid Cc \mid c$

　　$C \rightarrow ACB \mid a$

(2) $A \rightarrow BBC \mid CAB \mid CA$

　　$B \rightarrow Abab \mid ab$

　　$C \rightarrow Add$

(3) $E \rightarrow ET + \mid ET- \mid T$

　　$T \rightarrow TF^* \mid TF/ \mid F$

　　$F \rightarrow (E) \mid 2$

2.7 证明对任意 CFG，存在一种等价的特殊 $\text{CFG}_1$，$G_1$ 的产生式是下列形式之一：

$$A \rightarrow a$$
$$A \rightarrow aB$$
$$A \rightarrow aBC$$

2.8 理解如下正则表达式，说明它们表示的语言。

(1) $(00 + 11)^+$；

(2) $(0 + 1)^* 0100^+$；

(3) $(1 + 01 + 001)^* (\varepsilon + 0 + 00)$；

(4) $((0 + 1)(0 + 1))^* + ((0 + 1)(0 + 1)(0 + 1))^*$；

(5) $((0 + 1)(0 + 1))^* ((0 + 1)(0 + 1)(0 + 1))^*$；

(6) $00 + 11 + (01 + 10)(00 + 11)^* (10 + 01)$。

# 第 3 章 有限状态自动机

可以从产生语言的角度定义语言，也可以从接收(识别)语言的角度来定义语言。

产生语言角度：首先定义语言中的基本句子，然后根据其余句子的形成规则，产生出该语言所包含的所有句子。这是形式语言理论研究的内容。

接收(识别)语言角度：使用某种自动机模型来接收字符串，接收的所有字符串形成的集合也是一个语言。这是自动机理论研究的内容。

形式语言与自动机作为统一的理论，实际上包括 3 个方面的内容：

(1) 形式语言理论(文法产生语言)；

(2) 自动机理论(自动机接收语言)；

(3) 形式语言与自动机的等价性理论(文法与自动机的等价转换)。

有限状态自动机(Finite State Automaton，FSA)是为研究有限存储的计算过程和正则语言(Regular Language，RL)而抽象出的一种计算模型。

有限状态自动机拥有有限数量的状态，每个状态可以迁移到零个或多个状态，输入字符串决定执行哪个状态的迁移。有限状态自动机可以表示为一个有向图(称为状态转换图)。

有多种类型的有限状态自动机：接收器判断是否接收输入；转换器对给定输入产生一个输出。常见的转换器有 Moore 机与 Mealy 机。Moore 机对每一个状态都附加有输出动作，Mealy 机对每一个转移都附加有输出动作。

有限状态自动机还可以分成确定有限状态自动机(Deterministic Finite Automaton，DFA)与不确定有限状态自动机(Non-Deterministic Finite Automaton，NFA)两种。不确定有限状态自动机可以转化为确定有限状态自动机，即不确定有限状态自动机可以确定化。

有限状态自动机接收的语言称为有限状态语言(Finite State Language，FSL)，从形式语言角度而言，就是右线性语言或正则语言。

除了在理论上的价值外，有限状态自动机还在数字电路设计、词法分析、文本编辑器程序等领域得到了应用。

## 3.1 有限状态自动机简介

有限状态自动机是具有离散输入和输出的系统的一种数学模型。其主要特点有以下几个方面：

(1)系统具有有限个状态，不同的状态代表不同的意义；按照实际的需要，系统可以在不同的状态下完成规定的任务。

(2)可以将输入字符串中出现的字符汇集在一起构成一个字母表。系统处理的所有字符串都是这个字母表上的字符串。

(3)系统在任何一个状态下，从输入字符串中读入一个字符，根据当前状态和读入的这个字符转到新的状态。

(4)系统中有一个状态，它是系统的开始状态。

(5)系统中还有一些状态，表示到目前为止所读入的字符构成的字符串是语言的一个句子。

有限状态自动机的物理模型如图 3.1 所示。

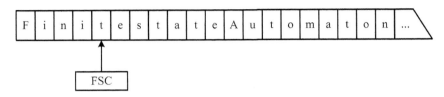

图 3.1　有限状态自动机的物理模型

有限状态自动机有一个输入存储带，带被分解为单元，每个单元存放一个输入符号(字母表上的符号)，输入串从带的左端点开始存放，而带的右端可以无限扩充。

有限状态自动机有一个读头，初始时，读头对应带的最左单元，每读出一个字符，读头自动向右移动一个单元(读头暂时不允许向左移动)。

有限状态自动机有一个有限状态控制器(Finite State Controller，FSC)，该控制器能够控制有限多个状态(的转换)；FSC 通过一个读头和带上某个单元发生耦合，可以读出当前带上单元的字符。

有限状态自动机的一个动作为

(1)读头读出带上当前单元的字符；

(2)FSC 根据当前有限状态自动机的状态和读出的字符，改变有限状态自动机的状态；

(3)读头向右移动一个单元。

有限状态自动机的动作可以简化为 FSC 根据当前的状态和当前带上的字符进行 FSC 状态的改变。

**定义 3.1**　有限状态自动机(接收机)的定义。

字母表$\Sigma$上的有限状态接收机(FA)是一个五元式：

$$FA=(Q, \Sigma, \delta, q_0, F)$$

其中，$Q$ 是一个有限状态的集合；$\Sigma$是字母表，也就是输入带上的字符的集合；$q_0$ 是开始状态，$q_0 \in Q$；$F$ 是接收状态(终止状态)集合，$F \subseteq Q$；$\delta$ 是状态转换函数的集合；状态转换函数为

$$Q \times \Sigma \rightarrow Q$$

即

$$\delta (q, x)=q'$$

代表有限状态自动机在状态 $q$ 时，扫描字符 $x$ 后到达状态 $q'$。

因为对于 $Q$ 中的每个状态，都应该定义扫描字母表$\Sigma$上的每个字母的状态转换函数，因此有限状态自动机的状态转换函数的个数应该为$| Q |\times| \Sigma |$。称这种有限状态自动机为确

定有限状态自动机。

**例 3.1**　确定有限状态自动机 DFA=$(\{q_0, q_1\}, \{0, 1\}, \delta, q_0, \{q_0\})$，其中状态转换函数 $\delta$ 可以表示为如下 3 种形式。

（1）函数形式：

$$\delta(q_0, 0) = q_1$$
$$\delta(q_0, 1) = q_1$$
$$\delta(q_1, 0) = q_1$$
$$\delta(q_1, 1) = q_0$$

（2）状态矩阵的形式，如表 3.1 所示。

（3）状态图的形式，如图 3.2 所示。

表 3.1　$\delta$ 函数的矩阵形式

| $Q$ | $\Sigma$ | |
|---|---|---|
| | 0 | 1 |
| $q_0$ | $q_1$ | $q_1$ |
| $q_1$ | $q_1$ | $q_0$ |

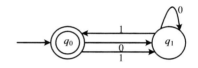

图 3.2　$\delta$ 函数的状态图形式

状态图是一个有向、有循环的图。一个节点表示一个状态。若有 $\delta(q, x) = q'$，则状态 $q$ 到状态 $q'$ 有一条有向边，并用字母 $x$ 作为标记。

一个圆圈代表一个状态，单箭头"→"指向的状态是开始状态，两个圆圈代表的状态是接收状态。在比较明确的情况下，可以用状态图表示一个有限状态自动机，有向边的数目就是状态转换函数的个数。

## 3.2　确定有限状态自动机接收的语言

**定义 3.2**　DFA 接收的串的定义。

对于 DFA，给定字母表 $\Sigma$ 上的串

$$\omega = \omega_1 \omega_2 \cdots \omega_n$$

初始时，DFA 处于开始状态 $q_0$，从左到右逐个字符地扫描串 $\omega$。在

$$\delta(q_0, \omega_1) = q_1$$

的作用下，DFA 处于状态 $q_1$，在

$$\delta(q_1, \omega_2) = q_2$$

的作用下，DFA 处于状态 $q_2$，

$$\cdots$$

在

$$\delta(q_{n-1}, \omega_n) = q_n$$

的作用下，DFA 处于状态 $q_n$。

　　将串$\omega$扫描结束后，若 DFA 处于某一个接收状态，则称 DFA 能够接收串$\omega$。

　　对于 DFA，从开始状态开始，在扫描串的过程中，状态逐个变化，直到某个接收状态，把状态的变化过程称为 DFA 的一条路径，而这条路径上所标记的字符的连接，就是 DFA 所接收的串。

　　**定义 3.3**　DFA 接收的语言的定义。

　　对于字母表$\sum$上的 DFA，它能接收的所有串的集合称为 DFA 接收的语言，记为$L(\mathrm{DFA})$。

　　**定义 3.4**　扩展的状态转换函数的定义。

　　给定 DFA，定义扩展的状态转换函数$\delta^*$

$$Q \times \sum\nolimits^* \rightarrow Q$$

为

$$\delta^*(q, \omega) = q'$$

即 DFA 在状态$q$时，扫描串$\omega$后到达唯一确定的状态$q'$。

　　**定义 3.5**　扩展的状态转换函数的形式定义。

$$\delta^*(q, \varepsilon) = q$$
$$\delta^*(q, a) = \delta(q, a)$$

其中，$a \in \sum$。

　　对于串

$$\omega = \alpha x \, (\alpha \in \sum\nolimits^+, x \in \sum)$$

有

$$\delta^*(q, \omega) = \delta^*(q, \alpha x) = \delta(\delta^*(q, \alpha), x)$$

扩展的状态转换函数的表示如图 3.3 所示。

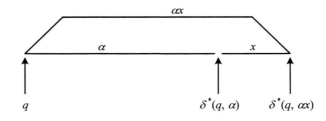

图 3.3　扩展的状态转换函数的表示

　　或者，对于串

$$\omega = b\beta \, (b \in \sum, \beta \in \sum\nolimits^+)$$

有

$$\delta^*(q, \omega) = \delta^*(q, b\beta) = \delta^*(\delta(q, b), \beta)$$

　　**定义 3.6**　DFA 接收的语言的形式化定义。

$L(\mathrm{DFA})$表示被

$$\mathrm{DFA} = (Q, \sum, \delta, q_0, F)$$

接收的语言，它在字母表 $\Sigma$ 上，即 $L(\text{DFA}) \subseteq \Sigma^*$，则

$$L(\text{DFA}) = \{\ \omega \mid \omega \in \Sigma^* \text{且}\ \delta^*(q_0, \omega) \in F\}$$

若语言 $L \subseteq \Sigma^*$，对于某个 DFA，有 $L = L(\text{DFA})$，则称语言 $L$ 为一个有限状态语言(FSL)。

**定义 3.7**　有限状态自动机的瞬时描述(格局)的定义。

有限状态自动机的瞬时描述是一个二元式

$$qy$$

其中，$q \in Q$；$y \in \Sigma^*$。

$y$ 是输入带上还未被扫描到的字符串，FSC 的当前状态为 $q$，读头将马上扫描 $y$ 串的最左边的第 1 个符号。

格局描述了某个时刻 DFA 所处的情况。格局可以发生转换(改变)，格局发生转换的原因是 $\delta$ 函数的一次作用。

如果当前格局为

$$qar$$

存在 $\delta$ 函数

$$\delta(q, a) = q'$$

则下一格局为

$$q'r$$

格局的转换可以记为

$$qar => q'r$$

DFA 初始格局为

$$q_0\omega$$

接收格局为

$$q\alpha\varepsilon$$

其中，$q_0$ 是开始状态；$q\alpha$ 是某个接收状态。使用 $=>^*$ 代表格局的任意次(包括 0 次)转换；使用 $=>^+$ 代表格局的多次(至少 1 次)转换。

可以使用格局的转换方式定义 DFA 接收的语言：

$$L(\text{DFA}) = \{\ \omega \mid q_0\omega =>^* q\alpha\varepsilon,\ \omega \in \Sigma^* \text{且}\ q\alpha \in F\}$$

**定义 3.8**　DFA 停机的定义。

输入串扫描结束时，DFA 将自动停机。这是 DFA 停机的唯一情况。

**注意**

(1)DFA 将输入串扫描结束停机时，若处于某一个接收状态，则表示接收整个输入串；DFA 将输入串扫描结束停机时，若未处于任何接收状态，则表示不接收整个输入串。

(2)DFA 的某个状态 $q$，若不能接收字母表上的字母 $x$，则需要定义一个特殊的状态：陷阱状态 $q_t$，$q_t$ 不能转变为其他状态，即

$$\delta(q_t, x) = q_t$$

例如，接收语言 $\{0\}$ 的 DFA 如图 3.4 所示。

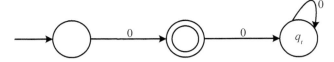

图 3.4  接收语言 {0} 的 DFA

**思考**：构造 DFA，分别接收语言：

$$\varepsilon$$
$$01$$
$$0^*$$
$$0^+$$
$$(0+1)^*$$
$$(0+1)^+$$
$$01^*0$$
$$(0+1)^*00(0+1)^*$$
$$0(0+1)^*1$$

**定理 3.1**   每个 FSL 都是一个右线性语言。

**分析**：需要根据接收语言的 DFA，构造右线性文法，使得

$$L(G) = \text{FSL}$$

构造文法的思路是：DFA 最重要的部分是状态转换函数，而文法最重要的部分是产生式。考虑状态转换函数和产生式的等价作用。DFA 的状态转换函数

$$\delta(q, a) = q'$$

接收字母 $a$，且状态发生变化。

文法的产生式

$$A \rightarrow aB$$

产生字母 $a$，且非终结符发生变化。

**结论**：DFA 状态等价于文法非终结符，状态转换函数等价于产生式。

构造 RLG 的基本思路是：将 DFA 的状态当作 RLG 的非终结符(特别地，开始状态就是文法的开始符号)。

对于某个句子：

(1) DFA 通过状态的改变，逐步(自左向右)接收句子的每个字母；

(2) RLG 通过非终结符的改变，逐步(自左向右)产生句子的每个字母。

另外，还需要考虑 DFA 接收状态的作用。

**证明**：假设 $L$ 是字母表 $\sum$ 上的有限状态语言，且

$$L = L(\text{DFA})$$

设

$$\text{DFA} = (Q, \sum, \delta, q_0, F)$$

构造右线性文法

$$G=(\Sigma, Q, q_0, P)$$

其中，$P$ 为

$$\{q \rightarrow xq' \mid \delta(q, x)=q'\} \cup \{q \rightarrow x \mid \delta(q, x) \in F\}$$

特别地，若开始状态也是接收状态，则有 $q_0 \rightarrow \varepsilon$。

对于句子 $\omega=\omega_1\omega_2\cdots\omega_n$，其 DFA 为

$$\delta(q_0, \omega_1)=q_1$$
$$\delta(q_1, \omega_2)=q_2$$
$$\cdots$$
$$\delta(q_{n-2}, \omega_{n-1})=q_{n-1}$$
$$\delta(q_{n-1}, \omega_n)=q_n$$

RLG 对应地有

$$q_0 \rightarrow \omega_1 q_1$$
$$q_1 \rightarrow \omega_2 q_2$$
$$\cdots$$
$$q_{n-2} \rightarrow \omega_{n-1} q_{n-1}$$
$$q_{n-1} \rightarrow \omega_n q_n \text{ 或 } q_{n-1} \rightarrow \omega_n \quad (q_n \text{ 是接收状态})$$

所以，DFA 为

$$\delta^*(q, \alpha)=q'$$
$$\delta^*(q_0, \omega) \in F$$

RLG 为

$$q \overset{*}{=>} \alpha q'$$
$$q_0 \overset{*}{=>} \omega$$

**注意**：陷阱状态在文法中是无用非终结符。

**例 3.2**　FSL=$\{(0, 1)1^*0\}^*$，接收该语言的 DFA 如图 3.5 所示。

构造右线性文法产生该语言：

$$q_0 \rightarrow 0q_1 \mid 1q_1 \mid \varepsilon$$
$$q_1 \rightarrow 0q_0 \mid 1q_1 \mid 1$$

**定理 3.2**　FSL 对补运算是封闭的。

**证明**：假设 $L_1$ 是字母表 $\Sigma$ 上的有限状态语言，且

$$L_1=L(\text{DFA}_1)$$

设

$$\text{DFA}_1=(Q, \Sigma, \delta, q_0, F)$$

构造

$$\text{DFA}_2=(Q, \Sigma, \delta, q_0, Q)$$

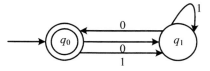

图 3.5　接收语言 $\{(0, 1)1^*0\}^*$ 的 DFA

DFA$_2$ 的所有状态(包括开始状态和可能的陷阱状态)都是接收状态,(长度)任意的输入串被 DFA$_2$ 扫描结束后,一定处于接收状态,则

$$L_2=L(\text{DFA}_2)=\sum{}^*$$

即接收的语言 $L_2$ 是语言 $L_1$ 对应的全集,构造

$$\text{DFA}_3=(Q, \sum, \delta, q_0, Q{-}F)$$

将 DFA$_1$ 的接收状态和非接收状态进行对换,得到 DFA$_3$。对于某个串 $\omega$:若 DFA$_1$ 能够接收 $\omega$,则 DFA$_3$ 不能够接收 $\omega$;若 DFA$_1$ 不能够接收 $\omega$,则 DFA$_3$ 能够接收 $\omega$;即

$$L_3=L(\text{DFA}_3)=\sum{}^*{-}L_1$$

即 $L_3$ 是 $L_1$(关于 $\sum{}^*$)补运算得到的语言,$L_3$ 也是 FSL。

对于状态转换图,基本的等价替换

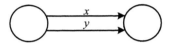

可以变换为

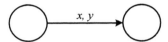

例如,接收 $\{a, b\}^*$ 的 DFA 为

## 3.3　确定有限状态自动机接收语言的例子

**例 3.3**　构造接收语言 $L=\{ab\}$ 的 DFA。
基本结构(接收基本句子)如下:

开始状态 $S$ 只能接收 $a$,状态转换为 $M$,$M$ 状态只能接收 $b$,状态转换为接收状态 $F$;开始状态 $S$ 不能接收 $b$,$M$ 状态不能接收 $a$,对应的状态转换为陷阱状态 $q_t$,即

$$\delta(S, b)=q_t$$
$$\delta(M, a)=q_t$$

对于陷阱状态 $q_t$,需要定义对应所有字母表的元素的状态转换函数,即

$$\delta(q_t, a)=q_t$$
$$\delta(q_t, b)=q_t$$

对于接收状态 $F$，也需要定义对应所有字母表的元素
的状态转换函数，即

$$\delta(F, a) = q_t$$

$$\delta(F, b) = q_t$$

得到如图 3.6 所示的 DFA。

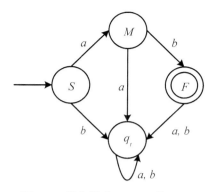

图 3.6　接收语言 $L=\{ab\}$ 的 DFA

**思考**：如果将该 DFA 的所有状态都设置为接收状态(包括陷阱状态)，那么 DFA 接收的语言是什么？如果将该 DFA 的接收状态和非接收状态对调，即将状态 $S$、$M$ 和陷阱状态 $q_t$ 都设置为接收状态，而将原来的接收状态 $F$ 设置为非接收状态，那么 DFA 接收的语言是什么？

**例 3.4**　构造 DFA，接收 $\{0, 1\}$ 上的语言 $L=\{x000y \mid x, y \in \{0, 1\}^*\}$。

基本结构(接收基本句子 000)的状态转移函数为

$$\delta(q_0, 0) = q_1$$

$$\delta(q_1, 0) = q_2$$

$$\delta(q_2, 0) = q_3$$

得到如下的基本状态转换图：

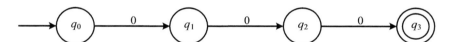

该语言的特点是，语言中的每个串都包含连续 3 个 0(即每个串都包含子串 000)，因此，对于任何输入串，有限状态自动机的任务就是要检查该输入串中是否存在子串 000，一旦发现输入串包含 000，则表示该输入串是合法的句子，因此，在确认输入串包含 000 后，就可以逐一地读入输入串后面的字符，并接收该输入串。状态转移函数为

$$\delta(q_3, 0) = q_3$$

$$\delta(q_3, 1) = q_3$$

得到如下状态转换图：

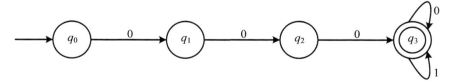

该问题的关键是如何发现子串 000。由于字符是逐一读入的，当从输入串中读入一个 0 时，它有可能是 000 子串的第 1 个 0，就需要"记住"这个 0；如果紧接着读入的是字符 1，则刚才读入的 0 就不是子串 000 的第 1 个 0，此时，需要重新寻找 000 子串的第 1 个 0；如果紧接着读入的还是字符 0，它就有可能是 000 子串的第 2 个 0，也就需要"记住"这个 0，

继续读入字符，如果还是 0，则表明已经发现子串 000；否则，需要重新寻找子串 000。

确定有限状态自动机的如下状态：

(1) $q_0$，开始状态，也是重新寻找子串 000 的状态；

(2) $q_1$，读到第 1 个 0，有可能是子串 000 的第 1 个 0；

(3) $q_2$，$q_1$ 后又读到 1 个 0(读到连续的 2 个 0)；

(4) $q_3$，在 $q_2$ 后又读到 1 个 0(读到连续的 3 个 0)时唯一的接收状态。

其他状态转移函数如下：

$\delta(q_0, 1) = q_0$，期待 0 的出现；

$\delta(q_1, 1) = q_0$，重新寻找 000；

$\delta(q_2, 1) = q_0$，重新寻找 000；

$\delta(q_3, 0) = q_3$，扫描后续字符；

$\delta(q_3, 1) = q_3$，扫描后续字符。

得到如图 3.7 所示的 DFA。

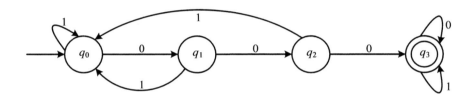

图 3.7　接收语言 $\{x000y \mid x, y \in \{0, 1\}^*\}$ 的 DFA

**思考：**

(1) 如果需要接收语言

$$\{x000y \mid x, y \in \{0, 1\}^*\} \cup \{\varepsilon\}$$

如何修改该有限状态自动机？

(2) 如果 DFA 的开始状态只负责接收输入串的第一个字母，那么其优点是什么？

**例 3.5**　构造 DFA，接收 $\{0, 1\}$ 上的语言 $L = \{x001y \mid x, y \in \{0, 1\}^*\}$。

**分析：**该语言的特点是语言中每个串都包含子串 001，因此，对于任何输入串，有限状态自动机的任务就是要检查该输入串中是否存在子串 001，一旦发现输入串中包含 001，则表示输入串是个合法的句子。有限状态自动机如图 3.8 所示。

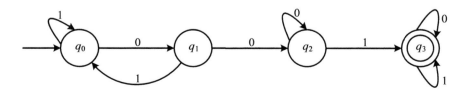

图 3.8　接收语言 $\{x001y \mid x, y \in \{0, 1\}^*\}$ 的 DFA

**注意：**状态 $q_2$ 的状态转换函数。

**例 3.6**　构造 DFA，接收 $\{0, 1\}$ 上的语言 $L=\{x000 \mid x \in \{0, 1\}^*\}$。

**注意**：不是图 3.9 所示的 DFA，而是图 3.10 所示的 DFA。

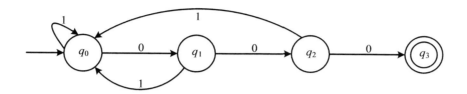

图 3.9　接收语言 $\{x000 \mid x \in \{0, 1\}^* \text{且 } x \text{ 中不含 } 000\}$ 的 DFA（省略陷阱状态）

**注意**：状态 $q_3$ 的状态转换函数。

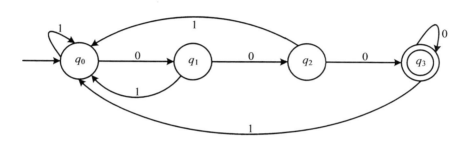

图 3.10　接收语言 $\{x000 \mid x \in \{0, 1\}^*\}$ 的 DFA

**例 3.7**　构造 DFA，接收 $\{0, 1\}$ 上的语言 $\{x000\} \cup \{x001\}$，其中 $x \in \{0, 1\}^*$。DFA 如图 3.11 所示。

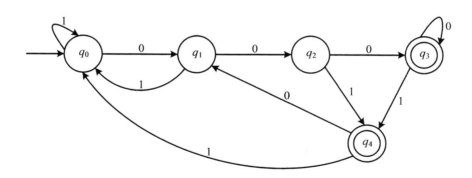

图 3.11　接收语言 $\{x000\} \cup \{x001\}$ 的 DFA

**注意**：状态 $q_3$ 和 $q_4$ 的状态转换函数。

**例 3.8**　构造 DFA，接收 $\{0\}$ 上的语言 $L=\{0^{2k+3m} \mid m, k \geq 0\}$。

实际上，$2k+3m$ 可以表示除 1 以外的任意非负整数，该语言为 $0^*-\{0\}$。DFA 如图 3.12 所示。

**思考**：构造 DFA，接收 $\{0, 1\}$ 上的语言 $L=\{0^{2k+3m} \mid m, k > 0\}$。

**例 3.9**　构造 DFA，接收 $\{0, 1\}$ 上的语言，该语言的每个字符串以 0 开头，以 1 结尾，即$\{0x1 \mid x \in \{0, 1\}^*\}$。

DFA 如图 3.13 所示。

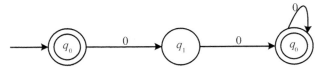

图 3.12　接收语言 $\{0^{2k+3m} \mid m, k \geqslant 0\}$ 的 DFA

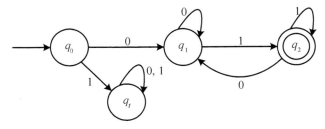

图 3.13　接收语言 $\{0x1 \mid x \in \{0, 1\}^*\}$ 的 DFA

**例 3.10**　构造 DFA，接收 $\{0, 1\}$ 上的语言，该语言的每个字符串不包含 00 子串（语言允许 $\varepsilon$）。

DFA 如图 3.14 或图 3.15 所示。

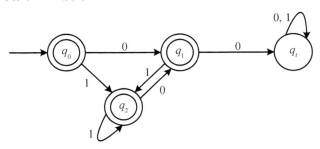

图 3.14　接收不含 00 子串语言的 $DFA_1$

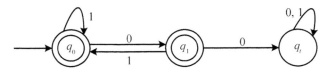

图 3.15　接收不含 00 子串语言的 $DFA_2$

**注意：**

（1）开始状态仅接收第一个字母，不作为一般状态使用。如果语言不允许 $\varepsilon$，则将开始状态设置为非接收状态即可。

（2）开始状态接收第一个字母，也作为一般状态使用。

**思考：**开始状态只负责接收输入串的第一个字母，文法的开始符号只负责串推导的开始（即文法的开始符号不出现在任何产生式的右边），这样做的目的是什么？

**例 3.11**　构造 DFA，接收 $\{0, 1, 2\}$ 上的语言，该语言的每个字符串代表的数字能整除 3。

如果一个十进制整数所有位的数字的和能够整除 3，那么这个十进制整数本身就能够整除 3。一个十进制整数除以 3，余数只能是 1、2 和 0（余数为 0，则表示该数能够整除 3）。将整数当作一个字符串，从左到右逐一地读入。

使用 3 个状态分别代表已经读入数字的和除以 3 的不同余数的情况（即读入的整数除以 3 后的余数情况）：

$q_0$：已经读入数字的和除以 3，余数为 0。

$q_1$：已经读入数字的和除以 3，余数为 1。

$q_2$：已经读入数字的和除以 3，余数为 2。

需要考虑：已知 $q_i(i=0, 1, 2)$，$k=0, 1, 2$，如何确定 $j$？即

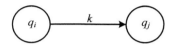

DFA 扫描子串 $\omega$ 后，处于某个状态 $q_i$，读入当前数字 $k$，有限状态自动机的状态转换情况分别如下。

在 $q_0$ 状态下：

(1) 在此状态读入 0，引导有限状态自动机到达下一状态的输入串为 $\omega_0$，$\omega_0$ 的各位数字和除以 3，余数为 0。所以，有限状态自动机在 $q_0$ 状态读入 0，应该保持 $q_0$ 状态。

(2) 在此状态读入 1，引导有限状态自动机到达下一状态的输入串为 $\omega_1$，$\omega_1$ 的各位数字和除以 3，余数为 1。所以，有限状态自动机在 $q_0$ 状态读入 1，应该到达 $q_1$ 状态。

(3) 在此状态读入 2，引导有限状态自动机到达下一状态的输入串为 $\omega_2$，$\omega_2$ 的各位数字和除以 3，余数为 2。所以，有限状态自动机在 $q_0$ 状态读入 2，应该到达 $q_2$ 状态。

在 $q_1$ 状态下：

(1) 在此状态读入 0，引导有限状态自动机到达下一状态的输入串为 $\omega_0$，$\omega_0$ 的各位数字和除以 3，余数为 1。所以，有限状态自动机在 $q_1$ 状态读入 0，应该保持 $q_1$ 状态。

(2) 在此状态读入 1，引导有限状态自动机到达下一状态的输入串为 $\omega_1$，$\omega_1$ 的各位数字和除以 3，余数为 2。所以，有限状态自动机在 $q_1$ 状态读入 1，应该到达 $q_2$ 状态。

(3) 在此状态读入 2，引导有限状态自动机到达下一状态的输入串为 $\omega_2$，$\omega_2$ 的各位数字和除以 3，余数为 0。所以，有限状态自动机在 $q_1$ 状态读入 2，应该到达 $q_0$ 状态。

在 $q_2$ 状态下：

(1) 在此状态读入 0，引导有限状态自动机到达下一状态的输入串为 $\omega_0$，则 $\omega_0$ 的各位数字和除以 3，余数为 2。所以，有限状态自动机在 $q_2$ 状态读入 0，应该保持 $q_2$ 状态。

(2) 在此状态读入 1，引导有限状态自动机到达下一状态的输入串为 $\omega_1$，$\omega_1$ 的各位数字和除以 3，余数为 0。所以，有限状态自动机在 $q_2$ 状态读入 1，应该到达 $q_0$ 状态。

(3) 在此状态读入 2，引导有限状态自动机到达下一状态的输入串为 $\omega_2$，$\omega_2$ 的各位数字和除以 3，余数为 1。所以，有限状态自动机在 $q_2$ 状态读入 2，应该到达 $q_1$ 状态。

DFA 如图 3.16 所示。

存在的问题：接收的串包括以 0 开始的数字串，还能够接收空串。

**思考：** 如何改进 DFA，使得接收的串不能以 0 开始，且不能接收空串？

**定义 3.9** DFA 状态的 set 集合。

DFA=$(Q, \Sigma, \delta, q_0, F)$，状态 $q \in Q$，能将 DFA 从开始状态 $q_0$ 转换到 $q$ 状态的所有字符串的集合为

$$\text{set}(q)=\{\omega \mid \omega \in \Sigma^*, \delta(q_0, \omega)=q\}$$

DFA 接收的语言可以定义为

$$L(\text{DFA})=\cup \text{set}(q\alpha)$$

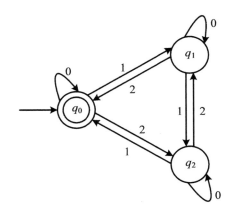

图 3.16　接收能够整除 3 的十进制串的 DFA（一）

其中，$q\alpha \in F$。

对于 DFA，可以定义关系 $R$，若 $x, y \in \Sigma^*$，则 $xRy$ 当且仅当 $x \in \text{set}(q)$ 且 $y \in \text{set}(q)$，其中，$q \in Q$。该关系是集合 $\Sigma^*$ 上的一个等价关系，利用该关系，可以将 $\Sigma^*$ 划分为不多于 $|Q|$ 个的等价类。

DFA 可以按照语言的特点给出字母表 $\Sigma^*$ 的一个划分，这种划分相当于 $\Sigma^*$ 上的一个等价分类，DFA 的每个状态实际上对应着一个等价类。所以，利用一个状态去表示一个等价类是考虑问题（构造 DFA）的一条有效思路。

对于接收 $\{0x1 \mid x \in \{0, 1\}^*\}$ 的 DFA：

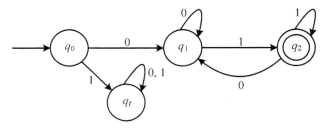

有

$$\text{set}(q_0)=\{\varepsilon\}$$

$$\text{set}(q_1)=\{0\}\{0, 1\}^*\{0\}$$

$$\text{set}(q_2)=\{0\}\{0, 1\}^*\{1\}$$

$$\text{set}(q_t)=\{1\}\{0, 1\}^*$$

**例 3.12** 构造 DFA，接收 $\{0, 1, 2, 4, 5, 6, 7, 8, 9\}$ 上的语言，该语言的每个字符串代表的数字能整除 3。

**分析：** 仍然只使用 3 个状态分别代表已经读入数字的和除以 3 的不同余数的情况：

(1) $q_0$，已经读入数字的和除以 3，余数为 0 的输入串的等价类；

(2) $q_1$，已经读入数字的和除以 3，余数为 1 的输入串的等价类；

(3)$q_2$，已经读入数字的和除以 3，余数为 2 的输入串的等价类。

得到如图 3.17 所示的 DFA。

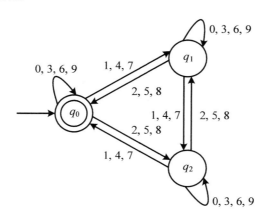

图 3.17 接收能够整除 3 的十进制串的 DFA(二)

**例 3.13** 构造 DFA，接收 $\{0, 1\}$ 上的语言，该语言的每个字符串当成二进制数时，代表的数字能整除 3。

**分析**：可能的一个想法是希望构造出的 DFA 在读入 0、1 串(二进制串)的过程中，按照二进制的解释，计算出它对应的十进制数，再判断是否能整除 3。由于二进制串有无穷多个，要计算出每个二进制串的(十进制)值，也就需要无穷多个状态，这种想法是不可取的。

DFA 的每个状态实际上对应着一个等价类，所以利用一个状态去表示一个等价类，除以 3 的余数只能为 0、1 和 2。使用 3 个状态分别代表已经读入的数除以 3 的不同余数的等价类：

(1)$q_0$，已经读入的数除以 3，余数为 0 的输入串的等价类；

(2)$q_1$，已经读入的数除以 3，余数为 1 的输入串的等价类；

(3)$q_2$，已经读入的数除以 3，余数为 2 的输入串的等价类。

因为不能接收空串，所以还需要一个开始状态 $q_S$。

人们习惯使用十进制数，十进制数与二进制数之间的转换关系为

$$(x_1x_2x_3\cdots x_n)_2=(x_1\times 2^{n-1}+x_2\times 2^{n-2}+\cdots+x_{n-1}\times 2+x_n)_{10}$$

当串长度增加 1 时，

$$(x_1x_2x_3\cdots x_nx_{n+1})_2=(x_1\times 2^n+x_2\times 2^{n-1}+\cdots+x_{n-1}\times 2^2+x_n\times 2+x_{n+1})_{10}$$

$$=(2\times(x_1x_2x_3\cdots x_n)_{10}+x_n)_{10}$$

一个十进制数，依据对 3 的余数，可以表示为 $3n+0$、$3n+1$ 或 $3n+2$。

设 $\omega$ 是当前已经读入的输入串，DFA 当前分别处于如下状态。

$q_S$：在开始状态读入 0 时，进入状态 $q_0$；读入 1 时，进入状态 $q_1$。

$q_0$：能引导自动机到达此状态的 $\omega$ 除以 3 余数为 0，因此，$(\omega)_{10}=3n+0$。

(1)在此状态读入 0，引导自动机到达下一状态的输入串为 $\omega 0$，则 $(\omega 0)_{10}=2(3n+0)+0=3\times 2n+0$，表明 $\omega 0$ 也属于 $q_0$ 对应的等价类。所以，自动机在 $q_0$ 状态读入 0，应该保持 $q_0$ 状态。

（2）在此状态读入 1，引导自动机到达下一状态的输入串为 $\omega_1$，则 $(\omega_1)_{10}=2(3n+0)+1=3×2n+1$，表明 $\omega_1$ 属于 $q_1$ 对应的等价类。所以，自动机在 $q_0$ 状态读入 1，应该到达 $q_1$ 状态。

$q_1$：能引导自动机到达此状态的 $\omega$ 除以 3 余数为 1，因此 $(\omega)_{10}=3n+1$。

（1）在此状态读入 0，引导自动机到达下一状态的输入串为 $\omega_0$，则 $(\omega_0)_{10}=2(3n+1)+0=3×2n+2$，表明 $\omega_0$ 属于 $q_2$ 对应的等价类。所以，自动机在 $q_1$ 状态读入 0，应该到达 $q_2$ 状态。

（2）在此状态读入 1，引导自动机到达下一状态的输入串为 $\omega_1$，则 $(\omega_1)_{10}=2(3n+1)+1=3×2n+3$，表明 $\omega_1$ 属于 $q_0$ 对应的等价类。所以，自动机在 $q_1$ 状态读入 1，应该到达 $q_0$ 状态。

$q_2$：能引导自动机到达此状态的 $\omega$ 除以 3 余数为 2，因此 $(\omega)_{10}=3n+2$。

（1）在此状态读入 0，引导自动机到达下一状态的输入串为 $\omega_0$，则 $(\omega_0)_{10}=2(3n+2)+0=3×2n+4$，表明 $\omega_0$ 属于 $q_1$ 对应的等价类。所以，自动机在 $q_2$ 状态读入 0，应该到达 $q_1$ 状态。

（2）在此状态读入 1，引导自动机到达下一状态的输入串为 $\omega_1$，则 $(\omega_1)_{10}=2(3n+2)+1=3×2n+5$，表明 $\omega_1$ 属于 $q_2$ 对应的等价类。所以，自动机在 $q_2$ 状态读入 1，应该保持 $q_2$ 状态。

综上所述，得 DFA 如图 3.18 所示。

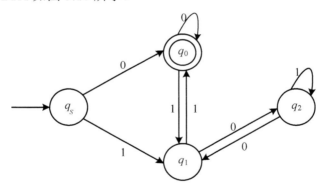

图 3.18　接收能够整除 3 的二进制串的 DFA

**例 3.14**　构造 DFA，接收 $\{0, 1\}$ 上的语言，该语言的每个字符串代表的二进制数能整除 5。

**分析**：除以 5 的余数只能为 0、1、2、3 和 4，使用如下 5 个状态分别代表已经读入数字的和除以 5 的不同余数的等价类。

$q_0$：已经读入的数除以 5，余数为 0 的输入串的等价类。

$q_1$：已经读入的数除以 5，余数为 1 的输入串的等价类。

$q_2$：已经读入的数除以 5，余数为 2 的输入串的等价类。

$q_3$：已经读入的数除以 5，余数为 3 的输入串的等价类。

$q_4$：已经读入的数除以 5，余数为 4 的输入串的等价类。

因为不能接收空串，所以还需要一个开始状态 $q_S$。DFA 如图 3.19 所示。

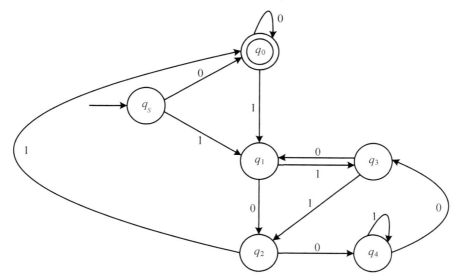

图 3.19　接收能够整除 5 的二进制串的 DFA

**例 3.15**　构造 DFA，接收 $\{1, 2, 3\}$ 上的语言，该语言的每个字符串代表的十进制数能整除 4。

DFA 如图 3.20 所示。

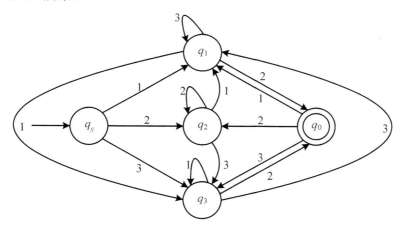

图 3.20　接收能够整除 4 的十进制串的 DFA

**思考**：构造有限状态自动机 $M$，接收 $\{0, 1, 2, 3, 4, 5, 6, 7, 8, 9\}$ 上的语言，该语言的每个字符串当成十进制数时，代表的数字能整除 4。

**提示**：考虑余数等价类的情况，所以状态数仍然是 5 个。

**总结**：对于一类有限状态自动机，可以描述为：构造 DFA，接收 $X = \{x_1, x_2, x_3, \cdots, x_m\}$ 上的语言，该语言的每个字符串当成 base（base $\geq 2$）进制数时，代表的数字能整除 $N$。

**分析**：将不同进制的数转换为十进制数后，除以 $N$ 的余数只能为 $0, 1, 2, 3, \cdots, N-1$，使用 $N$ 个状态分别代表已经读入的串（当作数对待）对于 $N$ 的不同余数的等价类。

$q_0$：已经读入的数除以 $N$，余数为 0 的输入串的等价类，该类数为 $N×n+0$。

$q_1$：已经读入的数除以 $N$，余数为 1 的输入串的等价类，该类数为 $N×n+1$。

$q_2$：已经读入的数除以 $N$，余数为 2 的输入串的等价类，该类数为 $N×n+2$。

…

$q_{N-1}$：已经读入的数除以 $N$，余数为 $N-1$ 的输入串的等价类，该类数为 $N×n+N-1$。

**注意**：因为不能接收空串，所以还需要一个开始状态 $q_S$。

**需要考虑**：已知 $q_i\,(i=0, 1, 2, \cdots, N-1)$，$x=x_1, x_2, x_3, \cdots, x_m$，如何确定 $j$？即

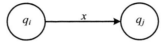

$q_S$：在开始状态读入 $x$ 时，进入对应状态 $q_x$。

$q_i$：对应已经读入的数 $\omega$ 除以 $N$，余数为 $i$ 的输入串的等价类，该类数为 $N×n+i$。

当前读入的字符为 $x$，则 $\omega x$ 表示的十进制数为

$$\text{base}×(N×n+i)+x=N×\text{base}×n+\text{base}×i+x$$

该数对于 $N$ 取余数就是 $\text{base}×i+x$ 对于 $N$ 的余数，若该余数为 $j$，则相应的状态就应该从 $q_i$ 变换为 $q_j$。其中，

$$i = 0, 1, 2, \cdots, N-1$$

$$x \in \sum = \{x_1, x_2, x_3, \cdots, x_m\}$$

$$\sum \subseteq \{0, 1, \cdots, \text{base}-1\}$$

该应用还可以推广到任意进制的实数情况。

**例 3.16**　构造 DFA，接收 $\{0, 1\}$ 上的语言 $L=\{0^n1^m2^k \mid n, m, k \geqslant 1\}$。

**分析**：该语言的正则表达式为 $0^+1^+2^+$，可以理解为 $00^*11^*22^*$。每个句子的特点是，0 在最前面，1 在中间，2 在最后面，0、1 和 2 不能交叉，顺序也不能颠倒，并且 0、1 和 2 的个数都至少为 1 个。需要如下 4 个状态。

(1) $q_0$：开始状态，等待接收第 1 个 0。

(2) $q_1$：已经读入第 1 个 0，等待接收更多的 0。

(3) $q_2$：已经读入至少 1 个 0，且已经接收第 1 个 1，并等待接收更多的 1。

(4) $q_3$：已经读入至少 1 个 0 后至少有 1 个 1，接着至少读到 1 个 2，并能接收多个 2。

得到如图 3.21 所示的 DFA。

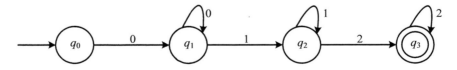

图 3.21　接收语言 $\{0^n1^m2^k \mid n, m, k \geqslant 1\}$ 的 DFA（省略了陷阱状态）

**思考**：如果将正则表达式 $0^+1^+2^+$ 理解为 $0^*01^*12^*2$，那么对应的有限状态自动机是什么？

**例 3.17**　构造有限状态自动机 $M$，接收 $\{0, 1\}$ 上的语言 $L=\{\omega \mid \omega$ 中任意一个长度不大于

5 的子串 $a_1, a_2, \cdots, a_n$，有 $a_1 + a_2 + \cdots + a_n \leqslant 3$，$n \leqslant 5$}。

　　**分析**：对于字母表{0, 1}上的任意一个字符串 $a_1, a_2, \cdots, a_m$，当 $m \leqslant 5$ 时，一定满足 $a_1 + a_2 + \cdots + a_m \leqslant 3$；当串的长度大于等于 4 时，就必须进行检查，检查是否存在不满足要求的子串。如果发现有不满足要求的子串，则整个输入串就不是合法的句子，此时，可以让有限状态自动机进入陷阱状态 $q_t$，然后将剩余的输入符号读完。

　　设输入串为 $a_1a_2 \cdots a_i \cdots a_{i+4}a_{i+5} \cdots a_m$，有限状态自动机从左到右逐一扫描该输入串。

　　(1)当 $i=1, 2, 3$，即有限状态自动机读到输入串的第 1、2、3 个字符时，需要将这些字符记下来。因为 $a_1a_2 \cdots a_i$ 可能需要用来判定输入串的最初 4~5 个字符组成的子串是否满足语言的要求。

　　(2)当 $i=4, 5$，即有限状态自动机读到输入串的第 4、5 个字符时，在 $a_1 + a_2 + \cdots + a_i \leqslant 3$ 的情况下，有限状态自动机需要将 $a_1a_2 \cdots a_i$ 记录下来，在 $a_1 + a_2 + \cdots + a_i > 3$ 的情况下，有限状态自动机进入陷阱状态 $q_t$。

　　(3)当 $i=6$，即有限状态自动机读到输入串的第 6 个字符时，以前读到的第 1 个字符 $a_1$ 就没有用了(当 $i=5$ 时，已经讨论过了)，在 $a_2 + a_3 + \cdots + a_6 \leqslant 3$ 的情况下，有限状态自动机需要将 $a_2a_3 \cdots a_6$ 记录下来，在 $a_2 + a_3 + \cdots + a_6 > 3$ 的情况下，有限状态自动机进入陷阱状态 $q_t$。

　　(4)当 $i=7$，即有限状态自动机读到输入串的第 7 个字符时，以前读到的第 1 个和第 2 个字符 $a_1$ 和 $a_2$ 就没有用了，在 $a_3 + a_4 + \cdots + a_7 \leqslant 3$ 的情况下，有限状态自动机需要将 $a_3a_4 \cdots a_7$ 记录下来，在 $a_3 + a_4 + \cdots + a_7 > 3$ 的情况下，有限状态自动机进入陷阱状态 $q_t$。

　　以此类推，当有限状态自动机完成对子串 $a_1a_2 \cdots a_i \cdots a_{i+4}$ 的考察，并发现它满足语言的要求时，有限状态自动机记录下来的是 $a_1a_2 \cdots a_i \cdots a_{i+4}$，有限状态自动机读入的是输入串的第 $i+5$ 个字符 $a_{i+5}$，以前读到的第 $i$ 个字符就没有用了，此时，需要检查 $a_{i+1} + a_{i+2} + \cdots + a_{i+5} \leqslant 3$ 是否成立。如果成立，有限状态自动机需要将 $a_{i+1}, a_{i+2}, \cdots, a_{i+5}$ 记下来；当 $a_{i+1} + a_{i+2} + \cdots + a_{i+5} > 3$ 时，有限状态自动机进入陷阱状态 $q_t$。

　　综上所述，有限状态自动机需要记录的内容如下：

　　未读入任何字符：$2^0 = 1$ 种。

　　记录有 1 个字符：$2^1 = 2$ 种。

　　记录有 2 个字符：$2^2 = 4$ 种。

　　记录有 3 个字符：$2^3 = 8$ 种。

　　记录有 4 个字符：$2^4 - 1 = 15$ 种(因为 4 位全为 1(1111)的情况不需要记录)。

　　记录有 5 个字符：$2^5 - 6 = 26$ 种(因为 5 位全为 1(1111)的情况不需要记录；4 位为 1 的情况共 5 种(01111、10111、11011、11101 和 11110)，遇到第 3 个 1 时，有限状态自动机进入陷阱状态 $q_t$，也都不需要记录，总共 6 种情况)。

　　记录当前的输入串不符合语言的要求：1 种。

　　有限状态自动机需要记录总共 $1 + 2 + 4 + 8 + 15 + 26 + 1 = 57$ 种情况，即有限状态自动机总共需要 57 个状态来对应不同的需要记录的内容。为方便理解，直接采用要记录的内容来表达这些状态。

　　$q[\varepsilon]$：有限状态自动机还未读入任何字符。

$q_t$：陷阱状态。

$q[a_1a_2\cdots a_i]$：有限状态自动机记录有 $i$ 个字符，$1 \leqslant i \leqslant 5$；其中，$a_1, a_2, \cdots, a_i \in \{0, 1\}$。

构造有限状态自动机 FA$=(Q, \{0, 1\}, \delta, q[\varepsilon], F)$，其中，

$$F=\{q[\varepsilon]\} \cup \{q[a_1a_2\cdots a_i] \mid a_1, a_2, \cdots, a_i \in \{0, 1\}, a_1+a_2+\cdots+a_i \leqslant 3, 1 \leqslant i \leqslant 5\}$$

$$Q=\{q_t\} \cup F$$

以下各式中，$a, a_1, a_2, a_3, a_4, a_5 \in \{0, 1\}$：

$$\delta\,(q[\varepsilon], a_1) = q[a_1]$$

$$\delta\,(q[a_1], a_2) = q[a_1a_2]$$

$$\delta\,(q[a_1a_2], a_3) = q[a_1a_2a_3]$$

$$\delta\,(q[a_1a_2a_3], a) = \begin{cases} q[a_1a_2a_3a], & a_1+a_2+a_3+a \leqslant 3 \\ q_t, & a_1+a_2+a_3+a > 3 \end{cases}$$

$$\delta\,(q[a_1a_2a_3a_4], a) = \begin{cases} q[a_1a_2a_3a_4a], & a_1+a_2+a_3+a_4+a \leqslant 3 \\ q_t, & a_1+a_2+a_3+a_4+a > 3 \end{cases}$$

$$\delta\,(q[a_1a_2a_3a_4a_5], a) = \begin{cases} q[a_1a_2a_3a_4a_5a], & a_1+a_2+a_3+a_4+a_5+a \leqslant 3 \\ q_t, & a_1+a_2+a_3+a_4+a_5+a > 3 \end{cases}$$

$$\delta\,(q_t, a) = q_t$$

在这个例子中，不是采用状态图的方式，而是采用了一种新的表示方式来表示 $\delta$ 函数：以变量(模式)的形式给出。有限状态自动机的状态具有有限的存储功能，在本例中，有限状态自动机的状态最多可以存储 5 个字符，初始未读入字符时，有限状态自动机的存储器是空的，然后，每读入一个字符，就按照排队的顺序将当前读入的字符存入存储器中，直到存储器存满 5 个字符。在存储器存满 5 个字符后，又读入新的字符，将队首的 1 个字符挤掉，将新字符排在队尾。

## 3.4　不确定有限状态自动机

每个 FSL 都是一个右线性语言，那么一个右线性语言是不是一个 FSL 呢？考虑下面的例子。自动机如图 3.22 所示。

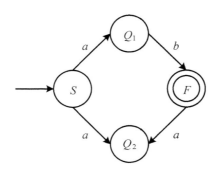

图 3.22　接收语言 $\{aa, ab\}$ 的有限状态自动机

该自动机接收的语言 $L=\{aa, ab\}$ 是一个右线性语言，但不是 DFA，因为

$$\delta(S, a)=\{Q_1, Q_2\}$$

即 $\delta(S, a)$ 没有到达一个确定的状态。

这种有限自动机为不确定有限状态自动机。

## 3.4.1　不确定有限状态自动机简介

**定义 3.10**　不确定有限状态自动机的定义。

NFA 是一个五元式

$$NFA=(Q, \Sigma, \delta, Q_0, F)$$

其中，$Q$ 是一个有限状态的集合；$\Sigma$ 是字母表；$Q_0 \subseteq Q$ 是开始状态集合；$F \subseteq Q$ 是接收状态（终止状态）集合；$\delta$ 是 $Q \times \Sigma \rightarrow 2^Q$ 的状态转换函数的集合，

$$\delta(q, x) \in 2^Q$$

代表 NFA 在状态 $q$ 时，扫描字符 $x$ 后到达可能的下一状态集合。

从定义中可以看出，NFA 有一个可能的开始状态集合和可能的下一个状态集合，其余的与 DFA 相同。

NFA 与 DFA 的主要区别是，它们的转移函数不同。DFA 对每个字母只有唯一的状态转移；NFA 对某个字母可以有多个状态转移，NFA 接收该字母时，可以从多个状态转移中非确定地选择任意一个。

对于 NFA，$(q, a) \in Q \times \Sigma$。$\delta(q, a)$ 有 3 种可能：

$$\delta(q, a)=\varnothing$$

$$\delta(q, a)=\{q_1\}$$

$$\delta(q, a)=\{q_1, q_2, \cdots, q_n\}$$

对于 NFA，并不是所有的 $(q, x) \in Q \times \Sigma$，$\delta(q, x)$ 都有一个状态与之对应；也并不是对于所有的 $(q, x) \in Q \times \Sigma$，$\delta(q, x)$ 都只对应一个状态。$\delta(q, x)$ 对应的是状态的一个子集，当这个子集为空时，表示没有状态与之对应；当这个子集的元素个数大于 1 时，表示有多个状态与之对应。从这个意义上，$\delta(q, x)$ 仍是通常意义下的一个函数，只是其值域发生了改变。当 $\delta(q, x)$ 对应的所有子集元素个数为 1 时，NFA 退化为 DFA。

因此，在扫描一个串 $\omega$ 时，经过 NFA 可能会有多条路径，某些路径可能会在接收状态时终止，某些路径可能会在非接收状态时终止；若至少存在一条路径可以使自动机在扫描串 $\omega$ 后到达接收状态，则称串 $\omega$ 能被 NFA 所接收。

对于字母表 $\Sigma$ 上的 NFA，它能接收的所有串的集合称为 NFA 能接收的语言，记为 $L(NFA)$。

**定义 3.11**　NFA 扩展状态转换函数的定义。

给定 NFA，定义扩展的状态转换函数 $\delta^*$：$2^Q \times \Sigma^* \rightarrow 2^Q$ 为 $\delta^*(p, \omega)=Q'$，即自动机在状态集合 $p$ 时，扫描串 $\omega$ 后到达可能的状态集合 $Q'$。

**定义 3.12**　递归定义 NFA 扩展状态转换函数。

若
$$p=\{q_1, q_2, \cdots, q_n\}$$

则
$$\delta^*(p, \varepsilon)=p$$
$$\delta^*(p, a)=\cup\{\delta(q, a) \mid q\in p; a\in\Sigma\}$$
$$=\{\delta(q_1, a), \delta(q_2, a), \cdots, \delta(q_n, a)\}$$

对于串
$$\omega=\alpha x (\alpha\in\Sigma^+, x\in\Sigma)$$

有
$$\delta^*(p, \omega)=\delta^*(p, \alpha x)=\cup\{\delta(q, x) \mid q\in\delta^*(p, \alpha)\}$$

或
$$\delta^*(p, \omega)=\delta^*(p, x\alpha)=\cup\{\delta^*(\{q\}, \alpha) \mid q\in\delta^*(p, x)\}$$

**定义 3.13**　NFA 能接收的语言的形式定义。

$L(\text{NFA})$ 表示被 NFA 所接收的语言，它在字母表 $\Sigma$ 上，即 $L(\text{NFA})\subseteq\Sigma^*$，则
$$L(\text{NFA})=\{\omega \mid \omega\in\Sigma^*\text{且}\delta^*(Q_0, \omega)\cap F\neq\varnothing\}$$

表示输入串 $\omega$ 的集合；在 NFA 的状态图中，至少存在一条路径，以 $\omega$ 为标记，能使 NFA 从某个开始状态到达某个接收状态。

**例 3.18**　构造 NFA，接收 $\{0\}$ 上的语言 $L=\{0^{2k+3m} \mid m, k\geqslant 0\}$。结构如图 3.23 所示。

请读者与例 3.8（图 3.12）进行比较。

构造 NFA，分别接收语言：

0、01、$0^*$、$0^+$

$(0+1)^*$、$(0+1)^+$

$0(0+1)^*1$

$(0+1)^*00(0+1)^*$

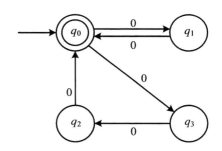

图 3.23　接收语言 $\{0^{2k+3m} \mid m, k\geqslant 0\}$ 的 NFA

### 3.4.2　不确定有限状态自动机的确定化

**定理 3.3**　$\Sigma^*$ 的一个子集 $L$ 是一个 FSL，当且仅当存在 NFA，使得
$$L(\text{NFA})=L$$

**证明：**

1）充分性 $\Rightarrow$

若 $L$ 是 FSL，则有 DFA$=(Q, \Sigma, \delta, q_0, F)$ 且 $L=L(\text{DFA})$。构造 NFA$=(Q, \Sigma, \delta_1, \{q_0\}, F)$，其中，
$$\delta_1: Q\times\Sigma\to 2^Q$$

为
$$\delta_1(q, x)=\{\delta(q, x)\}$$

即把 DFA 的一个状态视为 NFA 的一个状态集合，则 $L=L(\text{DFA})=L(\text{NFA})$。

2）必要性<=

NFA$=(Q, \Sigma, \delta, Q_0, F)$，语言 $L=L(\text{NFA})\subseteq\Sigma^*$。构造 DFA$'=(Q', \Sigma, \delta', q_0', F')$，其中，

$$Q'=2^Q$$

$$\delta'(p, x)=\cup\{\delta(q, x)\mid q\in p\}, \qquad p\in Q', x\in\Sigma$$

即

$$\delta'(\{q_1, q_2, \cdots, q_n\}, x)=\{\delta(q_1, x), \delta(q_2, x), \cdots, \delta(q_n, x)\}$$

$$q_0'=Q_0\in Q'$$

$$F'=\{p'\mid p'\in Q' \text{且} p'\cap F\neq\varnothing\}\subseteq Q'$$

即把 NFA 的一个状态集合视为 DFA 的一个状态，从而 $L=L(\text{NFA})=L(\text{DFA}')$。

**注意**：如果

$$\delta'(p, x)=\varnothing$$

则对应为 DFA 的陷阱状态。

根据定理 3.3 可知，DFA 和 NFA 是可以互相转换的，是等价的。它们接收的语言类是完全一致的，都是 FSL（正则语言）。

**例 3.19**　NFA 如图 3.24 所示。

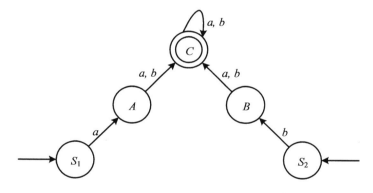

图 3.24　接收语言 $\{ax, bx, abx, bbx\mid x\in\{a, b\}^*\}$ 的 NFA

其中，$S_1$ 和 $S_2$ 是开始状态，$A$ 是唯一的接收状态。该自动机共有 3 个状态。

对于 DFA，应有 8 个状态：$\varnothing$, $\{S_1\}$, $\{S_2\}$, $\{A\}$, $\{S_1, A\}$, $\{S_2, A\}$, $\{S_1, S_2\}$, $\{S_1, S_2, A\}$（注意，有些状态可能是无用的）。

构造的 DFA 如表 3.2 和图 3.25 所示。

表 3.2　接收语言 $\{ax, bx, abx, bbx\mid x\in\{a, b\}^*\}$ 的 DFA（矩阵表示）

| $Q$ | $a$ | $b$ |
| --- | --- | --- |
| $\{S_1, S_2\}$ | $\{SAA\}$ | $\{SAB\}$ |
| $\{SAA\}$ | $\{AC\}$ | $\{AC\}$ |
| $\{B\}$ | $\{C\}$ | $\{C\}$ |
| $\{AC\}$ | $\{AC\}$ | $\{AC\}$ |

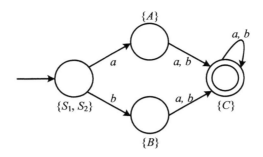

图 3.25　接收语言{$ax, bx, abx, bbx \mid x \in \{a, b\}^*$}的 DFA（状态图表示）

**例 3.20**　构造 DFA，接收{0, 1}上的语言，该语言的每个句子当成二进制数时，代表的数字能整除 2。

　　**解法 1**：直接构造 DFA（以 0 结尾的串），如图 3.26 所示。

　　**解法 2**：正则表达式为$(0+1)^*0$。直接构造 NFA，如图 3.27 所示。转换为 DFA，如图 3.28 所示。

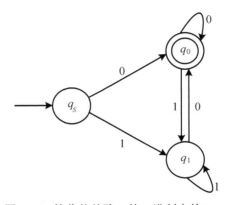

图 3.26　接收能整除 2 的二进制串的 DFA

**注意**：图 3.26 和图 3.28 表示的 DFA 是等价的。

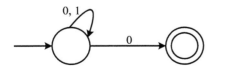

图 3.27　接收能整除 2 的二进制串的 NFA

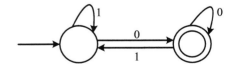

图 3.28　接收能整除 2 的二进制串的 DFA（状态图表示）

**例 3.21**　语言 $L=\{\omega \mid \omega \in \{a, b, c\}^+$且$\omega$中最后一个字母与第一个字母相同，$\mid \omega \mid > 1\}$。

　　(1)给出该语言的正则表达式；

　　(2)构造 NFA 接收该语言；

　　(3)将 NFA 转换为等价的 DFA。

　　**解**：(1)该语言的正则表达式为

$$a(a+b+c)^*a+b(a+b+c)^*b+c(a+b+c)^*c$$

(2) 构造 NFA 接收该语言，如图 3.29 所示。

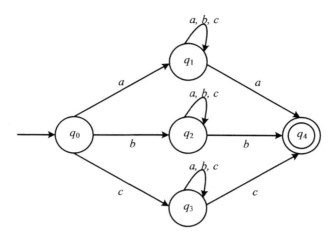

图 3.29　接收语言 $\{\omega \mid \ \omega \in \{a, b, c\}^+$ 且 $\omega$ 中最后一个字母与第一个字母相同；$|\omega| > 1\}$ 的 NFA

(3) 转换为 DFA 接收该语言：

|  | $a$ | $b$ | $c$ |
|---|---|---|---|
| $\{q_0\}$ | $\{q_1\}$ | $\{q_2\}$ | $\{q_3\}$ |
| $\{q_1\}$ | $\{q_1, q_4\}$ | $\{q_1\}$ | $\{q_1\}$ |
| $\{q_2\}$ | $\{q_2\}$ | $\{q_2, q_4\}$ | $\{q_2\}$ |
| $\{q_3\}$ | $\{q_3\}$ | $\{q_3\}$ | $\{q_3, q_4\}$ |
| $\{q_1, q_4\}$ | $\{q_1, q_4\}$ | $\{q_1\}$ | $\{q_1\}$ |
| $\{q_2, q_4\}$ | $\{q_2\}$ | $\{q_2, q_4\}$ | $\{q_2\}$ |
| $\{q_3, q_4\}$ | $\{q_3\}$ | $\{q_3\}$ | $\{q_3, q_4\}$ |

表示为如图 3.30 所示的状态图。

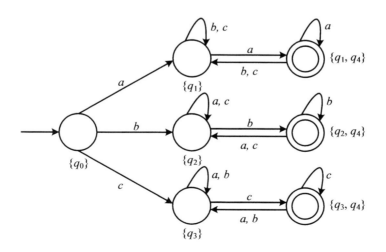

图 3.30　接收语言 $\{\omega \mid \omega \in \{a, b, c\}^+$ 且 $\omega$ 中最后一个字母与第一个字母相同；$|\omega| > 1\}$ 的 DFA

**思考：** 构造 NFA 接收语言 $L=\{\omega \mid \omega \in \{a, b, c\}^+$ 且 $\omega$ 中最后一个字母与第一个字母相同，$|\omega| \geqslant 1\}$。该语言的正则表达式为 $a(a+b+c)^*a+b(a+b+c)^*b+c(a+b+c)^*c+a+b+c$。

**例 3.22** 语言 $L=\{\omega \mid \omega \in \{a, b\}^+$ 且 $\omega$ 中倒数第二个字母肯定在前面出现过$\}$。

(1)给出该语言的正则表达式；

(2)构造 NFA 接收该语言；

(3)将 NFA 转换为等价的 DFA。

**解：** (1)该语言的正则表达式为

$$(a+b)^*a(a+b)^*a(a+b)+(a+b)^*b(a+b)^*b(a+b)$$

(2)构造 NFA 接收该语言，如图 3.31 所示。

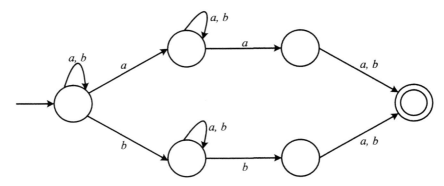

图 3.31　接收语言$\{\omega \mid \omega \in \{a, b\}^+$ 且 $\omega$ 中倒数第二个字母肯定在前面出现过$\}$的 NFA

(3)请读者完成，此处略。

**例 3.23** 构造 NFA，接收$\{0, 1\}$上的语言，该语言的每个字符串必须包含子串 00。正则表达式为$(0+1)^*00(0+1)^*$。构造 NFA 如图 3.32 所示。

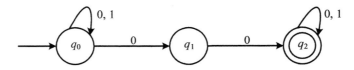

图 3.32　接收必须包含子串 00 语言的 NFA

**例 3.24** 构造 NFA，接收$\{0, 1\}$上的语言，该语言的每个字符串必须包含子串 001。正则表达式为$(0+1)^*001(0+1)^*$。构造 NFA 如图 3.33 所示。

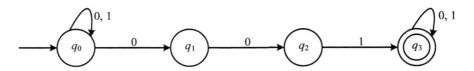

图 3.33　接收必须包含子串 001 语言的 NFA

**例 3.25** 构造 NFA，接收$\{0, 1\}$上的语言，该语言的每个字符串必须不包含子串 001。构造 NFA 如图 3.34 所示。

**例 3.26** 构造有限状态自动机 $M$，接收{0, 1}上的语言，该语言的每个字符串以 0 开头、以 1 结尾。

构造 NFA 如图 3.35 所示。

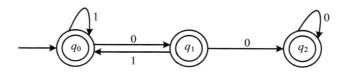

图 3.34 接收必须不包含子串 001 语言的 NFA

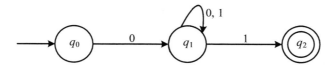

图 3.35 接收以 0 开头、以 1 结尾语言的 NFA

**例 3.27** 构造有限状态自动机 $M$，接收{0, 1}上的语言，该语言的每个字符串若以 1 结尾，则该字符串长度为偶数；若以 0 结尾，则该字符串长度为奇数(语言不包含空串)。

构造 NFA 如图 3.36 所示。或者构造 NFA 如图 3.37 所示。

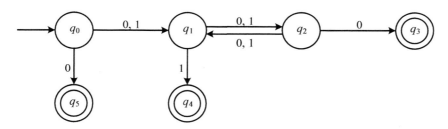

图 3.36 接收若以 1 结尾，则串长度为偶数；若以 0 结尾，则串长度为奇数语言的 NFA(一)

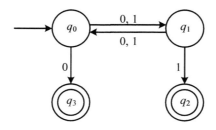

图 3.37 接收若以 1 结尾，则串长度为偶数；若以 0 结尾，则串长度为奇数语言的 NFA(二)

**定理 3.4** 每个右线性语言是一个 FSL。

**证明：** $L$ 是右线性语言且 $L=L(G)$，$G=(\sum, V, S, P)$(首先将文法 $G$ 中的空串产生式消除)，构造 NFA 的方法是将文法的非终结符当作 NFA 的状态，并且增加一个接收状态 $q$(若文法 $G$ 中有 $S \rightarrow \varepsilon$，即 $\varepsilon \in L$，则开始状态 $S$ 也是接收状态)使得

$$\text{NFA}=(Q, \sum, \delta, Q_0, F)$$

其中，

$$Q=V\cup\{q\}$$
$$Q_0=\{S\}$$
$$F=\{q\}$$
$$\delta(A,x)=\{B\mid B\in V\text{ 且 }A\rightarrow xB\text{ 在 }P\text{ 中}\}\cup\{q\mid A\rightarrow x\text{ 在 }P\text{ 中}\}$$

所以 $L=L(G)=L(\text{NFA})$。而 NFA 和 DFA 又是等价的，所以一个右线性语言也是一个 FSL。

因此，右线性语言和 FSL 是等价的，只不过是从不同的角度来对语言进行的描述。

右线性文法产生右线性语言，NFA（DFA）接收 FSL，也都是正则集。

**例 3.28**　构造 NFA，接收 $\{0,1,2\}$ 上的语言 $L=\{0^n1^m2^k\mid n,m,k\geqslant1\}$。

构造 NFA 如图 3.38 所示。

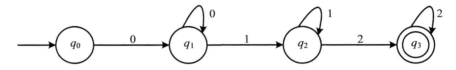

图 3.38　接收语言 $\{0^n1^m2^k\mid n,m,k\geqslant1\}$ 的 NFA

**例 3.29**　构造有限状态自动机 $M$，接收 $\{0,1,2\}$ 上的语言 $L=\{0^n1^m2^k\mid n,m,k\geqslant0\}$。

构造 NFA 如图 3.39 所示。

NFA 适于接收"包含子串……""以串……开始""以串……结束""（倒数）第……个字母是……""满足条件……"的语言。

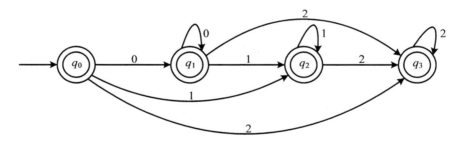

图 3.39　接收语言 $\{0^n1^m2^k\mid n,m,k\geqslant0\}$ 的 NFA

## 3.5　带有 $\varepsilon$ 动作的有限状态自动机

对于 DFA，默认有

$$\delta(q,\varepsilon)=q\quad(\text{注意不存在该}\delta\text{ 函数})$$

和

$$\delta^*(q,\varepsilon)=q$$

对于 NFA，默认有

$$\delta(q, \varepsilon) = \{q\} \quad (\text{注意不存在该} \delta \text{函数})$$

和

$$\delta^*(P, \varepsilon) = P$$

表示 DFA 和 NFA 不读入任何字符(只扫描空串时),自动机的状态不发生改变,并且读头不进行移动,仍然指向当前非空字符。

如果允许有限状态自动机在不读入任何字符时,自动机的状态可以发生改变,则称该有限状态自动机为带有 $\varepsilon$ 动作的有限状态自动机。

**定义 3.14** 带有 $\varepsilon$ 动作的有限状态自动机。

带有 $\varepsilon$ 动作的有限状态自动机是一个五元式

$$\varepsilon - M = (Q, \Sigma, \delta, Q_0, F)$$

其中,$Q$、$\Sigma$、$Q_0$ 和 $F$ 的含义同 NFA;$\delta$ 是 $Q \times \Sigma \cup \{\varepsilon\} \rightarrow 2^Q$ 的状态转换函数,即

$$\delta(q, x) \subseteq 2^Q$$

或

$$\delta(q, \varepsilon) \subseteq 2^Q$$

具体可以分为

$$\delta(q, \varepsilon) = \{q\}$$

表示自动机在状态 $q$ 时,不读入任何字母,自动机状态不变,并且读头不移动。

$$\delta(q, a) = \varnothing$$

表示自动机在读入字母 $a$ 后,自动机停机;

$$\delta(q, x) = \{q_1, q_2, q_3, \cdots, q_m\}$$

其中,$m \geq 1$。表示自动机在读入字母 $x$ 后,自动机的状态可以选择地改变为 $q_1, q_2, q_3, \cdots, q_m$,并将读头向右移动一个单元而指向下一个字符;

$$\delta(q, \varepsilon) = \{q_1, q_2, q_3, \cdots, q_m\}$$

其中,$m \geq 1$。表示自动机在状态 $q$ 时,不读入任何字母,自动机的状态可以选择地改变为 $q_1, q_2, q_3, \cdots, q_m$,并且读头不移动,而仍然指向当前非空字符。

**注意**:带有 $\varepsilon$ 动作的有限状态自动机一定是 NFA,一般记为 $\varepsilon$- NFA。

**例 3.30** 构造 $\varepsilon$- NFA 接收该语言:$L = \{0^*1^*2^*\}$,即 $L = \{0^n1^m2^k \mid n, m, k \geq 0\}$。

$\varepsilon$- NFA 如图 3.40 所示。

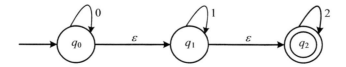

图 3.40 接收语言 $\{0^n1^m2^k \mid n, m, k \geq 0\}$ 的 $\varepsilon$- NFA

对应的 5 个 $\delta$ 函数如下:

$$\delta(q_0, 0) = \{q_0\}$$

$$\delta(q_0, \varepsilon) = \{q_1\}$$

$$\delta(q_1, 1) = \{q_1\}$$

$$\delta(q_1, \varepsilon) = \{q_2\}$$

$$\delta(q_2, 2) = \{q_2\}$$

默认还有 3 个 $\delta$ 函数：

$$\delta(q_0, \varepsilon) = \{q_0\}$$

$$\delta(q_1, \varepsilon) = \{q_1\}$$

$$\delta(q_2, \varepsilon) = \{q_2\}$$

**定义 3.15** $\varepsilon$- NFA 对于任意状态 $q$，从 $q$ 接收空串 $\varepsilon$ 后能够到达的状态集记为 $\varepsilon$-CLOSURE $(q)$：

$$\varepsilon\text{- CLOSURE } (q) = \{p \mid \text{从 } q \text{ 到 } p \text{ 有 } k \text{ 条标记为 } \varepsilon \text{ 的路}\}$$

$\varepsilon$- NFA 对于状态 $q$，它的 $\varepsilon$- CLOSURE $(q)$ 是由下述规则确定的状态集：

(1) $q$ 在 $\varepsilon$- CLOSURE $(q)$ 中，即任意状态 $q$ 接收空串 $\varepsilon$，至少都能保持状态 $q$ 不变；

(2) 如果 $p$ 在 $\varepsilon$- CLOSURE $(q)$ 中，则 $\delta(p, \varepsilon)$ 也都在 $\varepsilon$- CLOSURE $(q)$ 中；

(3) 重复 (2)，直到 $\varepsilon$- CLOSURE $(q)$ 中的状态不再增加为止。

例如，对于例 3.29，有

$$\varepsilon\text{- CLOSURE } (q_0) = \{q_0, q_1, q_2\}$$

$$\varepsilon\text{- CLOSURE } (q_1) = \{q_1, q_2\}$$

$$\varepsilon\text{- CLOSURE } (q_2) = \{q_2\}$$

注意：$\varepsilon$- CLOSURE $(q)$ 与 $\delta(q, \varepsilon)$ 不同。

进一步，对于状态集合 $P$，可以定义

$$\varepsilon\text{- CLOSURE } (P) = \{\varepsilon\text{- CLOSURE } (q) \mid q \in P\}$$

即如果 $P = \{p_1, p_2, p_3, \cdots, p_m\}$，则

$$\varepsilon\text{- CLOSURE } (P) = \varepsilon\text{- CLOSURE } (p_1) \cup \varepsilon\text{- CLOSURE } (p_2) \cup \cdots \cup \varepsilon\text{- CLOSURE } (p_m)$$

**定义 3.16** 给定 $\varepsilon$- NFA，定义扩展的状态转换函数 $\delta^*: Q \times \Sigma^* \to 2^Q$ 为

$$\delta^*(q, \omega) = Q'$$

即 $\varepsilon$- NFA 在状态 $q$ 时，扫描串 $\omega$ 后到达可能的状态集合 $Q'$。

$$\delta^*(q, \varepsilon) = \varepsilon\text{- CLOSURE } (q)$$

$$\delta^*(q, a) = \varepsilon\text{- CLOSURE } (P)$$

$$= \varepsilon\text{- CLOSURE } (\delta(\delta^*(q, \varepsilon), a))$$

其中，

$$P = \{p \mid p \in \delta(r, a) \text{ 且 } r \in \delta(q, a)\}$$

$$= \cup \delta(r, a) \mid r \in \delta(q, a)$$

$$\delta^*(q, \omega a) = \varepsilon\text{- CLOSURE } (P)$$

这里，

$$P=\{p\mid p\in\delta(r,a)\text{ 且 }r\in\delta^*(q,\omega)\}$$
$$=\cup\,\delta(r,a),\text{ 其中 }r\in\delta^*(q,\omega)$$

例如，对于例 3.29，有

$$\delta^*(q_0,\varepsilon)=\varepsilon\text{-}CLOSURE\,(q_0)$$
$$=\{q_0,q_1,q_2\}$$
$$\delta^*(q_0,0)=\varepsilon\text{-}CLOSURE\,(\delta(\delta^*(q_0,\varepsilon),0))$$
$$=\varepsilon\text{-}CLOSURE\,(\delta(\{q_0,q_1,q_2\},0))$$
$$=\varepsilon\text{-}CLOSURE\,(\{q_0\})$$
$$=\{q_0,q_1,q_2\}$$
$$\delta^*(q_0,01)=\varepsilon\text{-}CLOSURE\,(\delta(\delta^*(q_0,0),1))$$
$$=\varepsilon\text{-}CLOSURE\,(\delta(\{q_0,q_1,q_2\},1))$$
$$=\varepsilon\text{-}CLOSURE\,(\{q_1\})$$
$$=\{q_1,q_2\}$$

注意：$\delta^*(q,\varepsilon)$ 与 $\delta(q,\varepsilon)$ 不同。

**定义 3.17** 给定 $\varepsilon$-NFA，定义扩展的状态转换函数 $\delta^*:2^Q\times\sum^*\to2^Q$ 为

$$\delta^*(P,\omega)=Q'$$

即 $\varepsilon$-NFA 在状态集合 $P$ 时，扫描串 $\omega$ 后到达可能的状态集合 $Q'$。

$$\delta^*(P,\omega)=\cup\,\delta^*(q,\omega)$$

其中，$q\in P$。

具体而言，对于空串：

$$\delta^*(\{q\},\varepsilon)=\varepsilon\text{-}CLOSURE\,(q)$$
$$\delta^*(P,\varepsilon)=\varepsilon\text{-}CLOSURE\,(P)$$

对于单个字母：

$$\delta^*(P,a)=\cup\,\delta^*(\{q\},a)$$

其中，$q\in P$。

$$\delta^*(\{q\},a)=\delta^*(\{q\},\varepsilon a\varepsilon)$$
$$=\varepsilon\text{-}CLOSURE\,(\cup\,\delta(p,a))$$

其中，$p\in\delta^*(\{q\},\varepsilon)$。

对于串：

$$\delta^*(P,\omega a)=\delta^*(\delta^*(P,\omega),a)$$

或

$$\delta^*(P,a\omega)=\delta^*(\delta^*(P,a),\omega)$$

对于例 3.29 有

$$\delta^*(\{q_0\},\varepsilon)=\varepsilon\text{-}CLOSURE\,(q_0)=\{q_0,q_1,q_2\}$$
$$\delta^*(\{q_0\},0)=\delta^*(\{q_0\},\varepsilon0\varepsilon)=\varepsilon\text{-}CLOSURE\,(\cup\,\delta(p,0))$$
$$=\varepsilon\text{-}CLOSURE\,(\delta(q_0,0)\cup\delta(q_1,0)\cup\delta(q_2,0))$$

$$= \varepsilon\text{- CLOSURE }(\{q_0\})$$

$$= \{q_0, q_1, q_2\}, \ p \in \delta^*(\{q_0\}, \varepsilon)$$

$$\delta^*(\{q_0\}, 01) = \delta^*(\delta^*(\{q_0\}, 0), 1) = \delta^*(\{q_0, q_1, q_2\}, 1)$$

$$= \varepsilon\text{- CLOSURE }(\delta(q_0, 1) \cup \delta(q_1, 1) \cup \delta(q_2, 1))$$

$$= \{q_1, q_2\}$$

**定理 3.5**　如果语言 $L$ 被 $\varepsilon$- NFA 接收，则该语言也能够被 NFA 接收。

**证明**：假设语言 $L$ 被 $\varepsilon$- NFA 接收，则

$$\varepsilon\text{- NFA} = (Q, \Sigma, \delta, q_0, F)$$

且 $L = L(\varepsilon\text{- NFA})$。

（1）构造 $\text{NFA}_1$：

$$\text{NFA}_1 = (Q, \Sigma, \delta_1, q_0, F_1)$$

其中，

$$\delta_1(q, a) = \delta^*(q, a)$$

对于 $a \in \Sigma$,

$$F_1 = \begin{cases} F \cup \{q_0\}, & F \cap \varepsilon\text{-CLOSURE}(q_0) \neq \varnothing \\ F, & F \cap \varepsilon\text{-CLOSURE}(q_0) = \varnothing \end{cases}$$

（2）证明对于 $x \in \Sigma^+$, 有

$$\delta_1(q_0, x) = \delta^*(q_0, x)$$

为什么不针对 $x \in \Sigma^*$ 进行证明呢？因为对于 $x = \varepsilon$, 不带 $\varepsilon$ 动作的有限状态自动机有

$$\delta_1(q_0, \varepsilon) = q_0$$

而

$$\delta^*(q_0, \varepsilon) = \varepsilon\text{- CLOSURE }(q_0)$$

因此，$\delta_1(q_0, \varepsilon)$ 与 $\delta^*(q_0, \varepsilon)$ 不一定相等。

现在使用归纳法证明对于 $x \in \Sigma^+$, 有

$$\delta_1(q_0, x) = \delta^*(q_0, x)$$

归纳基础：$|x| = 1$, 则 $x \in \Sigma$, 直接有

$$\delta_1(q_0, x) = \delta^*(q_0, x)$$

归纳步骤：假设当 $|x| = n(n \geqslant 1)$ 时，结论成立。下面证明当 $|x| = n + 1$ 时，结论也成立。

不妨假设 $x = \omega a$, 其中，$|\omega| = n$, 则 $|\omega a| = n + 1$, 有

$$\delta_1(q_0, x) = \delta_1(q_0, \omega a) = \delta_1(\delta_1(q_0, \omega), a)$$

由归纳假设，有

$$\delta_1(q_0, \omega) = \delta^*(q_0, \omega)$$

令

$$\delta^*(q_0, \omega) = P$$

则

$$\delta_1(\delta_1(q_0,\omega),a)=\delta_1(\delta^*(q_0,\omega),a)$$
$$=\delta_1(P,a)$$
$$=\cup\,\delta_1(q,a)$$
$$=\cup\,\delta^*(q,a)$$
$$=\varepsilon\text{- CLOSURE }(\cup\,\delta(q,a))$$
$$=\delta^*(q_0,\omega a)$$
$$=\delta^*(q_0,x),\qquad q\in P$$

所以，当$|x|=n+1$时，结论也成立。

因此，对于$x\in\Sigma^+$，有$\delta_1(q_0,x)=\delta^*(q_0,x)$。

（3）证明 $\delta_1(q_0,x)\cap F_1\neq\varnothing$ 当且仅当$\delta^*(q_0,x)\cap F\neq\varnothing$，对于一切$x\in\Sigma^+$都成立。

首先证明充分性。设$\delta^*(q_0,x)\cap F\neq\varnothing$，由步骤（2）证明的结论可知，$\delta_1(q_0,x)\cap F\neq\varnothing$，而$F\subseteq F_1$，则$\delta_1(q_0,x)\cap F_1\neq\varnothing$。

再证明必要性。设$\delta_1(q_0,x)\cap F_1\neq\varnothing$，则有如下两种情况。

① $\delta_1(q_0,x)\cap F_1\neq q_0$，此时，显然有

$$\delta_1(q_0,x)\cap F\neq\varnothing$$

而

$$\delta_1(q_0,x)=\delta^*(q_0,x)$$

则

$$\delta^*(q_0,x)\cap F\neq\varnothing$$

② $\delta_1(q_0,x)\cap F_1\neq q_0$，如果$q_0\in F$，则

$$\delta^*(q_0,x)\cap F\neq\varnothing$$

事实上，不可能有$q_0\notin F$。如果$q_0\notin F$，则由于$q_0\notin F_1$，$F\cap\varepsilon\text{- CLOSURE }(q_0)\neq\varnothing$。由于$\delta_1(q_0,x)=\delta^*(q_0,x)$，所以由$q_0\in\delta^*(q_0,x)$可得$\varepsilon\text{- CLOSURE }(q_0)\subseteq\delta^*(q_0,x)$。

综上所述，如果$\delta_1(q_0,x)\cap F_1\neq\varnothing$，则必有$\delta^*(q_0,x)\cap F\neq\varnothing$。

（4）证明 $\varepsilon\in L(\varepsilon\text{- NFA})$，当且仅当$\varepsilon\in L(\text{NFA}_1)$时。

首先证明充分性。设$\varepsilon\in L(\text{NFA}_1)$，从而有$\delta_1(q_0,\varepsilon)=q_0\in F_1$，则有如下两种情况。

① $q_0\in F$，此时有

$$\varepsilon\in L(\varepsilon\text{- NFA})$$

② $q_0\notin F$，此时必有

$$F\cap\varepsilon\text{- CLOSURE }(q_0)\neq\varnothing$$

即

$$\delta^*(q_0,\varepsilon)\cap F\neq\varnothing$$

所以$\varepsilon\in(\varepsilon\text{- NFA})$。

再证明必要性。设 $\varepsilon\in L(\varepsilon\text{-}NFA)$，则存在

$$q\in F\cap\varepsilon\text{-}CLOSURE\ (q_0)$$

由 $F_1$ 的定义，有

$$q_0\in F_1$$

所以

$$\delta_1(q_0,\ \varepsilon)=q_0\in F_1$$

即

$$\varepsilon\in L(NFA_1)$$

根据（1）、（2）、（3）和（4）的结论，有 $L(\varepsilon\text{-}NFA)=L(NFA_1)$。

**例 3.31** 将例 3.30 的 $\varepsilon\text{-}NFA$ 改造为等价的 NFA。

不带 $\varepsilon$ 动作的 NFA 如图 3.41 所示。

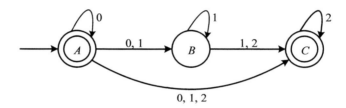

图 3.41 接收语言 $\{0^n1^m2^k\mid n,\ m,\ k\geq 0\}$ 的不带 $\varepsilon$ 动作的 NFA

**例 3.32** 构造 $\varepsilon\text{-}NFA$，接收 $\{0,1\}$ 上的语言 $L=\{0^k\mid k\geq 0,\ k$ 能够整除 2 或 3$\}$，即 $L=\{0^{2n}$ 或 $0^{3m}\mid n,\ m\geq 0\}$。

$\varepsilon\text{-}NFA$ 如图 3.42 所示。

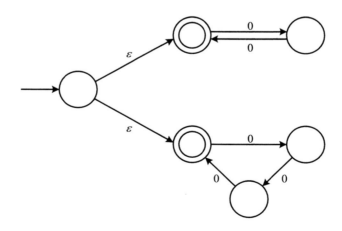

图 3.42 接收语言 $\{0^k\mid k\geq 0,\ k$ 能够整除 2 或 3$\}$ 的 $\varepsilon\text{-}NFA$

不带 $\varepsilon$ 动作的 NFA 如图 3.43 所示。

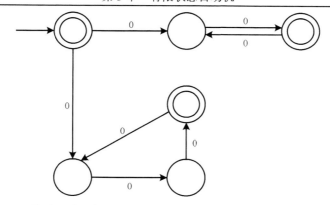

图 3.43　接收语言{$0^k$ | $k \geq 0$，$k$ 能够整除 2 或 3}的不带 $\varepsilon$ 动作的 NFA

**思考**：如何构造接收语言{$0^k$ | $k > 0$，$k$ 能够整除 2 或 3}的 $\varepsilon$- NFA？

## 3.6　有限状态自动机的一些变形

### 3.6.1　双向的有限状态自动机

DFA 的一个动作为：读头读出当前带上单元的字符，FSC 根据当前 FSC 的状态和读出的字符，改变 FSC 的状态，并将读头向右移动一个单元。在 NFA 中，允许 FSC 根据当前 FSC 的状态和读出的字符，有选择地改变 FSC 的状态。在带有 $\varepsilon$ 动作的有限状态自动机定义中，允许 FSC 仅根据当前 FSC 的状态，在不向右移动读头(不读入当前输入字母)的情况下改变 FSC 的状态。

在处理输入串的过程中，双向的有限状态自动机的读头可以向右移动一个单元，也可以向左移动一个单元。当然，读头也可以不移动。

**定义 3.18**　确定的双向的有限状态自动机(2DFA)的定义。

确定的双向的有限状态自动机是一个五元式：
$$2DFA = (Q, \Sigma, \delta, q_0, F)$$
其中，$Q$、$\Sigma$、$q_0$、$F$ 的含义与一般的(单向)有限状态自动机 DFA 相同；$\delta$ 是状态转换函数，是映射
$$Q \times \Sigma \rightarrow Q \times \{L, R, N\}, \qquad q \in Q, \ a \in \Sigma$$

(1)若 $\delta(q, a) = \{p, L\}$，则表示确定的双向的有限状态自动机在状态 $q$ 读入字母 $a$，自动机状态将变为 $p$ 状态，并将读头向左移动一个单元；

(2)若 $\delta(q, a) = \{p, R\}$，则表示确定的双向的有限状态自动机在状态 $q$ 读入字母 $a$，自动机状态将变为 $p$ 状态，并将读头向右移动一个单元；

(3)若 $\delta(q, a) = \{p, N\}$，则表示确定的双向的有限状态自动机在状态 $q$ 读入字母 $a$，自动机状态将变为 $p$ 状态，而读头保持原位置不动。

确定的双向有限状态自动机的格局描述与 DFA 相同。

**定义 3.19**　双向的有限状态自动机 2DFA$=(Q, \Sigma, \delta, q_0, F)$接收的语言为 $L(2\text{DFA})$：

$$L(2\text{DFA})=\{\ \omega\ |\ q_0\omega =>^* \omega p, p\in F\}$$

**定理 3.6**　确定的双向的有限状态自动机 2DFA 与 DFA 等价。

**证明**：略。

**定义 3.20**　不确定的双向的有限状态自动机（2NFA）的定义。

不确定的双向的有限状态自动机是一个五元式：

$$2\text{NFA}=(Q, \Sigma, \delta, Q_0, F)$$

其中，$Q$、$\Sigma$、$Q_0$、$F$ 的含义与一般的（单向）不确定有限状态自动机 NFA 相同；$\delta$ 是状态转换函数，是映射

$$\delta: Q\times\Sigma \rightarrow 2^Q\times\{\text{L, R, N}\}$$

$$\delta(q, a)=\{(p_1, D_1), (p_2, D_2), \cdots, (p_m, D_m)\}, \quad q\in Q, \quad a\in\Sigma, \quad D_1, D_2, \cdots, D_m\in\{\text{L, R, N}\}$$

表示不确定的双向的有限状态自动机在状态 $q$ 读入字母 $a$，可以将状态变为 $p_1$，同时按照 $D_1$ 实现对读头的移动；或者将状态变为 $p_2$，同时按照 $D_2$ 实现对读头的移动……或者将状态变为 $p_m$，同时按照 $D_m$ 实现对读头的移动。

**定理 3.7**　不确定的双向的有限状态自动机 2NFA 与 NFA 等价。

**证明**：略。

### 3.6.2　带有输出的有限状态自动机

对于字母表上的某个字符串，前面讨论的有限状态自动机得到的结论只是该串是否为字母表上指定的语言的句子；或者说，有限状态自动机仅输出两个结果——"是"和"否"。实际上，现实生活中的许多有限状态系统对于不同的输入信号，除系统内部的状态不断改变之外，还不断向系统外部输出各种不同的信号这一类状态系统的模型如图 3.44 所示。

图 3.44　带有输出的有限状态自动机的模型

实现这类模型的有限状态自动机主要有两种：Moore 机和 Mealy 机。由于有输出，从抽象的角度考虑，就没有必要再设置接收状态（集）。

**定义 3.21**　Moore 机的定义。

Moore 机是一个六元式：

$$M=(Q, \Sigma, \Delta, \delta, \lambda, q_0)$$

其中，$Q$、$\Sigma$、$q_0$、$\delta$ 的含义与有限状态自动机相同；$\Delta$ 是输出字母表；$\lambda$ 是输出函数，是映射

$$\lambda: Q\rightarrow\Delta$$
$$\lambda(q)=a, \quad q\in Q, \quad a\in\Delta$$

表示 Moore 机在状态 $q$ 时输出 $a$。

Moore 机在读入输入串的过程中，状态不断发生改变，并且在每个状态上都有输出。对于输入串序列 $a_1a_2a_3\cdots a_{n-1}a_n\in\Sigma^*$，Moore 机的输出序列为

$$\lambda(q_0)\ \lambda(\delta(q_0,a_1))\ \lambda(\delta(\delta(q_0,a_1),a_2))\cdots\ \lambda(\delta((\cdots\delta(\delta(q_0,a_1),a_2)\cdots),a_n))$$

设

$$\delta(q_0,a_1)=q_1$$
$$\delta(q_1,a_2)=q_2$$
$$\cdots$$
$$\delta(q_{n-2},a_{n-1})=q_{n-1}$$
$$\delta(q_{n-1},a_n)=q_n$$

则对于输入串的序列 $a_1a_2a_3\cdots a_{n-1}a_n\in\Sigma^*$，Moore 机的输出序列可以表示为

$$\lambda(q_0)\ \lambda(q_1)\ \lambda(q_2)\cdots\ \lambda(q_n)$$

**注意**：如果输入串的长度为 $n$，则 Moore 机的输出串的长度为 $n+1$。

实际上，有限状态自动机只是 Moore 机的一个特例；当 Moore 机的输出只有 2 个结果，即 0 和 1（或 F 和 T 等）时，将输出 0 的状态当作非接收状态，将输出 1 的状态当作接收状态，Moore 机就是一般的有限状态自动机 DFA。

**例 3.33**　设计一个 Moore 机，$\Sigma=\{0,1\}$，若将输入串当作一个二进制数，则在读入串的过程中，希望输出已经读过的子串模 3 的余数。

**分析**：因为模 3 的余数只能是 0、1 和 2，所以输出字母表 $\Delta=\{0,1,2\}$。并设 3 个状态 $q_0$、$q_1$ 和 $q_2$ 分别对应这 3 种余数。

Moore 机如图 3.45 所示。状态上面标记的字符表示 Moore 机在该状态时的输出。

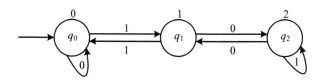

图 3.45　输出已经读过的子串模 3 的余数的 Moore 机

当输入为 1010 时，状态变换的序列为 $q_0,q_1,q_2,q_2,q_1$，对应的输出为 01221，即当输入 $\varepsilon$ 时，输出余数为 0，当输入 1 时，输出余数为 1，当输入 10 时，输出余数为 2，当输入 101 时，输出余数为 2，当输入 1010 时，输出余数为 1。

**定义 3.22**　Mealy 机的定义。

Mealy 机是一个六元式：

$$M=(Q,\Sigma,\Delta,\delta,\lambda,q_0)$$

其中，$Q$、$\Sigma$、$q_0$、$\delta$ 的含义与有限状态自动机相同；$\Delta$ 为输出字母表；$\lambda$ 为输出函数，是映射

$$\lambda:Q\times\Sigma\rightarrow\Delta$$
$$\lambda(q,x)=a,\qquad q\in Q,\ x\in\Sigma,\ a\in\Delta$$

表示 Mealy 机在状态 $q$，读入字母 $x$ 时，输出 $a$。

Mealy 机在读入输入串的过程中，状态不断发生改变，并且在每个状态上，读入某个字母时，Mealy 机都有输出。

对于输入串序列 $a_1a_2a_3\cdots a_{n-1}a_n\in\Sigma^*$，Mealy 机的输出序列：

$\lambda(q_0, a_1)\ \lambda(\delta(q_0, a_1), a_2)\ \lambda(\delta(\delta(q_0, a_1), a_2), a_3)\cdots\lambda(\delta(\cdots\delta(\delta(q_0, a_1), a_2)\cdots), a_n)$

设

$$\delta(q_0, a_1)=q_1$$

$$\delta(q_1, a_2)=q_2$$

$$\cdots$$

$$\delta(q_{n-2}, a_{n-1})=q_{n-1}$$

$$\delta(q_{n-1}, a_n)=q_n$$

则对于输入串的序列 $a_1a_2a_3\cdots a_{n-1}a_n\in\Sigma^*$，Mealy 机的输出序列可以表示为

$$\lambda(q_0, a_1)\ \lambda(q_1, a_2)\ \lambda(q_2, a_3)\cdots\lambda(q_{n-1}, a_n)$$

从状态 $p$ 到状态 $q$ 的有向边的标记 $a/b$ 表示 $\delta(p, a)=q$，$\lambda(p, a)=b$。

**注意**：如果输入串的长度为 $n$，则 Mealy 机的输出串的长度为 $n$（Moore 机的输出串的长度为 $n+1$）。

**例 3.34**　对于正则表达式 $(0+1)^*(00+11)$ 代表的语言 $L$，设计一个只有两个输出符号 $\{y, n\}$ 的 Mealy 机。当读过的输入串属于上述语言时，Mealy 机输出 $y$，表示接收；当读过的输入串不属于上述语言时，Mealy 机输出 $n$，表示拒绝，如图 3.46 所示。

当输入串是 01100 时，Mealy 机对应的输出为 *nnyny*，可以解释为：当输入 0 时，表示拒绝；当输入 01 时，仍表示拒绝；当输入 011 时，表示接收；当输入 0110 时，表示拒绝；当输入 01100 时，表示接收。

如果使用一般的 NFA 接收该语言，则需要 5 个状态，如图 3.47 所示。

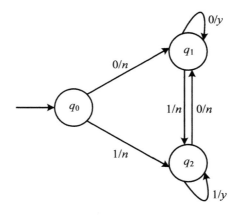

图 3.46　输出 $y$ 和 $n$ 的 Mealy 机

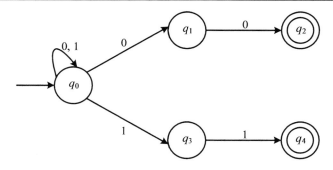

图 3.47　接收语言 $(0+1)^*(00+11)$ 的 NFA

一般地，Mealy 机比一般的有限状态自动机具有更强的功效。

根据 Moore 机和 Mealy 机的定义可知，对于输入串的序列 $a_1a_2a_3 \cdots a_{n-1}a_n \in \Sigma^*$，Moore 机处理该串时，每经过一个状态，就输出一个字符；输出字符和状态一一对应。Mealy 机处理该串时，每一个移动，就输出一个字符；输出字符和移动一一对应。

对于一个输入串，如果 Moore 机对初始状态有输出，而 Mealy 机在启动时（处于开始状态 $q_0$）没有输出。

**定义 3.23**　Moore 机和 Mealy 机等价的定义。

设 Moore 机

$$M_1 = (Q_1, \Sigma, \Delta, \delta_1, \lambda_1, q_{01})$$

和 Mealy 机

$$M_2 = (Q_2, \Sigma, \Delta, \delta_2, \lambda_2, q_{02})$$

对于输入串 $\omega \in \Sigma^*$，当

$$T_1(\omega) = \lambda_1(q_0) T_2(\omega)$$

时，其中，$T_1(\omega)$ 和 $T_2(\omega)$ 分别表示 Moore 机 $M_1$ 和 Mealy 机 $M_2$ 关于输入串 $\omega$ 的输出，称 Moore 机和 Mealy 机是等价的。

根据上述等价的定义，给定任意的 Moore 机，可以构造出与之等价的 Mealy 机。同样，给定任意的 Mealy 机，也可以构造出与之等价的 Moore 机。

**定理 3.8**　如果 $M_1 = (Q, \Sigma, \Delta, \delta, \lambda_1, q_0)$ 是一个 Moore 机，则有一个 Mealy 机 $M_2$ 与之等价。

**证明：** 设 Moore 机

$$M_1 = (Q, \Sigma, \Delta, \delta, \lambda_1, q_0)$$

构造 Mealy 机

$$M_2 = (Q, \Sigma, \Delta, \delta, \lambda_2, q_0)$$

其中，$\lambda_2(q, a) = \lambda_1(\delta(q, a))$，$q \in Q$，$a \in \Sigma$。

由于 $M_2$ 与 $M_1$ 具有相同的状态和 $\delta$ 函数，因此，对于相同的输入串序列，$M_2$ 与 $M_1$ 状态转换的序列也相同，唯一不同的是将 $M_1$ 的输出前移一步，即如果 $M_1$ 有对应图 3.48 所示的状态函数，则 $M_2$ 有对应图 3.49 所示的状态函数。

图 3.48　Moore 机的一个状态函数　　　图 3.49　Mealy 机对应的状态函数

在不考虑 $M_1$ 第一个输出符号的情况下，$M_2$ 与 $M_1$ 的输出序列一定相同。

**定理 3.9**　如果 $M_1 = (Q, \Sigma, \Delta, \delta_1, \lambda_1, q_0)$ 是一个 Mealy 机，则有一个 Moore 机 $M_2$ 与之等价。

**证明：** 此处略。

**定理 3.10**　Moore 机与 Mealy 机等价。

**证明：** 此处略。

实践中，Moore 状态机的输出只与有限状态机的当前状态有关，与输入信号的当前值无关。Moore 有限状态机在时钟 clock 脉冲的有效沿的有限个门延时后，输出达到稳定值，即使在一个时钟周期内输入信号发生变化，输出也会在一个完整的时钟周期内保持稳定值而不变，输入对输出的影响要到下一个时钟周期才能反映出来。Moore 有限状态机最重要的特点就是将输入与输出信号隔离开来。

Mealy 有限状态机与 Moore 有限状态机不同，Mealy 有限状态机的输出不仅与当前状态有关，而且与输入信号的当前值有关。

Mealy 有限状态机的输出直接受输入信号的当前值影响，而输入信号可能在一个时钟周期内的任意时刻变化，这使得 Mealy 有限状态机对输入的响应发生在当前时钟周期，要比 Moore 有限状态机对输入信号的响应早一个周期。因此，输入信号的噪声可能影响在输出的信号上。

## 3.7　有限状态接收机的存储技术

**例 3.35**　构造有限状态接收机，输入字母表为 $\{a, b, c\}$，要求 $M$ 接收语言 $L$：该语言的每个字符串的第一个符号在该串中仅出现一次。

**思路：** 使用 first_is_a、first_is_b 和 first_is_c 分别代表输入带上的字符串的第一个符号为 $a$、$b$ 和 $c$ 的状态。在扫描输入带上的其他符号时，与第一个符号进行比较，如果两个符号相同，则拒绝并停机；如果输入带上的其他符号与第一个符号都不相同，则接收该字符串。

(1) $\delta\,(\text{start}, a) = \text{first\_is\_a}$　　　　//扫描第一个符号，并存储第一个符号
　　$\delta\,(\text{start}, b) = \text{first\_is\_b}$
　　$\delta\,(\text{start}, c) = \text{first\_is\_c}$
(2) $\delta\,(\text{first\_is\_a}, a) = \text{refuse}$　　　//第一个符号是 $a$，判断剩余的符号是否再出现 $a$
　　$\delta\,(\text{first\_is\_a}, b) = \text{first\_is\_a}$
　　$\delta\,(\text{first\_is\_a}, c) = \text{first\_is\_a}$
(3) $\delta\,(\text{first\_is\_b}, a) = \text{first\_is\_b}$　　//第一个符号是 $b$，判断剩余的符号是否再出现 $b$

　　　　$\delta$ (first_is_b, b)=refuse

　　　　$\delta$ (first_is_b, c)=first_is_b

(4) $\delta$ (first_is_c, a)=first_is_c　　　　　　//第一个符号是 c，判断剩余的符号是否再出现 c

　　　　$\delta$ (first_is_c, b)=first_is_c

　　　　$\delta$ (first_is_c, c)=refuse

(5) $\delta$ (first_is_a, $\varepsilon$)=accept　　　　　　//整个串扫描结束，接收该串

　　　　$\delta$ (first_is_b, $\varepsilon$)=accept

　　　　$\delta$ (first_is_c, $\varepsilon$)=accept

去掉所有关于 refuse 的状态，有限状态自动机如图 3.50 所示。

　　有限状态接收机的有限状态控制器可以保存有限数量的信息，即保存多个状态。状态的表示方法多种多样，不仅仅是单个字母或者加上一些下标的字母的简单标记。实际上，状态可以使用比较复杂的结构进行表达，至少可以使用一个 n 元组表示一个状态，而 n 元组的不同分量可以代表不同的含义。比较常用的是使用二元组表示单个状态，其中第一个分量仍然表示原来的状态，第二个分量是输入带上的符号串的子串，可以使用这种方式将输入带上的一个或多个符号"存储"到有限状态接收机的有限控制器中，就是使用一个分量实现控制，另一个分量用于存储。

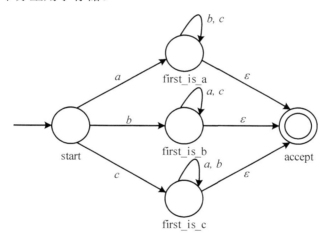

图 3.50　接收第一个符号在该串中仅出现一次语言的 NFA

　　**例 3.36**　使用存储技术，构造有限状态接收机，输入字母表为 {a, b, c}，要求 M 接收语言 L：该语言的每个字符串的第一个符号在该串中仅出现一次。

　　**思路**：要求第一个符号仅出现一次，那么有限状态接收机可以"记住"输入带上的第一个符号(a 或 b 或 c)，在扫描输入带上的其他符号时，与第一个符号进行比较，如果两个符号相同，则拒绝并停机；如果输入带上的其他符号与第一个符号都不相同，则接收该字符串。

　　使用二元组表示单个状态，其中第一个分量仍然表示原来的状态，第二个分量是输入带上的第一个符号。[q, a]、[q, b]和[q, c]分别代表输入带上的字符串的第一个符号为 a、b 和 c 的状态。

(1) $\delta(\text{start}, a)=[q, a]$

$\delta(\text{start}, b)=[q, b]$

$\delta(\text{start}, c)=[q, c]$

(2) $\delta([q, a], b)=[q, a]$

$\delta([q, a], c)=[q, a]$

(3) $\delta([q, b], a)=[q, b]$

$\delta([q, b], c)=[q, b]$

(4) $\delta([q, c], a)=[q, c]$

$\delta([q, c], b)=[q, c]$

(5) $\delta([q, a], \varepsilon)=\text{accept}$

$\delta([q, b], \varepsilon)=\text{accept}$

$\delta([q, c], \varepsilon)=\text{accept}$

而直接运用规则(1)和(5)可以接收只有一个符号的输入串。

例 3.35 和例 3.36 中,使用 first_is_a 来代表输入带上的字符串的第一个符号为 $a$ 的状态,使用二元组$[q, a]$代表输入带上的字符串的第一个符号为 $a$ 的状态。有限状态自动机的基本结构和模型并没有发生改变,但使用 $n$ 元组表示一个状态更为直观和方便。NFA 如图 3.51 所示。

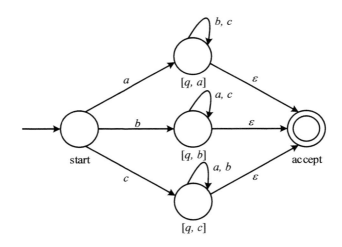

图 3.51 使用存储技术接收第一个符号在该串中仅出现一次语言的 NFA

## 3.8 有限状态自动机应用实例

有限状态自动机在很多不同领域中都是重要的,包括电子工程、语言学、计算机科学、哲学、生物学、数学和逻辑学。有限状态自动机是在自动机理论和计算理论中研究的一类自动机。在计算机科学中,有限状态自动机被广泛用于建模应用行为、硬件电路系统设计、软件工程、编译器、网络协议和计算与语言的研究。

对于许多实际问题，建立有限状态自动机模型，可以为分析、求解带来很大的帮助。

**实例 3.1** 基于有限状态自动机原理的孔中心定位。

孔中心定位是数控电火花成型机床、电火花线切割机床等设备的基本功能，其操作过程比较复杂，因此利用通常的方法设计控制程序时，程序结构比较复杂。利用有限状态自动机原理和状态转移图，则可以直观、清晰地描述孔中心定位的程序流程，使程序结构非常清晰、规范，程序的调试也变得比传统的控制程序容易，特别是程序的修改与功能扩展都非常方便。

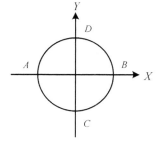

孔中心定位就是自动寻找并定位在孔的中心位置。一个孔中心定位的示意图如图 3.52 所示。下面用一个简化的孔中心定位操作来叙述孔中心定位过程。

图 3.52 孔中心定位示意图

(1) 假设首先用给定的速度向 $X$ 轴负向运动，直到碰到 $-X$ 方向的孔壁 $A$ 点，将 $X$ 计数器 $L_{AB}$ 清零，并将运动方向转换成 $+X$ 方向。

(2) 向 $+X$ 方向运动，用 $L_{AB}$ 记录从 $A$ 点开始在 $+X$ 方向上的运动距离，直到碰到 $+X$ 方向上的孔壁 $B$ 点，运动停止，计算出从 $B$ 点到 $AB$ 中点的距离 $X_0 = \dfrac{L_{AB}}{2}$。

(3) 向 $-X$ 方向运动，运动距离为 $X_0$，运动完成，可以认为到达孔在 $X$ 轴的中心。

(4) 用给定的速度向 $-Y$ 方向运动，直到碰到 $-Y$ 方向上的孔壁 $C$，将 $Y$ 计数器 $L_{AB}$ 清零，并将运动方向转换成 $+Y$ 方向。

(5) 向 $+Y$ 方向运动，用 $L_{CD}$ 记录从 $C$ 点开始在 $+Y$ 方向上的运动距离，直到碰到 $+Y$ 方向上的孔壁 $D$ 点，运动停止，计算出从 $D$ 点到 $CD$ 中点的距离 $Y_0 = \dfrac{L_{CD}}{2}$。

(6) 向 $-Y$ 方向运动，运动距离为 $Y_0$，运动完成，则到达孔在 $Y$ 轴的中心。这个过程实际上是在不同运动状态之间的转移，它具有状态机的基本特征。

孔中心定位过程由有限个功能程序构成，这些功能程序之间的转移条件是有限的，而且转移是唯一确定的，它具有状态机的特征，可以用状态机理论来描述。

如果将定位程序的每一步执行操作视为状态机 $M$ 的一个状态，它的转移条件就是 $M$ 的输入字母集 $X$。将孔中心定位过程划分为 13 种状态，用 4 位二进制码表示。

(1) $q_0$：初始状态 $q_0=0000$，由孔中心定位命令启动进入，它的功能是启动执行 $-X$ 运动，并无条件转下一状态 $q_1=0001$。

(2) $q_1$：表示判别是否到达 $A$ 点，若是则转下一状态 $q_2=0010$，否则维持。

(3) $q_2$：启动 $+X$ 方向运动，转下一状态 $q_3=0011$。

(4) $q_3$：测量 $AB$ 间距离，并判断是否到达 $B$ 点，若是则转下一状态 $q_4=0100$，否则维持。

(5) $q_4$：表示已经到达 $B$ 点，计算出 $X_0 = \dfrac{L_{AB}}{2}$，转向 $-X$ 方向运动，运动距离就是 $X_0$，转下一状态 $q_5=0101$。

(6) $q_5$：检测运动距离是否为 $X_0$，若是则转移到 $q_6=0110$，否则维持。

(7) $q_6$：启动–$Y$ 方向运动，转移到 $q_7$=0111。

(8) $q_7$：检测是否到达 $C$ 点，若是则转下一状态 $q_8$=1000，否则维持。

(9) $q_8$：启动+$Y$ 方向运动，转移到 $q_9$=1001。

(10) $q_9$：测量 $CD$ 间距离 $L_{CD}$，并判断是否到达 $D$ 点，若是则转下一状态 $q_{10}$=1010，否则维持。

(11) $q_{10}$：计算 $Y_0 = \dfrac{L_{CD}}{2}$，启动–$Y$ 方向的运动，若运动距离为 $Y_0$，则转移到 $q_{11}$=1011。

(12) $q_{11}$：检测运动距离是否为 $Y_0$，若是则转移到 $q_{12}$=1100，否则维持。

(13) $q_{12}$：定位结束。

该状态转移关系可以用图 3.53 来描述。

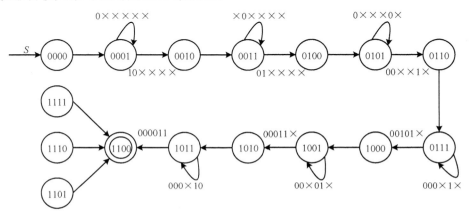

图 3.53　孔中心定位的状态转移图

在图 3.53 中，条件编码中的×表示可以为 "0" 也可以为 "1"。条件编码分为两个字段，用 6 位二进制编码 $ABCDX_0Y_0$ 表示，其中 $ABCD$ 为一个字段，该字段中的 $A$、$B$、$C$、$D$ 是外部信号，表示是否到达孔的 $A$、$B$、$C$、$D$ 四个点，$A$="1" 表示到达孔壁的 $A$ 点，$A$="0" 表示不在 $A$ 点上。$B$、$C$、$D$ 与 $A$ 类似，$X_0Y_0$ 构成另一个字段，它是程序执行结果的状态编码，标志对应的轴是否已经定位在孔中心位置上。$X_0$ 和 $Y_0$ 的初始值为 0。在图 3.53 中，$q$=0101，判断是否完成 $X$ 方向的定位，若是，则置 $X_0$=1，转向 $q$=0110 进行 $Y$ 方向的中心定位，否则，维持 $X_0$=0，继续完成 $X$ 方向的中心定位。在 $q$=1011 时判断是否完成 $Y$ 方向的中心定位，若是，则置 $Y_0$=1，进入 $q$=1100 完成全部定位操作，返回接收命令状态，否则，维持 $Y_0$=0，继续 $Y$ 方向中心定位。$q$=1101～1111 为无效状态，它给出提示信息后，直接转换到 $q$=1100 去接收新的命令。

**实例 3.2**　基于有限状态自动机的车道变换模型。

微观交通仿真是研究交通现象的有效手段，而车道变换模型是微观交通仿真的核心模型之一。传统的微观模型将车辆的行驶分解为纵向运动和侧向运动，实际上跟驰和换道存在密切联系，一般是在跟驰过程中产生换道动机，而换道实施前后，目标车道后方车辆的跟驰行为可能会受到影响，因此需要将纵向运动和侧向运动有机结合，即将换道分为选择性车道变换（Discretionary Lane Changing，DLC）和强制性车道变换（Mandatory Lane

Changing，MLC)，并将两者有机结合。在行驶过程中的任意时刻，车辆处于某一确定的状态，该状态决定了下一时刻的可能状态集，状态转移是有条件的，具体条件与当前交通状态以及人车单元特性有关，当条件满足时实现状态转移。因此可以用有限状态自动机来刻画行驶过程，如图 3.54 所示。

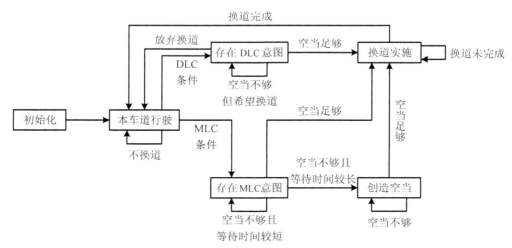

图 3.54　车辆行驶的有限状态自动机

在行驶过程中存在 5 种基本状态：本车道行驶、存在 DLC 意图、存在 MLC 意图、创造空当和换道实施。初始化后，车辆即进入本车道行驶状态，在满足某些条件时产生换道意图。MLC 和 DLC 意图产生条件和意图产生后的影响均不同。在 DLC 意图产生后，人车单元不断检查安全条件，当安全条件满足时进行换道，若持续一段时间后安全条件仍不能满足，则取消 DLC 意图。在 MLC 意图产生后，人车单元不断检查安全条件，当安全条件满足时进行换道，若经过一定时间后安全条件仍未满足，则进入创造空当状态，人车单元会挤压目标车道后车为其创造空当，然后进行换道，换道完成后回到本车道行驶状态。

**实例 3.3**　基于有限状态自动机的漏洞检测模型。

1. 问题定义

随着软件功能不断加强，其代码量及代码复杂度也急剧增加，存在的漏洞也就相应增多。漏洞的大量存在是网络安全问题总体形势趋于严峻的重要原因之一。如何检测软件中存在的漏洞提高软件安全性就显得尤为重要。

漏洞检测技术主要有静态分析和动态测试两种。静态分析主要通过分析软件的源代码或反汇编代码来发现其中的漏洞，多采用模式匹配或数据流分析的方法。而动态测试则主要采用动态调试或黑盒测试的方法。解放军信息工程大学的胡定文等(2007)提出了一种基于静态源码分析的漏洞检测方法。

漏洞也叫脆弱性，是系统软件或应用软件在设计或实现过程中存在的缺陷和不足。这些缺陷和不足有可能导致软件无法完成某项功能，也有可能被攻击者利用，从而造成对系统安全的威胁、破坏。漏洞产生的原因多种多样，主要原因之一是缓冲区溢出漏洞，该类型的漏洞是由于复制数据的长度超出了目标缓冲区的大小。据美国计算机紧急事件响应小组协调中心(Computer Emergency Response Team/Coordination Center, CERT/CC)统计, 2005 年公布的该类型的漏洞大致占漏洞总数的 2/3。

缓冲区溢出漏洞的产生需满足以下 3 个条件：存在缓冲区分配操作，这是缓冲区溢出产生的首要条件；存在缓冲区复制操作；复制的数据长度大于缓冲区分配长度，这是缓冲区溢出产生的最根本的原因。

上述 3 个条件中，缺少任何一个条件都不可能导致缓冲区溢出，因此可通过判断程序是否满足上述条件来检测是否存在缓冲区溢出漏洞。

根据复制操作的不同，可将缓冲区溢出漏洞产生原因分为：函数调用出错和循环复制出错。函数调用出错，指的是错误调用数据复制函数而导致缓冲区溢出。例如，调用 strcpy 函数将源字符串复制到目标缓冲区时，如果源字符串的长度超过了目标缓冲区的大小，则可能导致缓冲区溢出；循环复制出错，指的是程序在循环对目标缓冲区进行赋值或复制时超出了缓冲区的边界而导致缓冲区溢出。

### 2. 模型抽取

根据缓冲区溢出漏洞产生的 3 个条件，漏洞检测可采用以下步骤。检测函数中是否存在缓冲区分配操作。检测程序中是否存在对该缓冲区的复制操作。如果不存在，则结束；如果存在，则计算缓冲区的分配大小区间 $A$: $[a_1, a_2]$ 和复制长度区间 $C$: $[c_1, c_2]$，其中 $a_1 \leqslant a_2$，$c_1 \leqslant c_2$，分配大小 $a \in A$，复制长度 $c \in C$。判断缓冲区复制是否超出边界，判断表达式为

$$f(A,C) = \begin{cases} 1, & \forall a \in A, \quad \forall c \in C, \quad a > c, \quad 正常 \\ 0, & A \cap C \neq \varnothing, \quad 可疑 \\ -1, & \forall a \in A, \quad \forall c \in C, \quad a < c, \quad 溢出 \end{cases}$$

其含义为：如果任意复制长度 $c$ 都小于分配大小 $a$，则表明正常，函数值为 1；如果任意复制长度 $c$ 都大于分配大小 $a$，则表明溢出，函数值为-1；如果无法精确判断复制长度 $c$ 和分配大小 $a$ 的关系，则表明可能产生溢出，函数值为 0。

在上述检测步骤中，关键在于确定分配大小区间 $A$ 和复制长度区间 $C$。由于漏洞产生原因不同，其检测方法也不一样。下面就分别讨论两种不同类型的缓冲区溢出漏洞的检测方法。

### 3. 状态模型

#### 1) 函数调用出错检测模型
有限状态自动机模型为一个五元组：

$$M = \{Q, \Sigma, \delta, q_0, F\}$$

其中，$Q = \{q_0, q_v, q_m, q_n, q_1, q_2, \cdots\}$ 为有限状态集；$\Sigma$ 为有限字符表，包括程序源代码和缓冲区分配大小区间 $A$ 及复制长度区间 $C$ 等；$\delta$ 为状态转移函数；$q_0 \in Q$，为初始状态；$F = \{q_v, q_m, q_n\} \subset Q$，为终结状态集。状态转移图如图 3.55 所示。

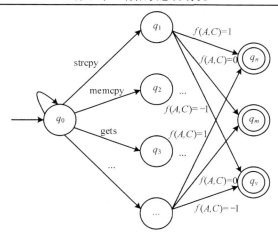

图 3.55　函数调用出错检测模型的状态转移图

图 3.55 中，strcpy 为字符串复制函数，memcpy 为内存复制函数，gets 为用户输入函数；$q_0$ 为初始状态；$q_n$、$q_m$、$q_v$ 为终止状态，$q_n$ 表示正常，$q_m$ 表示可能存在溢出，$q_v$ 表示存在溢出；$q_1$, $q_2$, $q_3$, … 为中间状态，表示存在数据复制函数。

初始时，状态为 $q_0$；当存在数据复制函数时，转到相应状态 $q_i$；根据分配大小区间 $A$ 和复制长度区间 $C$，计算溢出判断函数 $f(A, C)$；如果 $f(A, C) = 1$，则表明正常，转状态 $q_n$；如果 $f(A, C) = 0$，则表明可能存在溢出，转状态 $q_m$；如果 $f(A, C) = -1$，则表明存在溢出，转状态 $q_v$。

2）循环复制出错检测模型

有限状态自动机模型为一个五元组：
$$M = \{Q, \Sigma, \delta, q_0, F\}$$
其中，$Q = \{q_0, q_1, q_2, q_v, q_m, q_n\}$ 为有限状态集；$\Sigma$ 为有限字符表，包括程序源代码和缓冲区分配大小区间及复制长度区间等；$\delta$ 为状态转移函数；$q_0 \in Q$ 为初始状态；$F = \{q_v, q_m, q_n\} \subset Q$ 为终结状态集。状态转移图如图 3.56 所示。

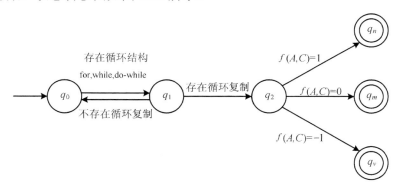

图 3.56　循环复制出错检测模型的状态转移图

图 3.56 中，$q_0$ 为初始状态；$q_n$、$q_m$、$q_v$ 为终止状态，$q_n$ 表示正常，$q_m$ 表示可能存在溢出，$q_v$ 表示存在溢出；$q_1$、$q_2$ 为中间状态，$q_1$ 表示存在循环结构，$q_2$ 表示存在循环复制。

检测开始时，状态为 $q_0$；当检测到循环结构时，转状态 $q_1$；当检测到循环复制时，转

状态 $q_2$，否则转状态 $q_0$；计算缓冲区分配大小区间 $A$ 和复制长度区间 $C$，并计算溢出判断函数 $f(A,C)$；如果 $f(A,C)=1$，则表明正常，转状态 $q_n$；如果 $f(A,C)=0$，则表明可能存在溢出，转状态 $q_m$；如果 $f(A,C)=-1$，则表明存在溢出，转状态 $q_v$。

**实例 3.4**　交通车辆观测统计。

1. 问题定义

某市交通管理部门为了全面了解该市的汽车相关情况，在该市的关键路口均设置一个探测器，通过通信线路连接到后台的计算机。路口每通过一辆汽车，探测器向计算机发出一个车辆信号 '1'，探测器每隔 1s 向计算机发出一个时钟信号 '0'，观测结束向计算机发出结束信号 '#'。

故要求在计算机上设计一个程序，能够接收探测器发出的信号，统计出观测的时长、在观测时长内通过的车辆总数，以及两辆车之间最大的时间间隔。

2. 模型抽取

问题分析：探测器向计算机发出的信号可以认为是一个任意长的字符序列(以 EOF 结束)，如 "011011000111101"。因此，设计程序实际上演变为读取该字符序列，然后进行相关的操作。

观测时长：字符序列中 0 的个数(6s)。

车辆总数：字符序列中 1 的个数(9 辆)。

两车间最大时间间隔：两个 1 之间的最大连续 0 的个数(3s)。

所设计的程序就是读入以 EOF 结束的由 '0' 或 '1' 组成的字符串，控制程序逐字符地读取，区分有车通过和无车通过两种状态分别处理，最终输出结果，因此这个问题的求解就很适合用有限状态机模型。

3. 状态模型

输入集 $T=\{$'1', '0', '#'$\}$

确定转换函数

当前状态是 $q_0$ (state==$q_0$)：

　　读入 '1'：vehicles++; state=$q_1$

　　读入 '0'：seconds++; state=$q_2$

　　读入 EOF：state=$q_3$

当前状态是 $q_1$ (state==$q_1$)：

　　读入 '1'：vehicles++;

　　读入 '0'：interval=1;seconds++; state=$q_2$

　　读入 EOF：state=$q_3$

当前状态是 $q_2$ (state==$q_2$)：

　　读入 '1'：if(vehicles>0) 处理最大时长

　　　　　　vehicles++; state=$q_1$

读入 '0'：seconds++;
　　　　　　if(vehicles>0)　interval++;
　读入 EOF：state=$q_3$
终止状态集 $F$={$q_3$}

状态模型如图 3.57 所示。

**实例 3.5**　使用有限状态自动机为动画角色建模。

这里讨论如何用 FSM 为游戏中的动画角色建模。FSM 提供了编写控制动画角色代码的方法。给出一个动画角色以及它所处的环境，接下来会发生什么？解决这一问题是 FSM 的专长。

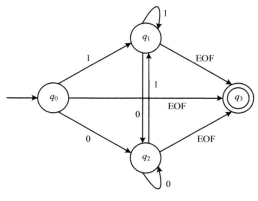

图 3.57　状态模型

**1. 基本动画角色**

游戏角色要有广泛的行为，比如对于一个英雄人物，它要能跑能跳，能踢能打，而被他打的敌人要会翻滚，能撞到墙壁，还会发射激光。为了获得市场竞争力，角色必须复杂而有创意。维持对这样一个角色的控制是一个挑战。

常用的方法是把数据结构和动作函数结合起来。数据结构定义角色的视觉属性和在游戏中的位置。结构体包含了显示动画角色所需的必要信息，如高度、宽度、位图、偏移量。偏移量用以调整动画的位置，在显示诸如爆炸之类的动画时很有用，因为它们是围绕中心点而不是从角落出现的。

动画结构体是对象结构体的一部分，包括游戏中一个对象的所有信息：位置 $x$ 和 $y$ 坐标、垂直和水平速度、方向、动画的帧、边界限定、位图指针。位图可能随着角色运动而变化，表现出角色在走、跑或射击等。

**2. 定义动作函数**

每个角色每一帧都执行一次动作函数，主要完成以下任务：引起角色的移动、检测角色间的接触、可能产生新对象或消灭老对象，最重要的是通过指定下一个动作函数决定角色下一帧做什么。

若角色什么都不做，它的 $x$ 和 $y$ 坐标不变，位图也不变。没有按键触发时，动作函数不变，角色将保持动作不变。动作函数每一帧被调用一次。若按下左方向键时角色从站立转为左侧行走。这个转变很简单：对象结构中的一个指针指向另一个位置。

作为 FSM 的动作函数，FSM 可以定义为历史用有限种方式影响将来的对象，这正符合动作函数的特性。对象的当前状态和外部环境作用一起决定将来的状态。这可以总结为当前状态+输入+环境=动作+将来状态。

通常 FSM 用状态迁移图表示，这些简单的图表可以帮助决定动作函数的内容。例如，一个角色根据键盘输入只有四种动作：站立不动、向前走、跳跃和下落，没有输入则站立，方向键使它行走，Ctrl 键使它跳跃，一旦它停止跳跃就下落。

状态迁移如表 3.3 所示。从表 3.3 中很容易可以看出动作函数应如何构造，表中的每一行对应一个简单的 if-else 结构，其他函数的构造方法类似。

表 3.3　状态迁移表 1

| 状态 | 输入 | | |
|---|---|---|---|
| | 无 | 方向键 | Ctrl 键 |
| 状态1(站立不动) | 1 | 2 | 3 |
| 状态2(向前走) | 1 | 2 | 3 |
| 状态3(跳跃) | 4 | 3 | 3 |
| 状态4(下落) | 4 | 4 | 4 |

尽管状态迁移表很容易地为角色动作分了类，但仍然是不全面的。在状态 4 中，一旦角色开始下落，它就一直下落，这显然不合逻辑。角色应该落到地面就停止。因此我们必须在 FSM 中加入环境因素。

把环境因素放入另一个状态迁移表是比较简单的做法，如表 3.4 所示。表 3.4 显示了如果角色落到地面上，它就不会再下落；如果它不在地面上走，它就会掉下来。然而这个表格仍然是不完全的，因为没有键盘输入信息。

表 3.4　状态迁移表 2

| 状态 | 环境因素 | | | |
|---|---|---|---|---|
| | 地面 | 天花板 | 墙 | 无 |
| 状态1(站立不动) | 1 | 1 | 1 | 4 |
| 状态2(向前走) | 2 | 2 | 1 | 4 |
| 状态3(跳跃) | 3 | 4 | 3 | 3 |
| 状态4(下落) | 1 | 4 | 4 | 4 |

为了涵盖所有信息，要在状态迁移表中加入一个维度，如每个状态有一个表，如表 3.5 所示。一个典型的游戏可能有很多动作函数，每一个都要求一个状态迁移表。画出所有的图表是耗时并且不必要的。但是在复杂的动作函数中，实现一个状态迁移表可以有效地减少编码工作，也可以减少错误。

表 3.5　状态迁移表 3——状态 1(站立不动)

| 环境因素 | 无 | 方向键 | Ctrl 键 |
|---|---|---|---|
| 无 | 4 | 4 | 4 |
| 地面 | 1 | 2 | 3 |
| 天花板 | 1 | 2 | 1 |
| 墙 | 1 | 1 | 3 |

**实例 3.6**　使用有限自动机进行认知建模。

关于人类学习和知识表达的研究不仅影响了发展和认知心理学领域，也影响了工程学领域。在包含人机交互的系统中，成功的例子总是包含着对人类特性的重视。人体工程学或身体特征是有规律可循的，但是心理特征很难定义和测量，因为人类使用认知模型（Mental Models）来描述、解释和预言系统状态。认知模型被用来测试用户对设备的知识，因为有了合适的知识，用户可以有效地操作设备。检查认知模型，可能得到影响设计的重要观点。我们希望找到把用户信息整合进系统的有效方法。

1. 认知模型纵观

Johnson-Laird 把认知模型定义为真实世界的内在表示。Norman 的定义更实用：认知模型是人们在与目标系统互动中公式化此系统的自然进化的模型。他鉴定了 4 种模型。在 Norman 的定义中，目标系统是存在于真实世界的机器；概念模型（Conceptual Model）是由教师、设计师、科学家或工程师创造的准确、一致和完整的目标系统表示；认知模型是关于人类用户对系统知识的有效性的认识、信任和信心（Knowledge, Beliefs and Confidence）；科学家的概念化（Scientist's Conceptualization）是科学家对认知模型的表示模型。图 3.58 展现了这些模型之间的关系。概念模型有时被称作机器或设备模型。

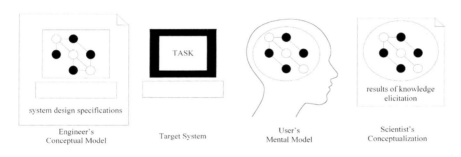

图 3.58　Norman 的四种模型

Degani 和 Heymann 使用术语"用户模型"描述用户在训练和手册中获得的信息。Kellogg 和 Breen 使用术语"系统模型"指代由用户手册信息得到的模型，但是正如下面要讲的，手册中的信息不一定是机器的准确或完备的模型。

在这里定义用户手册中的信息为"文档模型"。"理想模型"定义为一个人要充分和有效地使用系统所应该有的知识。认知模型同时指人脑中和科学家的概念化的知识。认知模型可以看作声明和认知过程及它们互动地指导行为的结合。评价认知模型要看它是如何获得、如何表示以及如何测量的。

认知模型是通过与环境交互得来的，是学习的结果。学习可以发生在观察、指令和训练中，也可能来自解决问题。一旦得到了模型，如何表示引发了广泛的争论。无论以图表、命题还是两者结合的方式来表示都会产生争议。学习和表示都是在"黑盒"，即人的精神中发生的，因此需要研究。

另一个问题是如何度量和描述认知模型。虽然没有办法进入一个人的精神世界看他有什么知识，但是有代替的方法。Cooke 和 Rowe 说道："度量认知模型是以主体产生的数据为基础构建模型，而不是将模型从主体脑中释放出来。"也没有最好的度量方法。模型的正确性取决于预言的准确性。因此每个度量都要考虑知识方面的问题。

## 2. 比较认知模型和机器

理解人类如何在日常生活活动中学习、储存和利用信息本身是很有趣的。不仅如此，它在系统设计中也很重要。因为研究的目的是找到有助于设计的方法，如果模型可以用一种使它容易与显示的机器比较的语言来表示就会很方便。在比较中，知识的错误和遗失可以被发现并修正。这里选择的是广泛使用的有限自动机。

有限自动机只是表示形式的一种，其他的还有路径搜寻网络等。任何认知模型的表示总是科学家的概念化而不是真正的认知模型。使用有限自动机的优点是通过状态和迁移可以很容易地比较用户认知模型和概念模型。状态图表就可以很容易地进行图形化的比较。

## 3. 状态图表

系统越复杂，状态、迁移和它们的组合数量就越难控制，也就是状态爆炸问题。状态图表可以弱化这个问题。状态图表是自动机系统的可视化描述，可以加入其他特性，如层次结构、正交性和广播通信。有了这些特性，状态图表就可以显示父状态和子状态、状态间的独立性、依赖性以及状态迁移的结果事件。这使得信息的表示更清晰，而系统复杂度不变。

## 4. 目标

基于认知模型的有限自动机具有一个长远目标，即提供合并用户信息的方法来帮助人们进行好的设计。方法是用有限自动机表示概念和信息模型，然后比较它们。要完成相关准备，就需要研究者回答两个重要的问题：一是认知模型是否可以用有限自动机表示；二是这样的表示是否可以预测错误。导出认知模型的方法是尽可能多地释放知识，无论是过程的还是声明的。

## 5. 建模过程

以旅行闹钟设计为例。考虑一个简单的旅行闹钟设计过程，即要建模的系统是一个旅行闹钟。建模过程开始于学习使用闹钟。系统首先用自然语言描述，关注界面组件和它们的功能。图 3.59 是待建模的闹钟界面。

接着开始系统分解，目的是把设备行为和实现分离开。闹钟被分解为模式、功能、组件、需求、输入和输出。模式被放入矩阵以确定可行的组合。状态迁移图被用来描述不同模式之间的转移，也被用来检查设置时间和响铃、触发和解除响铃的进程。所有的分析和描述都是为了理解闹钟的行为以生成状态图，如图 3.60 所示。

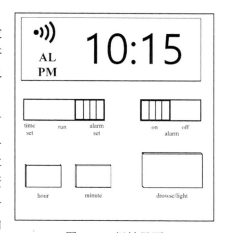

图 3.59　闹钟界面

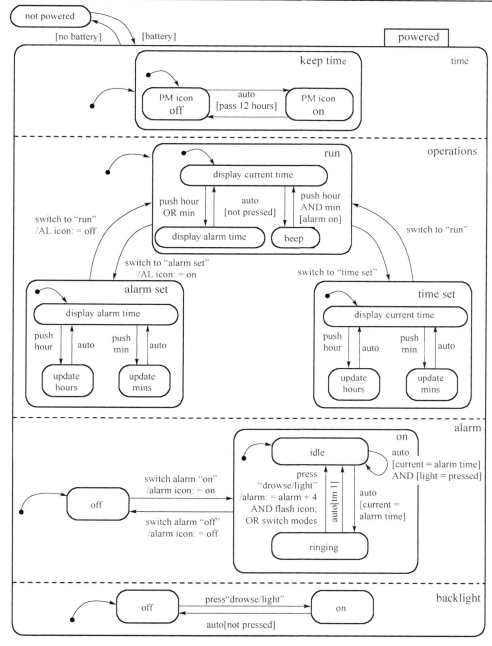

图 3.60　概念模型

　　测试状态图表的方法是测试所有模式和用户动作的组合，要确定没有丢失任意组合，所有可能都表示了。闹钟一开机就有 4 个并发进程：计时（一直运行）、操作（跑步计时、设置响铃、设置时间）、响铃（触发、解除）、背光（开、关）。默认模式是"计时"，显示当前时间并允许查看响铃时间和音乐。要设置时间就把模式转换到"设置时间"，这里包含了"AM"和"PM"的选择。设置响铃的操作类似，响铃模式的标志是屏幕上的"AL"。

　　闹铃为开时屏幕上有一个图标标识，到达指定时间就响铃，除非同时按下背光键。闹铃持续 1min，如果其间"drowse"键被按下，闹铃暂停并在 4min 后响起。切换模式可以终止闹铃。除非按键被按下否则灯不会亮，灯亮时有函数的交互。图 3.60 中箭头标识了自动或不受用户控制的模式切换。

### 6. 函数的交互

　　从闹钟的说明书中我们得到了另一个状态图，如图 3.61 所示，称为文档模式。它比较简单，丢弃了很多细节。一个重要的细节是，若"PM"灯不亮则当前时间是"AM"，这在概念模型中没有体现。图 3.61 中，解释不清晰的状态和迁移标记为蓝色。例如，当模式切换到"设置闹铃"时"AL"灯会亮，但没有说切换回"运行"模式时灯会熄灭，所以以"AL"灯的熄灭标识为蓝色。

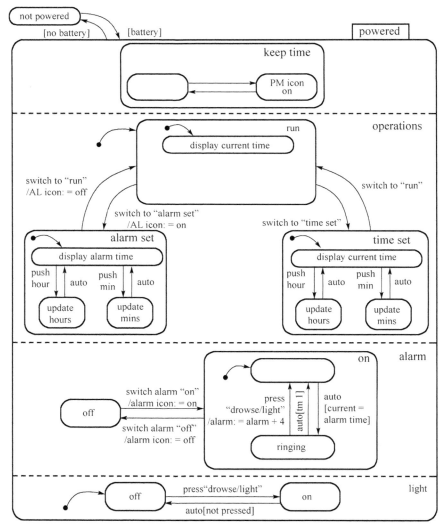

彩图 3.61

图 3.61　文档模型

# 习　题　3

3.1　构造接收下列语言的 DFA。

(1) $\{0, 1\}^*$；

(2) $\{0, 1\}^+$；

(3) $\{x \mid x \in \{0, 1\}^+$ 且 $x$ 中不含形如 00 的子串$\}$；

(4) $\{x \mid x \in \{0, 1\}^*$ 且 $x$ 中不含形如 00 的子串$\}$；

(5) $\{x \mid x \in \{0, 1\}^+$ 且 $x$ 中含形如 10110 的子串$\}$；

(6) $\{x \mid x \in \{0, 1\}^+$ 且 $x$ 中不含形如 10110 的子串$\}$；

(7) $\{x \mid x \in \{0, 1\}^+$ 且当把 $x$ 视为二进制数时，$x$ 模 5 与 3 同余，要求 $x$ 为 0 时，$|x|=1$，且 $x \neq 0$ 时，$x$ 的首字符为 1$\}$；

(8) $\{x \mid x \in \{0, 1\}^+$ 且 $x$ 的第 10 个字符是 1$\}$；

(9) $\{x \mid x \in \{0, 1\}^+$ 且 $x$ 以 0 开头，以 1 结尾$\}$；

(10) $\{x \mid x \in \{0, 1\}^+$ 且 $x$ 至少含有两个 1$\}$；

(11) $\{x \mid x \in \{0, 1\}^*$ 且如果 $x$ 以 1 结尾，则长度为偶数；如果 $x$ 以 0 结尾，则长度为奇数$\}$；

(12) $\{x \mid x$ 是十进制非负实数$\}$；

(13) $\varnothing$；

(14) $\{\varepsilon\}$。

3.2　构造接收下列语言的 NFA。

(1) $\{x \mid x \in \{0, 1\}^+$ 且 $x$ 中不含形如 00 的子串$\}$；

(2) $\{x \mid x \in \{0, 1\}^+$ 且 $x$ 中含形如 10110 的子串$\}$；

(3) $\{x \mid x \in \{0, 1\}^+$ 且 $x$ 中不含形如 10110 的子串$\}$；

(4) $\{x \mid x \in \{0, 1\}^+$ 且 $x$ 的倒数第 10 个字符是 1，并且以 01 结尾$\}$；

(5) $\{x \mid x \in \{0, 1\}^+$ 且 $x$ 以 0 开头，以 1 结尾$\}$；

(6) $\{x \mid x \in \{0, 1\}^+$ 且 $x$ 至少含有两个 1$\}$；

(7) $\{x \mid x \in \{0, 1\}^*$ 且如果 $x$ 以 1 结尾，则长度为偶数；如果 $x$ 以 0 结尾，则长度为奇数$\}$；

(8) $\{x \mid x \in \{0, 1\}^*$ 且 $x$ 的首字符与尾字符相等$\}$；

(9) $\{x \omega x^{\mathrm{T}} \mid x, \omega \in \{0, 1\}^+\}$。

3.3　根据文法，构造相应的 NFA。

$$S \to a \mid aA$$
$$A \to a \mid aA \mid cA \mid bB$$
$$B \to a \mid b \mid c \mid aB \mid bB \mid cB$$

# 第4章　下推自动机

对于右线性语言(正则语言)，可以使用有限状态自动机来对应地接收；而和大多数程序设计语言相关联的上下文无关语言，对应地也有自动机——下推自动机(Push Down Automaton，PDA)来接收。

有限状态自动机只能接收正则语言，无法接收上下文无关语言。

正则文法产生式的标准形式为

$$A\text{->}\omega B$$

正则文法产生无穷语言的原理在于

$$A\text{->}\omega A$$

即

$$A\Rightarrow^{*}\omega A$$

不需要记录$\omega$的个数，可以用有限状态自动机来处理。

上下文无关文法的产生式可以化为

$$A\text{->}\alpha B\beta$$

的形式，其产生无穷语言的原理在于

$$A\text{->}\alpha A\beta$$

即

$$A\Rightarrow^{*}\alpha^{n}A\beta^{n}$$

需要记录$\alpha$和$\beta$之间的对应关系，无法用有穷个状态来表示。

有限状态自动机是处理正则语言的物理模型，类似地，希望能有一种处理上下文无关语言的物理模型。

因为正则语言是上下文无关语言的一个子类，所以处理上下文无关语言的物理模型也应能够处理正则语言。因此，这种模型应该是有限状态自动机的一种扩展，而有限状态自动机是这种物理模型的一个特例。

为有限状态自动机扩充一个无限容量的栈；将栈的操作和有限状态自动机的状态结合起来就可以表示无限存储。这种模型就是下推自动机。

下推自动机作为一个形式系统最早于1961年出现在Oettinger的论文中。它与上下文无关文法的等价性是由Chomsky于1962年发现的。

## 4.1　下推自动机简介

下推自动机的主要部分是一个后进先出的栈存储器,对栈一般有两个操作:入栈——增加栈中的内容(作为栈顶);出栈——将栈顶元素移出。将栈的操作用于下推自动机的动作描述，加上状态和不确定的概念，可以构成接收上下文无关语言的自动机模型——下推自动机。

下推自动机物理模型如图 4.1 所示。

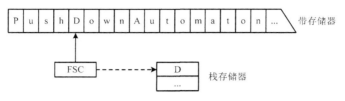

图 4.1 下推自动机的物理模型

下推自动机的物理模型包括如下几部分。

（1）一个带存储器：带被分解为单元，每个单元存放一个输入符号（字母表上的符号），整个输入串从带的左端点开始存放，而带的右端可以无限扩充。

（2）一个有穷状态控制器（FSC）：该控制器的状态只能是有穷多个；FSC 通过一个读头和带上单元发生耦合，可以读出当前带上单元的字符。初始时，读头对应带的最左单元，每读出一个字符，读头向右移动一个单元（读头不允许向左移动）。

（3）一个栈存储器：存放不同于输入带上的符号，只能对栈顶元素进行操作。

下推自动机的一个动作为：FSC 根据当前状态、读出的字符和栈顶符号，改变 FSC 的状态，将符号压入栈或将栈顶符号弹出栈，并将读头向右移动一个单元。

下推自动机的一个动作可以简化为：FSC 根据当前的状态、带上的当前字符和栈顶符号，改变 FSC 状态并进行入栈或出栈操作。

对于串 $\omega$ 和下推自动机，从左到右对串进行扫描，下推自动机经过一系列动作后，如果最终栈存储器为空，则下推自动机能够接收串 $\omega$；下推自动机能够接收的所有串的集合，就是下推自动机接收的语言。

下推自动机在两种情况下停机：串扫描结束时或没有对应的下一步动作（此时，串还没有扫描结束）。

停机时，有可能接收扫描过的串，也有可能不会接收扫描过的串（停机时，栈是否为空）。

## 4.1.1 确定的下推自动机

**例 4.1** 语言 $L=\{\omega \mid \omega \in (a, b)^{*}$ 且 $a$ 和 $b$ 的个数相等$\}$，利用栈存储器，使用下列的算法使该语言能被接收。

初始化：

　　栈置为空，从左到右扫描输入串 $\omega \in (a, b)^{*}$。

入栈：

　　若栈为空且 $\omega$ 的当前符号是 $a$，则压 $A$ 入栈。

　　若栈为空且 $\omega$ 的当前符号是 $b$，则压 $B$ 入栈。

　　若栈顶为 $A$ 且 $\omega$ 的当前符号是 $a$，则压 $A$ 入栈。

　　若栈顶为 $B$ 且 $\omega$ 的当前符号是 $b$，则压 $B$ 入栈。

· 112 ·　　　　　　　　　　　有限自动机理论

出栈：

若栈顶为 $A$ 且 $\omega$ 的当前符号是 $b$，则弹 $A$ 出栈。

若栈顶为 $B$ 且 $\omega$ 的当前符号是 $a$，则弹 $B$ 出栈。

若串 $\omega$ 有相同个数的 $a$ 和 $b$，当且仅当 $\omega$ 扫描结束后，栈为空。

若串 $\omega$ 不是该语言的句子，则在扫描串 $\omega$ 时，可能没有对应的规则；或者当串 $\omega$ 扫描结束时，栈不为空。

对于例 4.1 的算法，可以采用形式化的方式进行描述。

使用一个特殊的符号 $Z_0$ 表示栈底（初始化时先压入栈），使用三元式

$$<x, D, V>$$

表示下推自动机的一个动作（称为规则或指令），其代表的意思是：若 $x$ 是 $\omega$ 的当前符号，$D$ 为当前栈顶符号，则用符号串 $V$ 代替 $D$，即将 $D$ 弹出栈，而将串 $V$ 压入栈。

$$<x, D, \varepsilon>$$

表示：若 $x$ 是 $\omega$ 的当前符号，$D$ 为当前栈顶符号，则将 $D$ 弹出栈；

$$<x, D, AD>$$

表示：若 $x$ 是 $\omega$ 的当前符号，$D$ 为当前栈顶符号，则将 $A$ 压入栈。

一般，使用

$$<x, D, A_1A_2\cdots A_k>$$

表示：若 $x$ 是 $\omega$ 的当前符号，$D$ 为当前栈顶符号，则将 $D$ 弹出栈，将串 $A_1A_2\cdots A_k$ 压入栈（栈顶为 $A_1$）。

例 4.1 的算法可以表示为

$$<a, Z_0, AZ_0>$$
$$<b, Z_0, BZ_0>$$
$$<a, A, AA>$$
$$<b, B, BB>$$
$$<a, B, \varepsilon>$$
$$<b, A, \varepsilon>$$
$$<\varepsilon, Z_0, \varepsilon>$$

最后的 $\varepsilon$ 规则表示：$\omega$ 扫描结束后，将栈置成空；该规则也表示该下推自动机可以接收空串 $\varepsilon$。

**思考**：如何接收语言 $L=\{\omega \mid \omega\in(a, b)^+ 且 a 和 b 个数相等\}$。

**思考**：如何接收语言

$$L=\{a^nb^n \mid n>0\}$$
$$L=\{a^nb^n \mid n\geqslant 0\}$$
$$L=\{(ab)^n \mid n>0\}$$
$$L=\{(ab)^n \mid n\geqslant 0\}$$
$$L=\{\omega \mid \omega\in(a, b)^+ 且 a 和 b 的个数相等\}$$

对于语言 $L=\{a^nb^n \mid n>0\}$，如果构造规则为

$$<a, Z_0, AZ_0>$$

$$<a, A, AA>$$

$$<b, A, \varepsilon>$$

$$<\varepsilon, Z_0, \varepsilon>$$

则还可以接收语言 $\{(ab)^n \mid n>0\}$ 或 $\{a^mb^m(ab)^n \mid m>0, n>0\}$ 等。

**例 4.2**　语言 $L=\{\omega c\omega^{\mathrm{T}} \mid \omega\in(a, b)^*\}$ 也可以利用栈存储器进行接收。

**思路**：将 $\omega$ 的各个字符压入栈后，从栈顶到栈底的顺序刚好是 $\omega^{\mathrm{T}}$ 的顺序。为了将压栈和弹栈的动作区分开，增加两个状态——read 和 match，当下推自动机处于 read 状态时，处理整个串的前半部分，将对应的符号压入栈；当扫描到字母 $c$ 时，下推自动机的状态转为 match，开始处理整个串的后半部分，将栈中的内容弹出。

使用规则

$$<q, x, D, q', V>$$

表示：若下推自动机处于状态 $q$，$x$ 是 $\omega$ 的当前字母，$D$ 为当前栈顶符号，则下推自动机的状态改变为 $q'$，并用符号 $V$ 串代替 $D$。

在本例中用 $Z$ 代表任意的栈顶符号，则规则

$$<\mathrm{read}, a, Z, \mathrm{read}, AZ>$$

就表示以下 3 条规则：

$$<\mathrm{read}, a, Z_0, \mathrm{read}, AZ_0>$$

$$<\mathrm{read}, a, A, \mathrm{read}, AA>$$

$$<\mathrm{read}, a, B, \mathrm{read}, AB>$$

可以用下列规则来描述下推自动机：

$$<\mathrm{read}, a, Z, \mathrm{read}, AZ>$$

$$<\mathrm{read}, b, Z, \mathrm{read}, BZ>$$

$$<\mathrm{read}, c, Z, \mathrm{match}, Z>$$

$$<\mathrm{match}, a, A, \mathrm{match}, \varepsilon>$$

$$<\mathrm{match}, b, B, \mathrm{match}, \varepsilon>$$

$$<\mathrm{match}, \varepsilon, Z_0, \mathrm{match}, \varepsilon>$$

若串 $\omega$ 是该语言的句子，当且仅当 $\omega$ 扫描结束后，栈为空。

表 4.1 描述了串 $abbcbba$ 的处理过程。

当扫描到字母 $c$ 时，栈内的内容(从栈顶到栈底)刚好是扫描过的串的逆，也刚好和未扫描过的串的顺序相同，此时，不进行出栈和入栈操作，仅把下推自动机的状态从 read 改变为 match。

接收语言 $L=\{a^nb^n \mid n>0\}$ 的下推自动机规则为

$$<q_0, a, Z_0, q_0, AZ_0>$$

$$<q_0, a, A, q_0, AA>$$

$$<q_0, b, A, q_1, \varepsilon>$$
$$<q_1, b, A, q_1, \varepsilon>$$
$$<q_1, \varepsilon, Z_0, q_1, \varepsilon>$$

表 4.1　串 *abbcbba* 的处理过程

| 栈(顶－底) | 扫描到的符号 | 下推自动机状态 |
| --- | --- | --- |
| $Z_0$ | $a$ | read |
| $AZ_0$ | $b$ | read |
| $BAZ_0$ | $b$ | read |
| $BBAZ_0$ | $c$ | read-match |
| $BBAZ_0$ | $b$ | match |
| $BAZ_0$ | $b$ | match |
| $AZ_0$ | $a$ | match |
| $Z_0$ | $\varepsilon$ | match |
| $\varepsilon$ | $\varepsilon$ | match |

## 4.1.2　不确定的下推自动机

**例 4.3**　利用栈存储器接收语言 $L=\{\omega\omega^{\mathrm{T}} \mid \omega \in (a, b)^*\}$。

和例 4.2 不同，它没有中心点字符，在扫描过程中，就没有确定的位置进行状态的变换，具有不确定性。使用规则

$$<read, \varepsilon, Z, match, Z>$$

代替

$$<read, c, Z, match, Z>$$

即下推自动机在 read 状态时，可以随时改变为 match 状态，而不影响栈顶的内容和扫描到的符号。

$$<read, a, Z, read, AZ>$$
$$<read, b, Z, read, BZ>$$
$$<read, \varepsilon, Z, match, Z>$$
$$<match, a, A, match, \varepsilon>$$
$$<match, b, B, match, \varepsilon>$$
$$<match, \varepsilon, Z_0, match, \varepsilon>$$

该下推自动机是不确定的，因为它处于 read 状态时，无论何时都可以进行状态的选择：继续扫描字母，或者状态变换为 match。

一个串 $\omega$ 能够由下推自动机所接收：仅当串是 $\omega\omega^R$ 的形式且下推自动机在串的中心点进行了状态的变换时。

对于不确定的下推自动机和串 $\omega$，如果存在至少一个可能的扫描过程，使得当串 $\omega$ 扫描结束时，栈为空，则称串 $\omega$ 能够被不确定的下推自动机所接收。

接收语言 $L=\{(ab)^n \mid n \geqslant 0\}$ 的不确定的下推自动机规则为

$$<q_1, a, Z_0, q_2, AZ_0>$$

$$<q_2, b, A, q_1, \varepsilon>$$

$$<q_1, \varepsilon, Z_0, q_1, \varepsilon>$$

其中，$q_1$ 为开始状态。

接收语言 $L=\{(ab)^n \mid n>0\}$ 的不确定的下推自动机的规则为

$$<q_0, a, Z_0, q_0, AZ_0>$$

$$<q_0, b, A, q_1, \varepsilon>$$

$$<q_1, a, Z_0, q_2, AZ_0>$$

$$<q_2, b, A, q_1, \varepsilon>$$

$$<q_1, \varepsilon, Z_0, q_1, \varepsilon>$$

其中，$q_0$ 为开始状态。

**定义 4.1**　下推自动机是一个七元式：

$$PDA=(Q, \Sigma, \Gamma, \delta, q_0, Z_0, F)$$

其中，$Q$ 是一个有限状态的集合；$\Sigma$ 是输入串的字母集合；$\Gamma$ 是栈内符号集合；$q_0 \in Q$ 是开始状态；$Z_0 \in \Gamma$ 是初始的栈底符号；$F \subseteq Q$ 是接收状态(终止状态)集合；$\delta$ 是 $Q \times (\Sigma \cup \{\varepsilon\}) \times \Gamma \to Q \times \Gamma^*$ 的状态转换函数集合。对于确定的下推自动机，有

$$\delta(q, x, Z) = (q', V)$$

对于不确定的下推自动机，有

$$(q', V) \in \delta(q, x, Z)$$

一般使用

$$<q, x, Z, q', V>$$

代表状态转换函数，也称为下推自动机的规则(或指令)。

不确定的下推自动机的不确定性可能由两种情况引起，如同时存在

$$<q, x, A, q_1, A_1A_2\cdots A_k>$$

和

$$<q, \varepsilon, A, q_2, B_1B_2\cdots B_j>$$

两条规则，或同时存在

$$<q, x, A, q_1, A_1A_2\cdots A_k>$$

和

$$<q, x, A, q_2, B_1B_2\cdots B_j>$$

两条规则。

**定义 4.2**　下推自动机的格局(或称为瞬间描述 ID)的定义。

下推自动机的格局是一个三元式：

$$(q, \omega, \sigma)$$

其中，$q$ 是状态；$\omega=x_1x_2\cdots x_n$ 是还没有被下推自动机扫描到的串，将要扫描字母 $x_1$；$\sigma=Z_1Z_2\cdots Z_m$ 是栈内的符号串，且 $Z_1$ 在栈顶，$Z_m$ 在栈底。

一个格局代表了某个时刻下推自动机的情况。

下推自动机的初始格局为

$$(q_0, \omega, Z_0)$$

接收格局为

$$(q, \varepsilon, \varepsilon)$$

其中，$q \in Q$（$q$ 是任意的状态，不要求是接收状态）。

格局的转换是由状态转换函数的作用导致的。

确定的下推自动机的某个格局$(q, x\omega, A\sigma)$，只能有唯一确定的转换；不确定的下推自动机对于相同的格局$(q, x\omega, A\sigma)$可能会有不同的转换。

对于确定的下推自动机，

$$<q, x, A, q_1, A_1 A_2 \cdots A_k>$$

导致格局转换

$$(q, x\omega, A\sigma) => (q_1, \omega, A_1 A_2 \cdots A_k \sigma)$$

对于不确定的下推自动机，情况 1 为

$$<q, x, A, q_1, A_1 A_2 \cdots A_k>$$

导致格局转换

$$(q, x\omega, A\sigma) => (q_1, \omega, A_1 A_2 \cdots A_k \sigma)$$

而

$$<q, \varepsilon, A, q_2, B_1 B_2 \cdots B_j>$$

导致格局转换

$$(q, x\omega, A\sigma) => (q_2, x\omega, B_1 B_2 \cdots B_j \sigma)$$

对于不确定的下推自动机，情况 2 为

$$<q, x, A, q_1, A_1 A_2 \cdots A_k>$$

导致格局转换

$$(q, x\omega, A\sigma) => (q_1, \omega, A_1 A_2 \cdots A_k \sigma)$$

而

$$<q, x, A, q_2, B_1 B_2 \cdots B_j>$$

导致格局转换

$$(q, x\omega, A\sigma) => (q_2, \omega, B_1 B_2 \cdots B_j \sigma)$$

使用$=>^*$代表格局的任意次（包括 0 次）转换。

使用$=>^+$代表格局的多次（至少 1 次）转换。

### 4.1.3　下推自动机接收语言的两种方式

定义 4.3　下推自动机以空栈方式接收的语言为 $L(M)$，且

$$L(M) = \{ \omega \mid (q_0, \omega, Z_0) =>^* (q, \varepsilon, \varepsilon)，对任意 q \in Q\}$$

　　下推自动机以空栈方式接收语言，接收格局与接收状态无关，只要当串 $\omega$ 扫描结束，而栈为空，则串 $\omega$ 就能够被下推自动机以空栈方式所接收。

　　**定义 4.4**　下推自动机以终态方式接收的语言为 $F(M)$，且
$$F(M)=\{\omega \mid (q_0, \omega, Z_0) =>^* (q', \varepsilon, \sigma), q' \in F, \sigma \in \Gamma^*\}$$

　　下推自动机以终态方式接收语言，接收格局与栈内是否还有内容无关，只要当串 $\omega$ 扫描结束，而下推自动机处于某个接收状态，则串 $\omega$ 就能够被下推自动机经过有限状态所接收。

　　**定理 4.1**　语言 $L$ 能够被下推自动机以终态方式接收，当且仅当它能够被下推自动机以空栈方式所接收。

　　证明：充分性=>

　　若 $L=F(M)$，PDA$=(Q, \Sigma, \Gamma, \delta, q_0, Z_0, F)$；接收格局为 $(q', \varepsilon, \sigma)$，而 $\sigma=D_1 D_2 \cdots D_m$。对于每个 $q' \in F$，为把栈置成空，则增加
$$<q', \varepsilon, D_1, q', \varepsilon>$$
$$<q', \varepsilon, D_2, q', \varepsilon>$$
$$\cdots$$
$$<q', \varepsilon, D_m, q', \varepsilon>$$
构成 $\delta'$，构造 PDA$'=(Q, \Sigma, \Gamma, \delta', q_0, Z_0, F)$，则 $L=L(M')$。

　　必要性<=

　　若 $L=L(M)$，PDA$=(Q, \Sigma, \Gamma, \delta, q_0, Z_0, F)$。使用规则 $<q_0, \varepsilon, Z_0, q_0, Z_0 Z'>$，在通常的栈底符号 $Z_0$ 下面增加一个新的栈底符号 $Z'$，对 $Q$ 中的每个状态 $q$ 增加一个新的接收状态 $q'$；

　　增加规则 $<q, \varepsilon, Z', q', Z'>$，构成 $\delta'$，构造 PDA$'=(Q, \Sigma, \Gamma \cup \{Z'\}, \delta', q_0, Z_0, F \cup \{q'\})$，则 $L=F(M')$。

　　补充：必要性<=证明的第二种方法。

　　对 $Q$ 中的每个状态 $q$ 增加一个新的接收状态 $q'$；

　　将规则 $<q, \varepsilon, Z_0, q, \varepsilon>$ 改造为 $<q, \varepsilon, Z_0, q', Z_0>$，构成 $\delta'$，构造 PDA$'=(Q, \Sigma, \Gamma, \delta', q_0, Z_0, F \cup \{q'\})$，则 $L=F(M')$。

　　**定理 4.2**　对于任意终态接收语言的 PDA$_1$，存在空栈接收语言的 PDA$_2$，使得 $L(\text{PDA}_2)=F(\text{PDA}_1)$。

　　(1) 根据 PDA$_1$ 构造 PDA$_2$。

　　设
$$\text{PDA}_1=(Q, \Sigma, \Gamma, \delta_1, q_{01}, Z_{01}, F)$$
构造
$$\text{PDA}_2=(Q \cup \{q_{02}, q_\varepsilon\}, \Sigma, \Gamma \cup \{Z_{02}\}, \delta_2, q_{02}, Z_{02}, F)$$
其中，$Q \cap \{q_{02}, q_\varepsilon\}=\Gamma \cap \{Z_{02}\}=\varnothing$。

　　①$\delta_2(q_{02}, \varepsilon, Z_{02})=\{(q_{01}, Z_{01} Z_{02})\}$，即 PDA$_2$ 启动后立即进入 PDA$_1$ 的初始 ID。

　　②对于任意的
$$(q, a, Z) \in Q \times \Sigma \times \Gamma$$

设置

$$\delta_2(q, a, Z) = \delta_1(q, a, Z)$$

即 $PDA_2$ 完全模拟 $PDA_1$ 的非空移动。

③对于任意的

$$(q, Z) \in (Q - F) \times \Gamma$$

设置

$$\delta_2(q, \varepsilon, Z) = \delta_1(q, \varepsilon, Z)$$

即 $PDA_2$ 在非终止状态下完全模拟 $PDA_1$ 的空移动。

④对于任意的

$$(q, Z) \in F \times \Gamma$$

设置

$$\delta_2(q, \varepsilon, Z) = \delta_1(q, \varepsilon, Z) \cup \{(q_\varepsilon, \varepsilon)\}$$

即 $PDA_2$ 在 $PDA_1$ 的终止状态除了模拟 $PDA_1$ 的空移动外，还要模拟"接收动作"，进入清栈状态。

⑤对于任意的

$$Z \in \Gamma \cup \{Z_{02}\}$$

设置

$$\delta_2(q_\varepsilon, \varepsilon, Z) = \{(q_\varepsilon, \varepsilon)\}$$

即 $PDA_2$ 完成清栈工作。

⑥对于任意的

$$q \in F$$

设置

$$\delta_2(q, \varepsilon, Z_{02}) = \{(q_\varepsilon, \varepsilon)\}$$

即 $PDA_1$ 在终止状态时栈已经为空，$PDA_2$ 应将自己的栈清空。

（2）证明 $L(PDA_2) = F(PDA_1)$。设

$$\omega \in L(PDA_1)$$

则有

$$(q_{01}, x, Z_{01}) =>^* (q, \varepsilon, \gamma)$$

其中，$q \in F$。

$PDA_1$ 在处理 $\omega$ 的过程中未涉及 $Z_{02}$，所以在栈底放置 $Z_{02}$ 不会影响 $PDA_1$ 对 $\omega$ 的处理，即

$$(q_{01}, \omega, Z_{01}Z_{02}) =>^* (q, \varepsilon, \gamma Z_{02})$$

其中，$q \in F$。

根据上面的第②、③和④条，对于 $PDA_1$ 进行的移动，$PDA_2$ 都能够进行，所以

$$(q_{01}, \omega, Z_{01}Z_{02}) =>^* (q, \varepsilon, \gamma Z_{02})$$

其中，$q \in F$。

根据上面的第④、⑤和⑥条，只要进入终止状态，$PDA_2$ 都会自动清栈，所以

$$(q_{01}, \omega, Z_{01}Z_{02}) =>^* (q, \varepsilon, \gamma, Z_{02}) =>^* (q, \varepsilon, \varepsilon)$$

其中，$q \in F$。

根据上面的第(1)条，$PDA_2$ 启动后立即进入 $PDA_1$ 的初始 ID，所以有

$$(q_{02}, \omega, Z_{02}) =>^* (q_{01}, \omega, Z_{01}Z_{02}) =>^* (q, \varepsilon, \gamma, Z_{02}) =>^* (q, \varepsilon, \varepsilon)$$

其中，$q \in F$。所以

$$\omega \in L(PDA_2)$$

即

$$F(PDA_1) \subseteq L(PDA_2)$$

类似地，将上述过程反推，可得 $L(PDA_2) \subseteq F(PDA_1)$，因此 $L(PDA_2) = F(PDA_1)$。

**定理 4.3**　对于任意空栈接收语言的 $PDA_1$，存在终止状态接收语言 $PDA_2$，使得 $F(PDA_2) = L(PDA_1)$。

(1)根据 $PDA_1$ 构造 $PDA_2$。

设

$$PDA_1 = (Q, \Sigma, \Gamma, \delta, q_{01}, Z_{01}, \varnothing)$$

构造

$$PDA_2 = (Q \cup \{q_{02}, q_f\}, \Sigma, \Gamma \cup \{Z_{02}\}, \delta_2, q_{02}, Z_{02}, \{q_f\})$$

其中，$Q \cap \{q_{02}, q_\varepsilon\} = \Gamma \cap \{Z_{02}\} = \varnothing$。

①$\delta_2(q_{02}, \varepsilon, Z_{02}) = \{(q_{01}, Z_{01}Z_{02})\}$，即 $PDA_2$ 启动后立即进入 $PDA_1$ 的初始状态。

②对于任意的

$$(q, a, Z) \in Q \times (\Sigma \cup \{\varepsilon\}) \times \Gamma$$

设置

$$\delta_2(q, a, Z) = \delta_1(q, a, Z)$$

即 $PDA_2$ 完全模拟 $PDA_1$ 的移动。

③对于任意的

$$q \in Q$$

设置

$$\delta_2(q, \varepsilon, Z_{02}) = \{q_f, \varepsilon\}$$

即 $PDA_1$ 的栈为空时，无论处于什么状态，$PDA_2$ 都进入终止状态。

(2)证明 $F(PDA_2) = L(PDA_1)$。

设 $\omega \in L(M_2)$，则有

$$(q_{02}, \omega, Z_{02}) =>^* (q_f, \varepsilon, \varepsilon)$$

其中，$q_f \in F$。

而 $PDA_2$ 的第一个移动必然是

$$(q_{02}, \omega, Z_{02}) =>^* (q_{01}, Z_{01}Z_{02})$$

所以有

$$(q_{02}, \omega, Z_{02}) =>^* (q_{01}, x, Z_{01}Z_{02}) =>^* (q_f, \varepsilon, \varepsilon)$$

根据上面的第③条，必存在 $q \in Q$，使得

$$(q_{01}, \omega, Z_{01}Z_{02}) =>^* (q, \varepsilon, Z_{02}) =>^* (q_f, \varepsilon, \varepsilon)$$

而且 $PDA_2$ 在从 ID

$$(q_{01}, \omega, Z_{01}Z_{02})$$

转换到 ID

$$(q, \varepsilon, Z_{02})$$

的过程中，经过的状态都是 $Q$ 中的状态，并不可能到达一个以 $Z_{02}$ 为栈顶符号的 ID，所以根据上面的第②条，$PDA_1$ 也都可以进行过程中 $PDA_2$ 的所有移动，即

$$(q_{01}, \omega, Z_{01}Z_{02}) =>^* (q, \varepsilon, Z_{02})$$

由于 $Z_{02}$ 与 $PDA_1$ 无关，并且一直处于栈底，所以有

$$(q_{01}, \omega, Z_{01}) =>^* (q, \varepsilon, \varepsilon)$$

进而有

$$\omega \in L(PDA_1)$$

即

$$F(PDA_2) \subseteq L(PDA_1)$$

类似地，将上述过程反推，可得 $L(PDA_1) \subseteq F(PDA_2)$。

因此，$F(PDA_2) = L(PDA_1)$。

### 4.1.4 广义下推自动机和单态下推自动机

**定义 4.5** 广义下推自动机的定义。

广义下推自动机也是七元式(除状态转换函数外，其余同一般的下推自动机)：

$$PDA = (Q, \Sigma, \Gamma, \delta, q_0, Z_0, F)$$

其中，$Q$ 是一个有限状态的集合；$\Sigma$ 是输入串的字母集合；$\Gamma$ 是栈内符号集合；$q_0 \in Q$ 是开始状态；$Z_0 \in \Gamma$ 是初始的栈底符号；$F \subseteq Q$ 是接收状态(终止状态)集合；$\delta$ 是 $Q \times (\Sigma \cup \{\varepsilon\}) \times \Gamma^+ \to Q \times \Gamma^*$ 的状态转换函数，一般形式为

$$<q, x, B_1B_2 \cdots B_k, q', C_1C_2 \cdots C_n>$$

对于确定广义下推自动机，有

$$\delta(q, x, B_1B_2 \cdots B_k) = (q', C_1C_2 \cdots C_n)$$

对于不确定广义下推自动机，有

$$(q', C_1C_2 \cdots C_n) \in \delta(q, x, B_1B_2 \cdots B_k)$$

一般下推自动机的栈顶是一个符号，而广义下推自动机的栈顶可以是一个符号串。

**定理 4.4** 若语言 $L$ 能由广义下推自动机所接收，则语言 $L$ 能够由一般下推自动机所接收。

**思路**：广义下推自动机的一条规则就是一般下推自动机的多条规则的组合。

对于广义下推自动机的任意规则

$$<q, x, B_1B_2 \cdots B_k, q', C_1C_2 \cdots C_n>$$

增加状态 $r_1, r_2, \cdots, r_{k-1}$，将

$$<q, x, B_1B_2 \cdots B_k, q', C_1C_2 \cdots C_n>$$

改造为

$$<q, x, B_1, r_1, \varepsilon>$$
$$<r_1, \varepsilon, B_2, r_2, \varepsilon>$$
$$<r_2, \varepsilon, B_3, r_3, \varepsilon>$$
$$\cdots$$
$$<r_{k-1}, \varepsilon, B_k, q', C_1C_2 \cdots C_n>$$

得到一般下推自动机的规则组合。

**定义 4.6**　单态下推自动机的定义。

若一个下推自动机只有一个状态，则称为单态下推自动机：

$$\text{PDA} = (\{*\}, \Sigma, \Gamma, \delta, *, Z_0, \{*\})$$

单态下推自动机规则

$$<*, x, D, *, V>$$

可以简化为

$$<x, D, V>$$

**思考**：一个不确定的有限状态自动机是否可以转换为一个单态下推自动机？

**思路**：将不确定的有限状态自动机的状态当作下推自动机的栈内符号。

字母表 $\Sigma$ 上的

$$\text{NFA} = (Q, \delta, q_0, F)$$

可以构造单态下推自动机

$$\text{PDA} = (\{*\}, \Sigma, Q, \delta', *, q_0, \{*\})$$

使得 $L(\text{NFA}) = L(\text{PDA})$。

对于不确定的有限状态自动机

$$q' \in \delta(q, x)$$

对于单态下推自动机

$$(*, q') \in \delta'(*, x, q)$$

即对于不确定的有限状态自动机的

$$\delta(q, x) = \{q_1, q_2, \cdots, q_n\}$$

设置单态下推自动机规则为

$$<x, q, q_1>$$
$$<x, q, q_2>$$
$$\cdots$$

$$<x, q, q_n>$$

则对于不确定的有限状态自动机，如果

$$q \in \delta^*(q_0, \omega)$$

则对于下推自动机有

$$(*, \omega, q_0) =>^* (*, \varepsilon, q)$$

对于不确定的有限状态自动机，如果

$$q \in F$$

则对于下推自动机有

$$(*, \varepsilon) \in \delta'(*, \varepsilon, q)$$

因此，对于不确定的有限状态自动机，如果

$$\delta^*(q_0, \omega) \cap F != \varnothing$$

则对于下推自动机有

$$(*, \omega, q_0) =>^* (*, \varepsilon, \varepsilon)$$

所以，$L(\mathrm{NFA}) = L(\mathrm{PDA})$。

而对于右线性文法 $G = (\Sigma, V, S, P)$，也可以构造等价的单态下推自动机：

产生式：　　　　　　　　　　　　　　　下推自动机的规则：

$A \rightarrow bB$　　　　　　　　　　　　　　$<b, A, B>$

$A \rightarrow b$　　　　　　　　　　　　　　　$<b, A, \varepsilon>$

将文法的开始符号 $S$ 视为单态下推自动机的栈底符号，则对于文法 $G$

$$S =>^* \omega_1 A => \omega_1 bB =>^* \omega_1 b \omega_2 = \omega$$

对于单态下推自动机

$$(*, \omega_1 b \omega_2, S) =>^* (*, b \omega_2, A) => (*, \omega_2, B) =>^* (*, \varepsilon, \varepsilon)$$

**例 4.4** 语言 $L = \{a^n b^n \mid n \geqslant 1\}$，是由文法

$$S \rightarrow aSB \mid aB$$

$$B \rightarrow b$$

产生的，定义一个单态下推自动机

$$<a, S, SB>$$

$$<a, S, B>$$

$$<b, B, \varepsilon>$$

对于串 $a^n b^n$，单态下推自动机可能会有以下的格局转换：

(1) $(*, a^n b^n, S) =>^n (*, a^{n-j} b^n, SB^j)$；

(2) $(*, a^n b^n, S) =>^n (*, a^{n-k} b^n, B^k)$；

(3) $(*, a^n b^n, S) =>^n (*, b^n, B^n)$。

其中，(1)是导出(2)和(3)的中间过程；(2)会导致停机，因为没有合适的规则 $<a, B, ?>$；(3)可以完成最后的转换：$(*, b^n, B^n) =>^* (*, \varepsilon, \varepsilon)$。

使用 $n-1$ 次规则 $<a, S, SB>$，一次规则 $<a, S, B>$，$n$ 次规则 $<b, B, \varepsilon>$，才是正确的过程。

# 4.2　上下文无关文法和范式

范式是指标准的形式。在代数中，2/4, 3/6,… 的范式是 1/2。本节讨论在形式语言和自动机理论中对于上下文无关文法的几个重要范式。

**定理 4.5**　$G$ 是一个上下文无关文法，则存在一个上下文无关文法 $G'$，使得：

(1) $L(G)=L(G')$；

(2) 若 $\varepsilon \notin L(G)$，则 $G'$ 中没有任何空串产生式；

(3) 若 $\varepsilon \in L(G)$，则 $G'$ 中有一个空串产生式 $S' \to \varepsilon$，且 $S'$ 不出现在 $G'$ 的其他任何产生式的右边（$S'$ 是 $G'$ 的开始符号）；

(4) 若 $A, B \in V$，则 $G'$ 中没有 $A \to B$ 形式的产生式。

前三点就是空串定理，第四点是推广的化简无关文法的要求。

## 4.2.1　Chomsky 范式

**定义 4.7**　Chomsky 范式（Chomsky Normal Form，CNF）的定义。

对于上下文无关文法 $G=(\sum, V, S, P)$，若 $G$ 的每个产生式是下列形式之一：

(1) $S \to \varepsilon$，且 $S$ 不出现在 $G$ 的其他任何产生式的右边；

(2) $A \to BC$，其中 $A, B, C \in V$（若 $S \to \varepsilon$，则 $A \to BC$ 的 $B$，$C$ 不能为 $S$）；

(3) $A \to a$，其中 $A \in V$，$a \in \sum$；

则 $G$ 是 Chomsky 范式的形式。

**定理 4.6**　$G$ 是任意一个上下文无关文法，则存在一个等价的上下文无关文法 $G'$，使得 $L(G)=L(G')$，且 $G'$ 是 Chomsky 范式。

**证明**：对于任意的上下文无关文法 $G$，首先使它满足定理 4.5 的要求。对于文法中的任意产生式 $A \to B_1 B_2 \cdots B_m$，$m \geqslant 2$，假设每个 $B_i$ 都是非终结符（若不是，则使用 $V$ 中没有的非终结符 $B_i'$ 来代替 $B_i$，并增加产生式 $B_i' \to B_i$），则若 $m=2$，该产生式本身就满足了 Chomsky 范式的规定。对于 $A \to B_1 B_2 \cdots B_m$，当 $m \geqslant 3$ 时，将它改造为 $m-1$ 个产生式：

$$A \to B_1 C_1$$

$$C_1 \to B_2 C_2$$

$$\cdots$$

$$C_{m-3} \to B_{m-2} C_{m-2}$$

$$C_{m-2} \to B_{m-1} B_m$$

其中，$C_1$，$C_2$，$\cdots$，$C_{m-2}$ 是新增加的非终结符；得到的文法 $G'$ 是 Chomsky 范式，且 $L(G)=L(G')$。

**例 4.5**　文法改造为 Chomsky 范式。

文法：

$$S \to ABC$$

$$C \to BaB \mid c$$

$$B \to b \mid bb$$

$$A \to a$$

首先改造为

$$S \to ABC$$

$$C \to BA'B \mid c$$

$$B \to b \mid B'B'$$

$$A \to a$$

$$A' \to a$$

$$B' \to b$$

再改造为 Chomsky 范式：

$$S \to AD$$

$$D \to BC$$

$$C \to BE \mid c$$

$$E \to A'B$$

$$B \to b \mid B'B'$$

$$A \to a$$

$$A' \to a$$

$$B' \to b$$

## 4.2.2 Greibach 范式

**定义 4.8** 若 $G$ 的每个产生式是 $A \to bW$ 形式的，其中 $b \in \sum$，$W \in V^*$，上下文无关文法 $G = (\sum, V, S, P)$ 是 Greibach 范式 (GNF) 的形式。

**定理 4.7** $G$ 是一个上下文无关文法，则存在一个等价的上下文无关文法 $G'$，使得 $L(G) = L(G')$，且 $G'$ 中没有直接左递归的产生式，即不存在 $A \to Av$ 形式的产生式，其中 $A \in V$，$v \in (\sum \cup V)^+$。

**证明：** 见第 2 章。

某些文法可能没有直接左递归，但可能会有间接左递归。

**定理 4.8** $G$ 是一个上下文无关文法，则存在一个等价的上下文无关文法 $G'$，使得 $L(G) = L(G')$，且 $G'$ 中没有间接左递归的产生式。

**证明：** 见第 2 章。

**定理 4.9** $G$ 是任意一个上下文无关文法，则存在一个等价的上下文无关文法 $G'$，使得 $L(G) = L(G')$，且 $G'$ 是 Greibach 范式。

**证明：** 对于任意的上下文无关文法 $G$，产生式形式为

$$A_i \to A_j \omega$$

或

$$A_i \to a\omega$$

假设 $\omega$ 包含的字符全为非终结符(若有终结符 $x$，则使用 $V$ 中没有的非终结符 $\Sigma$ 来代替它，并增加产生式 $\Sigma \to x$)，对于 $A_i \to a\omega$，本身就是 GNF 的形式，对于 $A_i \to A_j\omega$，利用直接左递归和间接左递归的算法，在消除左递归以后，从 $A_{n-1}$ 开始，将 $A_n$ 代入 $A_{n-1}$，将 $A_{n-1}$ 代入 $A_{n-2}$，$\cdots$，将 $A_2$ 代入 $A_1$，再将增加的非终结符的产生式的开头符号代替掉，得到的文法就是 GNF 的形式。

注意：因为对非终结符的排列顺序可能不一样，则得到的 GNF 的形式也可能会不一样。但它们是等价的。

**例 4.6**　上下文无关文法 $G$

$$A_1 \to A_2 A_2 \mid 0$$
$$A_2 \to A_1 A_2 \mid 1$$

$A_1$ 是向上的，$A_2$ 是向下的，则替代 $A_1$ 得到

$$A_1 \to A_2 A_2 \mid 0$$
$$A_2 \to A_2 A_2 A_2 \mid 0 A_2 \mid 1$$

出现了直接左递归，消除左递归得到

$$A_1 \to A_2 A_2 \mid 0$$
$$A_2 \to 0 A_2 \mid 1 \mid 0 A_2 B \mid 1 B$$
$$B \to A_2 A_2 \mid A_2 A_2 B$$

将 $A_2$ 代入 $A_1$ 得到

$$A_1 \to 0 A_2 A_2 \mid 1 A_2 \mid 0 A_2 B A_2 \mid 1 B A_2 \mid 0$$
$$A_2 \to 0 A_2 \mid 1 \mid 0 A_2 B \mid 1 B$$

将 $A_2$ 代入 $B$ 得到

$$A_1 \to 0 A_2 A_2 \mid 1 A_2 \mid 0 A_2 B A_2 \mid 1 B A_2 \mid 0$$
$$A_2 \to 0 A_2 \mid 1 \mid 0 A_2 B \mid 1 B$$
$$B \to 0 A_2 A_2 \mid 1 A_2 \mid 0 A_2 B A_2 \mid 1 B A_2 \mid 0 A_2 A_2 B \mid 1 A_2 B \mid 0 A_2 B A_2 B \mid 1 B A_2 B$$

它就是 GNF 的形式。

例如，文法 $G$ 为

$$S \to Qc \mid c$$
$$Q \to Rb \mid b$$
$$R \to Sa \mid a$$

将非终结符排序为 $R, Q, S$，则文法为

$$A_1 \to A_3 a \mid a$$
$$A_2 \to A_1 b \mid b$$
$$A_3 \to A_2 c \mid c$$

$A_1$ 是向上的，$A_2$ 是向下的，则替代 $A_1$ 得到

$$A_2 \to A_3 ab \mid ab \mid b$$

$A_3$ 是向下的，则替代 $A_2$ 得到

$$A_3 \rightarrow A_3abc \mid abc \mid bc \mid c$$

出现了直接左递归，消除左递归得到

$$A_3 \rightarrow abc \mid bc \mid c \mid abcD \mid bcD \mid cD$$

$$D \rightarrow abc \mid abcD$$

将 $A_3$ 代入 $A_2$ 得到

$$A_2 \rightarrow abcab \mid bcab \mid cab \mid abcDab \mid bcDab \mid cDab \mid ab \mid b$$

将 $A_3$ 代入 $A_1$ 得到

$$A_1 \rightarrow abca \mid bca \mid ca \mid abcDa \mid bcDa \mid cDa \mid a$$

将 $A_1, A_2, A_3$ 还原为 $R, Q, S$，再将终结符转换为非终结符，可以得到 GNF 的形式为

$$R \rightarrow aBCA \mid bCA \mid cA \mid aBCDA \mid bCDA \mid cDA \mid a$$

$$Q \rightarrow aBCAB \mid bCAB \mid cAB \mid aBCDAB \mid bCDAB \mid cDAB \mid AB \mid b$$

$$S \rightarrow aBC \mid bC \mid c \mid aBCD \mid bCD \mid cD$$

$$D \rightarrow aBC \mid aBCD$$

$$A \rightarrow a$$

$$B \rightarrow b$$

$$C \rightarrow c$$

# 4.3　下推自动机与上下文无关语言

本节将说明由下推自动机所接收的语言是上下文无关语言。

**定理 4.10**　对于上下文无关语言 $L$ 和上下文无关文法 $G$，若 $L=L(G)$，则语言 $L$ 能被广义不确定下推自动机所接收。

**证明：** 假设文法是 GNF 范式（若不是，则先将文法改造为 GNF 范式的形式），构造一个单态下推自动机来接收语言 $L$。由于单态下推自动机仅有一个状态，所以，将规则

$$<*, x, Z, *, \omega>$$

改写为

$$<x, Z, \omega>$$

文法 $G$ 中有 3 种形式的产生式，它们分别对应下推自动机的规则，如下所示。

| GNF： | 下推自动机： |
|---|---|
| $S \rightarrow \varepsilon$ | $<\varepsilon, S, \varepsilon>$ |
| $A \rightarrow b$ | $<b, A, \varepsilon>$ |
| $A \rightarrow bW$ | $<b, A, W>$ |

其中，$A \in V$，$W \in V^+$。

要证明语言 $L=L(\text{PDA})$，需要先证明

$$(*, \omega_1\omega_2, S) =>^* (*, \omega_2, \sigma) \quad \text{iff} \quad S =>^* \omega_1\sigma$$

即扫描完串 $\omega_1$ 后，$M$ 栈内的符号串为 $\sigma$。

若上述成立，假设 $\omega_2 = \sigma = \varepsilon$，则

$$(*, \omega_1, S) \Rightarrow^* (*, \varepsilon, \varepsilon) \quad \text{iff} \quad S \Rightarrow^* \omega_1$$

现在用归纳法证明(对串 $\omega_1$ 的长度进行归纳)

$$(*, \omega_1\omega_2, S, ) \Rightarrow^* (*, \omega_2, \sigma) \quad \text{iff} \quad S \Rightarrow^* \omega_1\sigma$$

**基础**：当 $\omega_1 = \varepsilon$ 时，有以下两种情况成立。

(1) $(*, \omega_2, S) \Rightarrow^* (*, \omega_2, S) \quad \text{iff} \quad S \Rightarrow^* S$；

(2) 若 $S \to \varepsilon$ 在 $G$ 中，则有

$$(*, \omega_2, S) \Rightarrow^* (*, \omega_2, \varepsilon) \quad \text{iff} \quad S \Rightarrow^* \varepsilon$$

**假设**：当 $\omega_1 \neq \varepsilon$，长度为 $n$ 时，有

$$(*, \omega_1\omega_2, S) \Rightarrow^* (*, \omega_2, \sigma) \quad \text{iff} \quad S \Rightarrow^* \omega_1\sigma$$

为方便起见，令 $\sigma = A\Gamma$，$\omega_2 = a\omega_3$(将 $\omega_1 a$ 当作新的 $\omega_1$，长度为 $n+1$)，则

$$(*, \omega_1 a\omega_3, S) \Rightarrow^* (*, a\omega_3, A\Gamma) \quad \text{iff} \quad S \Rightarrow^* \omega_1 A\Gamma$$

而

$$(*, a\omega_3, A\Gamma) \Rightarrow (*, \omega_3, \Gamma'\Gamma) \quad \text{iff} \quad A \to a\Gamma'$$

因此有

$$(*, \omega_1 a\omega_3, S) \Rightarrow^* (*, \omega_3, \Gamma'\Gamma) \quad \text{iff} \quad S \Rightarrow^* \omega_1 a\Gamma'\Gamma$$

所以假设成立。

**例 4.7**　文法 $G$ 为

$$S \to (L \mid \varepsilon)$$

$$L \to (LL \mid )$$

构造的单态下推自动机(栈底为 $S$)为

$$<(, S, L>$$

$$<\varepsilon, S, \varepsilon>$$

$$<(, L, LL>$$

$$<), L, \varepsilon>$$

对于单态下推自动机，也可以构造对应的上下文无关文法 $G$，使得 $L(\text{PDA}) = L(G)$。

**例 4.8**　有如下的单态下推自动机

$$<a, Z_0, AZ_0>$$

$$<b, Z_0, BZ_0>$$

$$<a, A, AA>$$

$$<b, B, BB>$$

$$<a, B, \varepsilon>$$

$$<b, A, \varepsilon>$$

$$<\varepsilon, Z_0, \varepsilon>$$

它接收的语言 $L=\{\omega \mid \omega \in (a, b)^* 且 a 和 b 的个数相等\}$。

构造上下文无关文法 $G$（用 $Z$ 代替 $Z_0$ 作为开始符号）为

$$Z \to aAZ \mid bBZ \mid \varepsilon$$

$$A \to aAA \mid b$$

$$B \to bBB \mid a$$

**例 4.9** 构造接收语言 $L=\{\omega 2\omega^T \mid \omega \in \{0, 1\}^*\}$ 的下推自动机。

**解法 1**：以读到 2 为标志，之前按顺序将 $\omega$ 记载到栈中，之后将读到的字符和栈中字符依次匹配。如果匹配失败，则表示字符串不是 $L$ 的句子，可以让下推自动机停机。

$$<q_0, 0, Z_0, q_1, AZ_0>$$

$$<q_0, 1, Z_0, q_1, BZ_0>$$

$$<q_0, 2, Z_0, q_f, \varepsilon>$$

$$<q_1, 0, A, q_1, AA>$$

$$<q_1, 0, B, q_1, AB>$$

$$<q_1, 1, A, q_1, BA>$$

$$<q_1, 1, B, q_1, BB>$$

$$<q_1, 2, A, q_2, A>$$

$$<q_1, 2, B, q_2, B>$$

$$<q_2, 0, A, q_2, \varepsilon>$$

$$<q_2, 1, B, q_2, \varepsilon>$$

$$<q_2, \varepsilon, Z_0, q_f, \varepsilon>$$

**解法 2**：先构造产生 $L$ 的上下文无关文法：

$$S \to 2 \mid 0S0 \mid 1S1$$

再将此文法转化成 GNF：

$$S \to 2 \mid 0SA \mid 1SB$$

$$A \to 0$$

$$B \to 1$$

直接构造单态下推自动机

| | |
|---|---|
| $<0, S, SA>$ | $//S \to 0SA$ |
| $<1, S, SB>$ | $//S \to 1SB$ |
| $<2, S, \varepsilon>$ | $//S \to 2$ |
| $<0, A, \varepsilon>$ | $//A \to 0$ |
| $<1, B, \varepsilon>$ | $//B \to 1$ |

考察句子 0102010 的最左推导和相应的下推自动机的动作：

$S \Rightarrow 0SA$　　从开始状态 $q_0$ 启动，读入 0，将 $S$ 弹出栈，将 $SA$ 压入栈，状态不变；

　$\Rightarrow 01SBA$　　在状态 $q_0$，读入 1，将 $S$ 弹出栈，将 $SB$ 压入栈，状态不变；

　$\Rightarrow 010SABA$ 在状态 $q_0$，读入 0，将 $S$ 弹出栈，将 $SA$ 压入栈，状态不变；

=>0102*ABA*　在状态 $q_0$，读入 2，将 $S$ 弹出栈，将 $\varepsilon$ 压入栈，状态不变；

=>01020*BA*　在状态 $q_0$，读入 0，将 $A$ 弹出栈，将 $\varepsilon$ 压入栈，状态不变；

=>010201*A*　在状态 $q_0$，读入 1，将 $B$ 弹出栈，将 $\varepsilon$ 压入栈，状态不变；

=>0102010　在状态 $q_0$，读入 0，将 $A$ 弹出栈，将 $\varepsilon$ 压入栈，状态不变。

当推导出一个字符时，下推自动机读入这个字符，并将栈顶符号换成所应用产生式的右部除了首字符之外的后缀。

得到的下推自动机为

$$\langle q_0, 0, S, q_0, SA\rangle$$
$$\langle q_0, 1, S, q_0, SB\rangle$$
$$\langle q_0, 2, S, q_0, \varepsilon\rangle$$
$$\langle q_0, 0, A, q_0, \varepsilon\rangle$$
$$\langle q_0, 1, B, q_0, \varepsilon\rangle$$

为了以终态方式接收语言 $L$，需要加入一个终止状态。同时，为了防止下推自动机接收 $\varepsilon$，还需要加入一个开始状态。

$$\langle q_s, 0, Z_0, q_0, SAZ_0\rangle$$
$$\langle q_s, 1, Z_0, q_0, SBZ_0\rangle$$
$$\langle q_s, 2, Z_0, q_f, \varepsilon\rangle$$
$$\langle q_0, 0, S, q_0, SA\rangle$$
$$\langle q_0, 1, S, q_0, SB\rangle$$
$$\langle q_0, 2, S, q_0, \varepsilon\rangle$$
$$\langle q_0, 0, A, q_0, \varepsilon\rangle$$
$$\langle q_0, 1, B, q_0, \varepsilon\rangle$$
$$\langle q_0, \varepsilon, Z_0, q_f, \varepsilon\rangle$$

**定理 4.11**　若 $M$ 是单态下推自动机，则存在一个上下文无关文法 $G$，使得 $L(G)=L(\mathrm{PDA})$，且 $G$ 为 GNF 形式。

**证明：** 为构造文法 $G$，将下推自动机的规则

$$\langle a, B, \sigma\rangle$$

转换为文法的产生式

$$B\rightarrow a\sigma$$

将下推自动机的规则

$$\langle a, B, \varepsilon\rangle$$

转换为文法的产生式

$$B\rightarrow a$$

则 $L(G)=L(\mathrm{PDA})$，且 $G$ 为 GNF 形式。

由定理 4.11 可知，可以根据单态下推自动机，直接得到对应的上下文无关文法的 GNF 形式。而对于多态下推自动机，不可以直接得到对应的上下文无关文法的 GNF 形式。

　　下面讨论对于多态下推自动机，如何得到对应的上下文无关文法的一般形式。

　　**定理 4.12**　对于任意下推自动机，存在上下文无关文法 $G$，使得 $L(G)=L(\text{PDA})$。

**证明：**

（1）构造上下文无关文法 $G$，思路为用上下文无关文法的一个派生模拟下推自动机的一次移动。设

$$\text{PDA}=(Q, \Sigma, \Gamma, \delta, q_0, Z_0, \varnothing)$$

构造上下文无关文法

$$G=(\Sigma, V, S, P)$$

其中，

$V=\{S\} \cup Q \times \Gamma \times Q$

$P=\{S \to [q_0, Z_0, q] \mid q \in Q\}$

　　$\cup \{[q, A, q_{n+1}] \to a[q_1, A_1, q_2][q_2, A_2, q_3] \cdots [q_n, A_n, q_{n+1}] \mid (q_1, A_1 A_2 \cdots A_n) \in \delta(q, a, A)\}$

　　$\cup \{[q, A, q_1] \to a \mid (q_1, \varepsilon) \in \delta(q, a, A)\}$

其中，

$$a \in \Sigma \cup \{\varepsilon\}, q, q_1, q_2, \cdots, q_{n+1} \in Q \text{ 且 } n \geqslant 1$$

表示 $[q, A, p]$ 推导出 $x$，当且仅当通过串 $\omega$ 从状态 $q$ 开始、以状态 $p$ 结束的动作，$\omega$ 将使下推自动机从其栈中将 $A$ 弹出。

　　（2）证明 $L(G)=L(\text{PDA})$。首先证明 $[q, A, p] \Rightarrow^* \omega$ 的充分必要条件是 $(q, \omega, A) \Rightarrow^* (p, \varepsilon, \varepsilon)$。

　　必要性：设 $[q, A, p] \Rightarrow^* \omega$，对 $\omega$ 的长度 $n$ 进行归纳，证明 $(q, \omega, A) \Rightarrow^* (p, \varepsilon, \varepsilon)$。

　　当 $n=1$ 时，必定有

$$\omega \in \Sigma \cup \{\varepsilon\}$$

从而

$$[q, A, p] \to \omega \in P$$

　　根据 $P$ 的定义，有

$$(p, \varepsilon) \in \delta(q, \omega, A)$$

所以有

$$(q, \omega, A) \Rightarrow (p, \varepsilon, \varepsilon)$$

成立。

　　假设 $n \leqslant k$ 时结论成立，那么当 $n=k+1$ 时，有

$$[q, A, p] \Rightarrow a[q_1, A_1, q_2][q_2, A_2, q_3] \cdots [q_n, A_n, q_{n+1}] \Rightarrow^* a x_1 x_2 \ldots x_n$$

其中，

$$[q_1, A_1, q_2] \Rightarrow x_1$$

$$[q_2, A_2, q_3] \Rightarrow x_2$$

$$\cdots$$

$$[q_n, A_n, q_{n+1}] \Rightarrow x_n$$

根据归纳假设有

$$(q_1, x_1, A_1) => (q_2, \varepsilon, \varepsilon)$$

$$(q_2, x_2, A_2) => (q_3, \varepsilon, \varepsilon)$$

$$\cdots$$

$$(q_n, x_n, A_n) => (q_{n+1}, \varepsilon, \varepsilon)$$

由第一步推导可知

$$(q_1, A_1A_2 \cdots A_n) \in \delta(q, a, A)$$

所以有

$$(q, \omega, A) = (q, x_1x_2 \cdots x_n, A) => (q_1, x_1x_2 \cdots x_n, A_1A_2 \cdots A_n)$$

$$=>^* (q_2, x_2 \cdots x_n, A_2 \cdots A_n)$$

$$\cdots$$

$$=>^* (q_n, x_n, A_n)$$

$$=> (q_{n+1}, \varepsilon, \varepsilon)$$

即结论对 $n = k + 1$ 也成立，因此必要性得证。

充分性：设 $(q, x, A) => (p, \varepsilon, \varepsilon)$，对 $\omega$ 的长度 $n$ 进行归纳，证明 $[q, A, p] =>^* \omega$。

当 $n = 1$ 时，有

$$(q, \omega, A) => (p, \varepsilon, \varepsilon)$$

所以有

$$(p, \varepsilon) \in \delta(q, \omega, A)$$

根据 $G$ 的定义，有

$$[q, A, p] \to x \in P$$

从而

$$[q, A, p] => \omega$$

结论成立。

假设 $n \leqslant k$ 时结论成立，那么当 $n = k + 1$ 时，不妨设

$$(q, \omega, A) = (q, ax_1x_2 \cdots x_n, A) => (q_1, x_1x_2 \cdots x_n, A_1A_2 \cdots A_n)$$

$$=>^* (q_2, x_2 \cdots x_n, A_2 \cdots A_n)$$

$$\cdots$$

$$=>^* (q_n, x_n, A_n)$$

$$=> (q_{n+1}, \varepsilon, \varepsilon)$$

其中，

$$(q_1, x_1, A_1) => (q_2, \varepsilon, \varepsilon)$$

$$(q_2, x_2, A_2) => (q_3, \varepsilon, \varepsilon)$$

$$\cdots$$

$$(q_n, x_n, A_n) => (q_{n+1}, \varepsilon, \varepsilon)$$

根据归纳假设有

$$[q_1, A_1, q_2] \Rightarrow x_1$$
$$[q_2, A_2, q_3] \Rightarrow x_2$$
$$\cdots$$
$$[q_n, A_n, q_{n+1}] \Rightarrow x_n$$

由第一步推导可知

$$[q, A, p] \rightarrow a[q_1, A_1, q_2][q_2, A_2, q_3] \cdots [q_n, A_n, q_{n+1}] \in P$$

所以有

$$[q, A, p] \Rightarrow a[q_1, A_1, q_2][q_2, A_2, q_3] \cdots [q_n, A_n, q_{n+1}] \Rightarrow^* ax_1x_2 \cdots x_n$$

即结论在 $n=k+1$ 时也成立，因此充分性得证。

取 $q=q_0$，$A=Z_0$，得

$$[q_0, Z_0, p] \Rightarrow^* \omega$$

的充分必要条件是

$$(q_0, x, Z_0) \Rightarrow^* (p, \varepsilon, \varepsilon)$$

又因为有

$$S \rightarrow [q_0, Z_0, p]$$

所以

$$S \Rightarrow^* \omega$$

的充分必要条件是

$$(q_0, \omega, Z_0) \Rightarrow^* (p, \varepsilon, \varepsilon)$$

故 $L(G)=L(\text{PDA})$。

根据定理 4.12，对于一个一般的下推自动机，可以得到该下推自动机对应的上下文无关文法的产生式具有如下形式：

$$A \rightarrow aA_1A_2 \cdots A_n$$
$$A \rightarrow A_1A_2 \cdots A_n$$
$$A \rightarrow a$$
$$A \rightarrow \varepsilon$$

**例 4.10** 根据下推自动机构造 CFG，已知

$$\text{PDA}=(\{q_0, q_1\}, \{0, 1\}, \{X, Z_0\}, \delta, q_0, Z_0, \varnothing),$$

其中，

$$<q_0, 0, Z_0, q_0, XZ_0>$$
$$<q_1, 1, X, q_1, \varepsilon>$$
$$<q_0, 0, X, q_0, XX>$$
$$<q_1, \varepsilon, X, q_1, \varepsilon>$$
$$<q_0, 1, X, q_1, \varepsilon>$$

$$<q_1, \varepsilon, Z_0, q_1, \varepsilon>$$

构造 CFG 使得 $L(G)=L(\mathrm{PDA})$。

**解**：构造产生 $L(\mathrm{PDA})$ 的 $\mathrm{CFG}=(\Sigma, V, S, P)$，其中，

$$\Sigma=\{0, 1\}$$

$V=\{[q_0, Z_0, q_0], [q_0, Z_0, q_1], [q_0, X, q_0], [q_0, X, q_1], [q_1, Z_0, q_0], [q_1, Z_0, q_1], [q_1, X, q_0], [q_1, X, q_1]\}$

关于产生式的构造，从 $S$ 为左边的产生式出发，然后，只对在已经得到的产生式的右边的非终结符再求新的产生式。

关于 $S$ 的产生式

$$S \rightarrow [q_0, Z_0, q_0]$$

$$S \rightarrow [q_0, Z_0, q_1]$$

非终结符 $[q_0, Z_0, q_0]$ 对应于移动 $\delta(q_0, 0, Z_0)=\{(q_0, XZ_0)\}$ 的产生式

$$[q_0, Z_0, q_0] \rightarrow 0[q_0, X, q_0][q_0, Z_0, q_0]$$

$$[q_0, Z_0, q_0] \rightarrow 0[q_0, X, q_1][q_1, Z_0, q_0]$$

非终结符 $[q_0, Z_0, q_1]$ 对应于移动 $\delta(q_0, 0, Z_0)=\{(q_0, XZ_0)\}$ 的产生式

$$[q_0, Z_0, q_1] \rightarrow 0[q_0, X, q_0][q_0, Z_0, q_1]$$

$$[q_0, Z_0, q_1] \rightarrow 0[q_0, X, q_1][q_1, Z_0, q_1]$$

非终结符 $[q_0, X, q_0]$ 对应于移动 $\delta(q_0, 0, X)=\{(q_0, XX)\}$ 的产生式

$$[q_0, X, q_0] \rightarrow 0[q_0, X, q_0][q_0, X, q_0]$$

$$[q_0, X, q_0] \rightarrow 0[q_0, X, q_1][q_1, X, q_0]$$

非终结符 $[q_0, X, q_1]$ 对应于移动 $\delta(q_0, 0, X)=\{(q_0, XX)\}$ 的产生式

$$[q_0, X, q_1] \rightarrow 0[q_0, X, q_0][q_0, X, q_1]$$

$$[q_0, X, q_1] \rightarrow 0[q_0, X, q_1][q_1, X, q_1]$$

非终结符 $[q_0, X, q_1]$ 对应于移动 $\delta(q_0, 1, X)=\{(q_1, \varepsilon)\}$ 的产生式

$$[q_0, X, q_1] \rightarrow 1$$

非终结符 $[q_1, Z_0, q_0]$ 对应于移动 $\delta(q_1, \varepsilon, Z_0)=\{(q_1, \varepsilon)\}$ 没有产生式。

非终结符 $[q_1, Z_0, q_1]$ 对应于移动 $\delta(q_1, \varepsilon, Z_0)=\{(q_1, \varepsilon)\}$ 的产生式

$$[q_1, Z_0, q_1] \rightarrow \varepsilon$$

非终结符 $[q_1, X, q_0]$ 对应于移动 $\delta(q_1, 1, X)=\{(q_1, \varepsilon)\}$ 和 $\delta(q_1, \varepsilon, X)=\{(q_1, \varepsilon)\}$ 都没有产生式。

非终结符 $[q_1, X, q_1]$ 对应于移动 $\delta(q_1, \varepsilon, X)=\{(q_1, \varepsilon)\}$ 的产生式

$$[q_1, X, q_1] \rightarrow 1$$

非终结符 $[q_1, X, q_1]$ 对应于移动 $\delta(q_1, 1, X)=\{(q_1, \varepsilon)\}$ 的产生式

$$[q_1, X, q_1] \rightarrow \varepsilon$$

得上下文无关文法

$$S \rightarrow [q_0, Z_0, q_0]$$

$$S \rightarrow [q_0, Z_0, q_1]$$

$$[q_0, Z_0, q_0] \rightarrow 0[q_0, X, q_0][q_0, Z_0, q_0]$$

$$[q_0, Z_0, q_0] \rightarrow 0[q_0, X, q_1][q_1, Z_0, q_0]$$

$$[q_0, Z_0, q_1] \rightarrow 0[q_0, X, q_0][q_0, Z_0, q_1]$$

$$[q_0, Z_0, q_1] \rightarrow 0[q_0, X, q_1][q_1, Z_0, q_1]$$

$$[q_0, X, q_0] \rightarrow 0[q_0, X, q_0][q_0, X, q_0]$$

$$[q_0, X, q_0] \rightarrow 0[q_0, X, q_1][q_1, X, q_0]$$

$$[q_0, X, q_1] \rightarrow 0[q_0, X, q_0][q_0, X, q_1]$$

$$[q_0, X, q_1] \rightarrow 0[q_0, X, q_1][q_1, X, q_1]$$

$$[q_0, X, q_1] \rightarrow 1$$

$$[q_1, Z_0, q_1] \rightarrow \varepsilon$$

$$[q_1, X, q_1] \rightarrow 1$$

$$[q_1, X, q_1] \rightarrow \varepsilon$$

其中，非终结符$[q_0, X, q_0]$、$[q_0, Z_0, q_0]$、$[q_1, X, q_0]$和$[q_1, Z_0, q_0]$是无用的非终结符号，再去除对应的无用的产生式，得

$$S \rightarrow [q_0, Z_0, q_1]$$

$$[q_0, Z_0, q_1] \rightarrow 0[q_0, X, q_1][q_1, Z_0, q_1]$$

$$[q_0, X, q_1] \rightarrow 0[q_0, X, q_1][q_1, X, q_1]$$

$$[q_0, X, q_1] \rightarrow 1$$

$$[q_1, Z_0, q_1] \rightarrow \varepsilon$$

$$[q_1, X, q_1] \rightarrow 1$$

$$[q_1, X, q_1] \rightarrow \varepsilon$$

利用其他符号表示非终结符，得

$$S \rightarrow A$$

$$A \rightarrow 0BC$$

$$B \rightarrow 0BD$$

$$B \rightarrow 1$$

$$C \rightarrow \varepsilon$$

$$D \rightarrow 1$$

$$D \rightarrow \varepsilon$$

化简得

$$S \rightarrow 0B$$

$$B \rightarrow 0B \mid 0BD$$

$$B \rightarrow 1$$

$$D \rightarrow 1$$

**例 4.11**　根据有限自动机构造 CFG，已知

$$PDA = (\{q_0\}, \{0, 1, 2\}, \{Z_0, A, B\}, \delta, q_0, Z_0, \varnothing)$$

其中，

$$<q_0, 0, Z_0, q_0, Z_0A>$$
$$<q_1, 1, Z_0, q_0, Z_0B>$$
$$<q_0, 2, Z_0, q_0, \varepsilon>$$
$$<q_0, 0, A, q_0, \varepsilon>$$
$$<q_0, 1, B, q_0, \varepsilon>$$

构造 CFG $G$ 使得 $L(G)=L(\text{PDA})$。

　　**解**：构造产生 $L(\text{PDA})$ 的 CFG$=(\sum, V, S, P)$。关于 $S$ 的产生式

$$S \rightarrow [q_0, Z_0, q_0]$$

根据 $\delta(q_0, 0, Z_0)=\{(q_0, Z_0A)\}$，可得

$$[q_0, Z_0, q_0] \rightarrow 0[q_0, Z_0, q_0][q_0, A, q_0]$$

根据 $\delta(q_1, 1, Z_0)=\{(q_0, Z_0B)\}$，可得

$$[q_0, Z_0, q_0] \rightarrow 1[q_0, Z_0, q_0][q_0, B, q_0]$$

根据 $\delta(q_0, 2, Z_0)=\{(q_0, \varepsilon)\}$，可得

$$[q_0, Z_0, q_0] \rightarrow 2$$

根据 $\delta(q_0, 0, A)=\{(q_0, \varepsilon)\}$，可得

$$[q_0, A, q_0] \rightarrow 0$$

　　根据 $\delta(q_0, 1, B)=\{(q_0, \varepsilon)\}$，可得

$$[q_0, B, q_0] \rightarrow 1$$

从而得

$$S \rightarrow [q_0, Z_0, q_0]$$
$$[q_0, Z_0, q_0] \rightarrow 0[q_0, Z_0, q_0][q_0, A, q_0]$$
$$[q_0, Z_0, q_0] \rightarrow 1[q_0, Z_0, q_0][q_0, B, q_0]$$
$$[q_0, Z_0, q_0] \rightarrow 2$$
$$[q_0, A, q_0] \rightarrow 0$$
$$[q_0, B, q_0] \rightarrow 1$$

　　利用其他符号表示非终结符，得

$$S \rightarrow A$$
$$A \rightarrow 0AB$$
$$A \rightarrow 1AC$$
$$A \rightarrow 2$$
$$B \rightarrow 0$$
$$C \rightarrow 1$$

化简为

$$S \rightarrow 0AB \mid 1AC \mid 2$$
$$A \rightarrow 0AB \mid 1AC \mid 2$$

$$B \rightarrow 0$$
$$C \rightarrow 1$$

**定理 4.13**　有多态 PDA，则存在一个单态 PDA′，使得 $L(\text{PDA})=L(\text{PDA}')$。

**证明**：略。

由定理 4.13 可知，若有 PDA，则存在一个上下文无关文法 $G$，使得 $L(\text{PDA})=L(G)$。

**注意**：某些上下文无关语言不能被确定的 PDA 所接收，但所有的上下文无关语言都能被不确定的 PDA 所接收，即确定的 PDA 和不确定的 PDA 是不等价的。

**例 4.12**　构造 PDA 接收语言 $L=\{\omega \mid \omega \in \{a, b\}^*$，$\omega$ 中 $a$ 的个数为 $b$ 的 2 倍且 $a$ 必须成对出现$\}$。

**思路**：将一个 $a$ 当作一个 $aa$。

构造上下文无关文法 $G$ 为

$$Z \rightarrow aCAZ \mid bBZ \mid \varepsilon$$
$$A \rightarrow aCAA \mid b$$
$$B \rightarrow bBB \mid aC$$
$$C \rightarrow a$$

对应单态 PDA

$$<a, Z_0, CAZ_0>$$
$$<b, Z_0, BZ_0>$$
$$<a, A, CAA>$$
$$<b, B, BB>$$
$$<a, B, C>$$
$$<b, A, \varepsilon>$$
$$<a, C, \varepsilon>$$
$$<\varepsilon, Z_0, \varepsilon>$$

可以扫描多个字母的 PDA

$$<a, Z_0, AZ_0>$$
$$<b, Z_0, BZ_0>$$
$$<a, A, AA>$$
$$<b, B, BB>$$
$$<aa, B, \varepsilon>$$
$$<b, AA, \varepsilon>$$
$$<\varepsilon, Z_0, \varepsilon>$$

或

$$<\text{one\_}a, a, Z_0, \text{two\_}a, AZ_0> \qquad //\text{成对 } a \text{ 的第一个 } a \text{ 进栈}$$
$$<\text{two\_}a, a, A, \text{one\_}a, A> \qquad //\text{成对 } a \text{ 的第二个 } a \text{ 不进栈}$$
$$<\text{one\_}a, a, A, \text{two\_}a, AA>$$

$$\langle one\_a, b, Z_0, one\_a, BZ_0\rangle$$
$$\langle one\_a, b, B, one\_a, BA\rangle$$
$$\langle one\_a, b, A, one\_a, \varepsilon\rangle$$

**例 4.13**　构造 PDA 接收语言 $L=\{\omega \mid \omega \in \{a, b\}^* \text{且}\omega \text{中 } a \text{ 的个数为 } b \text{ 的 2 倍}\}$。

**思路 1**：考虑出栈情况。基本结构为 $aab$、$aba$ 和 $baa$。

$$\langle a, Z_0, AZ_0\rangle$$
$$\langle b, Z_0, BZ_0\rangle$$
$$\langle a, A, AA\rangle$$
$$\langle b, B, BB\rangle$$
$$\langle a, B, AB\rangle$$
$$\langle b, A, BA\rangle$$
$$\langle a,\ BA,\ \varepsilon\rangle \qquad //aba$$
$$\langle a,\ AB,\ \varepsilon\rangle \qquad //baa$$
$$\langle b,\ AA,\ \varepsilon\rangle \qquad //aab$$
$$\langle \varepsilon, Z_0, \varepsilon\rangle$$

**思路 2**：构造文法为

$$S \rightarrow SaSaSbS \mid SaSbSaS \mid SbSaSaS \mid \varepsilon$$

转换为 GNF，再转换为 PDA。

**思考**：构造 PDA 接收语言 $L=\{\omega \mid \omega \in \{a, b\}^+ \text{且}\omega \text{中 } a \text{ 的个数为 } b \text{ 的 2 倍}\}$。

**例 4.14**　构造 PDA 接收语言 $L=\{a^n b^m \mid 0 \leqslant n \leqslant m, m \leqslant 2n\}$。

构造文法为

$$S \rightarrow aSB \mid aSBB \mid \varepsilon$$
$$B \rightarrow b$$

转换为单态 PDA

$$\langle a, S, SB\rangle$$
$$\langle a, S, SBB\rangle$$
$$\langle b, B, \varepsilon\rangle$$
$$\langle \varepsilon, S, \varepsilon\rangle$$

或构造多态 PDA 为

$$\langle q_0, \varepsilon, Z_0, q_0, \varepsilon\rangle$$
$$\langle q_0, a, Z_0, q_0, AZ_0\rangle$$
$$\langle q_0, a, A, q_0, AA\rangle$$
$$\langle q_0, a, A, q_0, AAA\rangle \qquad //1 \text{ 个 } a \text{ 对应可以压入 1 个或 2 个 } A$$
$$\langle q_0, b, A, q_1, \varepsilon\rangle$$
$$\langle q_1, b, A, q_1, \varepsilon\rangle$$

$<q_1, \varepsilon, Z_0, q_1, \varepsilon>$

**例 4.15**　构造 PDA 接收语言 $L=\{a^n b^m \mid 0 \leqslant m \leqslant n, n \leqslant 2m\}$。

构造文法为

$$S \rightarrow aASB \mid aSB \mid \varepsilon$$
$$A \rightarrow a$$
$$B \rightarrow b$$

转换为单态 PDA

$$<a, S, ASB>$$
$$<a, S, SB>$$
$$<a, A, \varepsilon>$$
$$<b, B, \varepsilon>$$
$$<\varepsilon, S, \varepsilon>$$

或构造多态 PDA 为

$$<q_0, a, Z_0, q_0, AZ_0>$$
$$<q_0, \varepsilon, Z_0, q_0, \varepsilon>$$
$$<q_0, a, A, q_0, AA>　　　//1 个 b 对应可以弹出 1 个或 2 个 A$$
$$<q_0, b, A, q_1, \varepsilon>$$
$$<q_0, b, AA, q_1, \varepsilon>$$
$$<q_1, b, A, q_1, \varepsilon>$$
$$<q_1, b, AA, q_1, \varepsilon>$$
$$<q_1, \varepsilon, Z_0, q_1, \varepsilon>$$

# 4.4　下推自动机应用实例

**实例 4.1**　基于下推自动机的 XML 数据流递归查询。

1. 问题定义

可扩展标记语言(Extensible Markup Language，XML)数据流对应的文档树结构中，从根到叶子的路径上，相同名字的元素节点重复出现，我们将其称为递归的 XML 数据流。在数据流中，所有从根到叶子的路径中，相同名字的元素节点重复出现的次数称为元素节点的递归深度，符号为 $R$。

递归 XML 数据流的复杂度由递归深度来衡量，这个递归深度由数据流中元素节点递归深度的最大值 $R_{max}$ 决定。如图 4.2 所示，关于 XML 数据流文档片段，$R_a = R_b = 2$，$R_c = R_e = R_d = 1$，则 $R_{max} = 2$，因此整个文档的递归深度为 2。

在查询 XML 数据流时，相互嵌套的不同深度的 XML 元素可能会匹配 XPath 查询表达式的同一个置步，这种现象称为多重匹配。

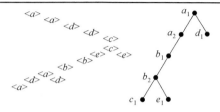

图 4.2　XML 文档片段及树结构

　　在该方法中处理的 XPath 查询是万维网联盟（World Wide Web Consortium，W3C）推荐的 XPath 查询子集，如图 4.3 所示。XPath 查询子集包括子孙轴(//)和谓词([])结构特征，如果该类型的 XPath 对递归的 XML 数据流进行查询处理，将会发生多重匹配。在该情况下，当遇到查询的返回元素节点时，可能出现大量匹配模式，如果此时 XPath 中谓词匹配不成功，则需暂时保存匹配模式信息，依据随后的处理来检查这些匹配模式是否符合 XPath 谓词的要求，并以此判断返回结果。例如，图 4.3 的 XML 数据流文档片段，XPath 查询表达式$//a[/d]//b[/e]//c$ 对它进行查询处理时，当 SAX（Simple API for XML，既指一种接口，也指一个软件包）解析器解析到 $c_1$ 节点时，$a_1b_1c_1$、$a_1b_2c_1$、$a_2b_1c_1$、$a_2b_1c_1$ 这 4 种匹配模式都匹配查询表达式的主干路径$//a//b//c$，但此时谓词检验不成功，当这些谓词节点未到来之前，无法判断哪些匹配模式符合要求，因此首先缓存这些匹配模式，当我们分别解析完 $e_1$ 和 $d_1$ 节点后，才最终知道只有 $a_1b_2c_1$ 符合查询表达式，并返回结果。

```
Query :: = Location step+ [ /Output style ]
Location step :: = { /|// } nodetest [ Predicate ]
Predicate :: = [ F [ Operator constant ] ]
F :: = @attribute | nodetest [ @attribute ]
Output style :: = @attribute | text ()
Opreator :: = > | = | < | <= | >=
```

图 4.3　XPath 查询子集

　　根据 XPath 语法定义，任意一个 XPath 路径表达式都可以转化成相对应的文法，依据自动机理论，则必然存在一个能够识别该查询语言的自动机。该方法中 XPath 查询子集的语法知识符合上下文无关文法，因此存在能够识别 XPath 查询语言的下推自动机。

　　2. 模型抽取

　　$N_0N_1\cdots N_n/0$ 作为查询表达式最通用的表示方式，$N_i$ 表示 XPath 的置步，0 表示查询结果的输出形式。由于 XPath 由许多置步组成，查询目的是通过这些置步来定位 XML 文档片段。置步处理模块作为整个查询模型的基本组成部分，它由 XPath 的每个置步转化而来，该模块实质上是一个状态集，这些状态包括主干路径匹配状态和谓词匹配状态，并且有模块运行的开始状态，状态之间用箭头连接在一起，箭头上标示了跳转条件，如果置步存在谓词，主干路径匹配状态中有属性为 TRUE 的状态，表明主干路径匹配和谓词检验成功；另外，主干路径匹配状态中有属性为 FALSE 的状态，表明主干路径匹配成功和谓词检验不成功；如果置步中不存在谓词，则主干路径匹配状态中只有属性为 TRUE 的状态，表明主干路径匹配和谓词检验成功，这样与谓词存在的情况有良好的衔接。如图 4.4 所示是置步

/Person[stuNum.text()=201021]转化成处理模块的一个实例，$S_0$ 是整个模块处理的开始状态，其中 $S_0$、$S_1$ 和 $S_3$ 是主干路径匹配状态，其他状态是谓词匹配状态。<Person>标示的箭头，表示只有 Person 元素的开始事件才能通过箭头到达所指状态，</Person>标示的箭头，表示只有 Person 元素的结束事件才能通过箭头到达所指状态，模块中其他标示的箭头尽管名称不同，但含义类似。查询过程中，当前活跃状态为 $S_2$ 时，将会出现 3 种情况：①Person 元素下无 stuNum 元素文本值，则状态直接从 $S_2$ 跳到 $S_1$，状态 $S_1$ 属性为 FALSE，谓词检验不成功；②Person 元素下有 stuNum 元素，但 stuNum 元素的文本值不符合要求，则状态从 $S_2 \rightarrow$ $S_4 \rightarrow S_1$，主干路径匹配成功和谓词检验不成功；③Person 元素下有 stuNum 元素，并且 stuNum 元素的文本值符合要求，则状态从 $S_2 \rightarrow S_5 \rightarrow S_3$，状态 $S_3$ 属性为 TRUE，主干路径匹配成功和谓词检验成功。

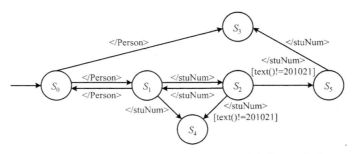

图 4.4　/Person [stuNum.text ()=201021]对应的处理模块

**实例 4.2**　仿真模型形式化描述。

随着计算机仿真的不断发展，人们对仿真软件的要求不断提高。一方面，用户对软件的功能、仿真对象的规模和复杂度的要求不断提高；另一方面，用户希望对仿真软件的使用尽可能简单、直观，希望能方便地使用计算机并充分发挥计算机系统的功能进行仿真对象的设计。一般情况下，这两方面的要求是相互矛盾的，解决这一矛盾的主要途径就是提供一个描述能力强的、可视的交互仿真环境。

交互仿真是将各仿真应用自主地加入或离开整体环境并在此环境中能彼此交互以实现特定的目的。由于在仿真过程中要进行多种模型的仿真，而在模型仿真时需要各种基本数据，如情报侦察系统仿真中雷达系统性能数据、飞机或军舰的平台数据等；同时仿真过程又产生大量的实时数据，如目标分配方案、目标威胁数据等。因此，情报侦察仿真系统具有一定的复杂性，设计模型中存在大量的经验系数。一种可行的方法是采用自动机形式化描述情报侦察仿真系统的结构模型，将其转化为状态转换函数，以元组形式存储于仿真数据库中，并用可视化的方式显示仿真结果。

飞机航迹规划的 PDA 仿真结构为（$\{S_1, S_2, S_3, S_4\}$，$\Sigma$，{初始速率、方位角、俯仰角、起始时间、终止时间、初始位置}，$\delta$，$S_1$，$Z_0$）。其中，状态转换函数 $\delta$ 如图 4.5 所示。弧上标记分别为：当前栈顶符号/下堆栈弹栈后压入符号/输入符号。图 4.5 只给出了一个航迹简单模型的示例，对于复杂的实体模型，表示方法类似。

仿真实体实现引擎由下推自动机实现，将图形仿真界面的形式化描述为下推自动机：

$$PDA = (Q, \Sigma, \Gamma, \delta, q_0, Z_0)$$

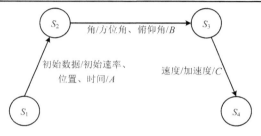

图 4.5　简单航迹模型的下推自动机转换图

其中，在仿真界面上各个图元的静止状态构成仿真引擎的状态集合 $Q$；仿真实体特征参数构成实体引擎的输入符号集 $\Sigma$；仿真实体模型属性值构成下推符号表 $\Gamma$；初始状态 $q_0$ 是仿真环境运行时进入的第一个界面状态。

不同的图元具有不同的仿真实体的模型参数设置以及不同的图元输出函数。根据自动机的当前状态 $S$、栈顶符号 $Z$、输入符号 $a$，构造状态转换函数 $\delta$ 及图元输出函数 $\mu$。

# 习　题　4

4.1　构造接收下列语言的 PDA。

(1) $\{1^n0^m \mid n \geq m \geq 1\}$；

(2) $\{1^n0^{2n}1^m \mid n, m \geq 1\}$；

(3) $\{1^n0^n1^m0^m \mid n, m \geq 1\}$；

(4) $\{0^n1^m \mid 0 < n \leq m \leq 2n\}$；

(5) {含有相同个数 0 和 1 的所有的 0, 1 串}；

(6) $\{\omega 2\omega^{\mathrm{T}} \mid \omega \in \{0, 1\}^*\}$；

(7) $\{\omega\omega^{\mathrm{T}} \mid \omega \in \{0, 1\}^*\}$。

4.2　构造单态 PDA 接收语言 $L = \{\omega c\omega^{\mathrm{T}} \mid \omega \in (a, b)^*\}$。

4.3　将文法 $G$ 转换为 CNF 形式：

$$S \rightarrow 00A \mid B \mid 1$$
$$A \rightarrow 1AA \mid 2$$
$$B \rightarrow 0$$

4.4　将文法 $G$ 转换为 GNF 形式：

$$S \rightarrow SSS \mid RS \mid 0$$
$$R \rightarrow RR \mid SR \mid 1$$

4.5　构造与下列文法等价的 GNF。

(1) $S \rightarrow aBB \mid bAA$
　　$B \rightarrow aBa \mid aa \mid \varepsilon$
　　$A \rightarrow bbA \mid \varepsilon$

(2) $S \rightarrow aBB \mid bAA$

$B \rightarrow BaBa \mid Aaa \mid \varepsilon$

$A \rightarrow SbbA \mid \varepsilon$

4.6　构造与下列文法等价的 PDA：

(1) $S \rightarrow aBB \mid bAA$

$B \rightarrow aBB \mid aA \mid a$

$A \rightarrow bBA \mid \varepsilon$

(2) $S \rightarrow aBcB \mid bAAd$

$B \rightarrow aBa \mid Da \mid \varepsilon$

$A \rightarrow bbA \mid \varepsilon$

$D \rightarrow d$

# 第 5 章  图  灵  机

本章讨论接收语言能力最强大的自动机——图灵机,它是由图灵(A. Turing)于 1936 年提出的。图灵机作为一种可计算性的数学模型,被用来研究可计算性(可计算的特点是有穷、离散、机械执行、停机),为计算机的发展奠定了理论基础,图灵也因此被称为计算机理论之父(冯·诺依曼被称为计算机体系结构之父)。实际上,图灵机可以模拟现代计算机的计算能力。使用图灵机可以解决计算机程序的可计算问题。图灵机的构造技术类似于计算机(指令级的)程序设计。

## 5.1  图灵机的基本模型

### 5.1.1  图灵机的定义

如果把图灵机的内部状态解释为指令,用字母表的字来表示,与输出字输入字同样存储在机器里,那就成为电子计算机了。图灵机的模型结构如图 5.1 所示,图灵机的物理模型如图 5.2 所示。

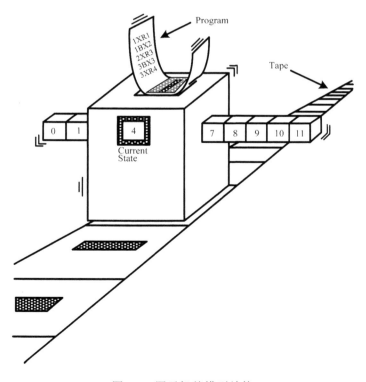

图 5.1  图灵机的模型结构

图灵机有一个有限状态控制器；一个外部的存储设备：一条可以随机向右扩展的无限长的存储带(带上有左端点，用├表示)。带被分解为单元，每个单元可以为空或者存放字母表上的字母符号，为方便起见，使用不属于字母表的特殊字符 B 来标记带上的空单元。

图 5.2　图灵机的物理模型

有限状态控制器通过一个读/写头来和带进行耦合。一般在带上字符串的右边开始用 B 标记连续的空单元。

在任意时刻，有限状态控制器处于某个状态，读/写头将扫描输入带上的一个单元，按照此时的状态和扫描到的输入带上的符号，图灵机将有如下动作：

(1)将有限状态控制器所处的状态进行改变；

(2)把刚刚扫描过的单元上的符号擦除掉，并印刷上一个新的符号(有可能印刷上与原来符号相同的符号，使得输入带上该单元的内容不变)；

(3)把读/写头向左或向右移动一个单元，或者读/写头不移动。

字母表是有限的，有限状态控制器所处的状态也是有限的，所以图灵机的一个动作可以由一个五元式来描述(称为图灵机的规则或指令)：

$$<q, x, q', W, \{L, R, N\}>$$

其中，$x, W \in \Sigma \cup \{B\} \cup A$；$A$ 是除字母表元素和 B 外的任意可以印刷的符号。

五元式表示图灵机处于状态 $q$ 时，若扫描到符号 $x$，则状态变换为 $q'$，印刷上新的符号 $W$，读/写头向左(L)、向右(R)移动或不移动(N)。

一般情况下，图灵机直接扫描输入带上左端点右边的第一个符号。

**例 5.1**　用图灵机接收语言$\{a^{2n} \mid n \geqslant 0\}$，即由偶数个 $a$ 的串组成的语言。

初始时，图灵机输入带上的符号为

$$\vdash aaa \cdots aaaB$$

图灵机初始处于状态 even，将要扫描第一个符号 $a$，使用以下规则描述图灵机(的动作)：

$$<even, a, odd, B, R>$$
$$<odd, a, even, B, R>$$
$$<odd, B, odd, B, R>$$
$$<even, B, accept, B, R>$$

若输入带上 $a$ 的个数为偶数，则图灵机经过多个动作后，处于接收状态 accept；最后的一个五元式还代表可以接收空串。

若输入带上 $a$ 的个数为奇数，根据

$$<odd, B, odd, B, R>$$

图灵机将不会停机，可以永远继续下去，这一点与其他自动机不同，即图灵机可能会导致永不停机。如果没有该条规则，则图灵机扫描到 B 即停机。

**例 5.2** 若语言为 $\{a^{2n} \mid n>0\}$，则有

<start, $a$, odd, B, R>

<odd, $a$, even, B, R>

<even, $a$, odd, B, R>

<odd, B, odd, B, R>

<even, B, accept, B, R>

可以接收非空的偶数个 $a$ 的串。

**定义 5.1** 图灵机的定义。

图灵机(简称 TM)是一个五元式：

$$TM = (Q, \Sigma, q_0, q_\alpha, \delta)$$

其中，$Q$ 是有限状态集合；$\Sigma$ 是输入带上字母表的有限集合，使用 $\overline{\Sigma} = \Sigma \cup \{B\} \cup A$ 代表 $\Sigma$ 的增广集合，$A$ 是除字母表元素和 B 外的任意可印刷符号；$q_0 \in Q$ 是唯一的开始状态；$q_\alpha \in Q$ 是唯一的接收状态；$\delta$ 是

$$Q \times \overline{\Sigma} \to Q \times \overline{\Sigma} \times \{L, R, N\}$$

的状态转换函数，对于任意的 $(q, x) \in Q \times \overline{\Sigma}$，

$$\delta(q, x) = (q', W, \{L, R, N\})$$

一般地，将状态转换函数记为如下一般形式：

$$<q, x, q', W, \{L, R, N\}>$$

也可以将图灵机定义为七元式：

$$TM = (Q, \Sigma, \Gamma, \delta, q_0, B, F)$$

其中，$Q$ 是有限状态集合；$\Sigma$ 是输入带上字母表的有限集合；$\Gamma$ 是输入带上的符号集合(就是 $\Sigma$ 的增广集合)；$q_0 \in Q$ 是唯一的开始状态；$B \in \Gamma$ 称为空白符；$F \subseteq Q$ 是终止状态集合；$\delta$ 是 $Q \times \Gamma \to Q \times \Gamma \times \{R, L, N\}$ 的状态转换函数的集合。

**定义 5.2** 图灵机的格局(瞬态描述 ID)的定义。

图灵机有状态集合 $Q$ 以及 $\Sigma$ 的增广集合 $\overline{\Sigma}$，每个时刻图灵机的格局为

$$\omega_1 q \omega_2 \in (\overline{\Sigma})^* Q (\overline{\Sigma})^*$$

其中，$\omega_1$ 是读/写头左边输入带上的符号串；$q$ 是图灵机当前所处的状态；$\omega_2$ 是读/写头右边还未扫描到的输入带上的符号串。

**注意**：串 $\omega_1$ 和 $\omega_2$ 必须包含输入带上所有的非空单元的字符。图灵机某个时刻的格局 $\omega_1 q \omega_2$ 可能不是唯一的，主要是因为串 $\omega_1$ 和 $\omega_2$ 可能不是唯一的，它们可以包含不同个数的空串 B，如 $\omega_1 q \omega_2$ 和 $B\omega_1 q \omega_2$ 与 $\omega_1 q \omega_2 B$ 是等价的。

若 $\omega_1 q \omega_2 = \omega_1 q x \omega$ 对于 $\delta(q, x)$ 无定义，则图灵机在格局 $\omega_1 q \omega_2$ 时停机。

**定义 5.3** 格局转换的定义。

若图灵机在格局 $\omega_1 q \omega_2$ 上不停机，令

$$\omega_1 q \omega_2 = r_1 y q x r_2$$

其中，

　　$r_1y=\omega_1$　　（若 $\omega_1=\varepsilon$，则 $y$=B，$r_1=\varepsilon$）

　　$xr_2=\omega_2$　　（若 $\omega_2=\varepsilon$，则 $r_2=\varepsilon$，$x$=B）

格局 $\omega_1q\omega_2$ 如图 5.3 所示。

图灵机经过一个动作后，下一个格局记为

$$\omega_1'q'\omega_2'$$

使用

$$\omega_1q\omega_2 => \omega_1'q'\omega_2'$$

表示图灵机的格局转换。若有

$$\delta(q,x)=(q',x',\mathrm{L})$$

则下一个格局

$$\omega_1'q'\omega_2'=r_1q'yx'r_2$$

若有

$$\delta(q,x)=(q',x',\mathrm{N})$$

则下一个格局

$$\omega_1'q'\omega_2'=r_1yq'x'r_2$$

若有

$$\delta(q,x)=(q',x',\mathrm{R})$$

则下一个格局

$$\omega_1'q'\omega_2'=r_1y\,x'q'r_2$$

使用 $=>^*$ 代表格局的任意次（包括 0 次）变换；

使用 $=>^+$ 代表格局的多次（至少 1 次）变换。

**注意**：读/写头不能向左移动出输入带上的左端点。

**定义 5.4**　图灵机接收的语言的定义。

图灵机 $M=(Q,\Sigma,q_0,q_a,\delta)$ 在字母表 $\Sigma$ 上接收的语言为 $L(M)$，则

$$L(M)=\{\omega\mid\omega\in\Sigma^*\text{且存在}\omega_1,\omega_2\in(\Sigma)^*,\text{有 }q_0\omega=>^*\omega_1q_a\omega_2\}$$

图灵机接收的语言称为递归可枚举语言（Recursively Enumerable Language）。

**定义 5.5**　完全图灵机的定义。

如果图灵机对于一切输入串都能够停机，则称该图灵机是完全图灵机。

完全图灵机接收的语言 $L$ 称为递归语言（Recursive Language）。

## 5.1.2　图灵机的构造

**例 5.3**　接收仅含有一个 1 的 0、1 串的语言的图灵机为

$$\mathrm{TM}=(\{q_0,q_1,q_2\},\{0,1\},q_0,q_2,\delta)$$

其中状态转换函数 $\delta$ 为

$$\delta(q_0,0)=(q_1,0,\mathrm{R})$$

图 5.3　格局 $r_1yqxr_2$

$$\delta(q_0, 1) = (q_1, 1, R)$$

$$\delta(q_1, 0) = (q_1, 0, R)$$

$$\delta(q_1, B) = (q_2, B, R)$$

或将状态转换函数记为

$$<q_0, 0, q_1, 0, R>$$

$$<q_0, 1, q_1, 1, R>$$

$$<q_1, 0, q_1, 0, R>$$

$$<q_1, B, q_2, B, R>$$

$\delta$ 函数也可以表达为矩阵形式，如表 5.1 所示。

表 5.1　状态转换函数的矩阵表示

|  | 0 | 1 | B |
|---|---|---|---|
| $q_0$ | $(q_0, 0, R)$ | $(q_1, 1, R)$ |  |
| $q_1$ | $(q_1, 0, R)$ |  | $(q_2, B, R)$ |
| $q_2$ |  |  |  |

利用格局转换描述图灵机处理 000100 的过程为

$$q_0000100 => 0q_000100$$

$$=> 00q_00100$$

$$=> 000q_0100$$

$$=> 0001q_100$$

$$=> 00010q_10$$

$$=> 000100q_1$$

$$=> 000100Bq_2$$

利用格局转换描述图灵机处理 000101 的过程为

$$q_0000101 => 0q_000101$$

$$=> 00q_00101$$

$$=> 000q_0101$$

$$=> 0001q_101$$

$$=> 00010q_11$$

利用格局转换描述图灵机处理 00000 的过程为

$$q_000000 => 0q_00000$$

$$=> 00q_0000$$

$$=> 000q_000$$

$$=> 0000q_00$$

$$=> 00000q_0B$$

**例 5.4** 构造图灵机接收语言 $\{a^n b^n \mid n>0\}$。

**思路**：当图灵机遇到 $a$ 时，将 $a$ 改写为#，然后向右寻找 $b$，找到 $b$，将 $b$ 改写为#，再向左找 $a$(此时的 $a$ 是整个 $a$ 串最右边的 $a$)，将 $a$ 改写为#，然后向右寻找 $b$，找到 $b$，将 $b$ 改写为#，再向左找 $a$……直到所有 $a$ 都找完。

构造

$$\text{TM}=(Q, \Sigma, \text{start}, \text{accept}, \delta)$$

其中，

$$Q=\{\text{start, del\_b, seek\_a, check, accept}\}$$
$$\Sigma=\{a, b\}$$
$$\Sigma=\{a, b, \text{B}, \#\}$$

(1) 读到一个 $a$，用#代替它，读/写头向右移动，寻找 $b$：

$$<\text{start}, a, \text{del\_b}, \#, \text{R}>$$
$$<\text{del\_b}, a, \text{del\_b}, a, \text{R}>$$
$$<\text{del\_b}, \#, \text{del\_b}, \#, \text{R}>$$

**注意**：在 del\_b 状态时，若遇到 B，则停机。

(2) 当处于状态 del\_b 时，扫描到 $b$，用#代替它，读/写头向左移动，寻找 $a$，从(1)开始又重复循环：

$$<\text{del\_b}, b, \text{seek\_a}, \#, \text{L}>$$
$$<\text{seek\_a}, \#, \text{seek\_a}, \#, \text{L}>$$
$$<\text{seek\_a}, a, \text{del\_b}, \#, \text{R}>$$

(3) 在状态 seek\_a 时，没有再发现 $a$(都已经被#代替)，还需检查是否所有的 $b$ 都已经被扫描过：

$$<\text{seek\_a}, \vdash, \text{check}, \text{B}, \text{R}>$$
$$<\text{check}, \#, \text{check}, \#, \text{R}>$$
$$<\text{check}, \text{B}, \text{accept}, \text{B}, \text{N}>$$

该图灵机存在如下问题：能接收 $a^n b^n$ 形式的所有串，但对于其他串，如 $aababb$，该图灵机也能接收，原因是没有保证字母 $a$ 和 $b$ 的顺序。

为了区别原来的字母 $a$ 和 $b$，使用不同的符号#和$分别代替字母 $a$ 和 $b$，使得当所有字母 $a$ 和 $b$ 都识别结束时，输入带上的串为 B###…##$$$…$$B。即前面有 $n$ 个#，后面 $n$ 个全部都是$。

**例 5.5** 修改例 5.4，使用图灵机接收语言 $\{a^n b^n \mid n>0\}$。

$$\text{TM}=(Q, \Sigma, \text{start}, \text{accept}, \delta)$$

其中，

$$Q=\{\text{start, del\_b, seek\_a, check1, check2, accept}\}$$
$$\Sigma=\{a, b\}$$

$$\Sigma=\{a, b, \mathrm{B}, \#, \$\}$$

(1)图灵机读到一个 $a$，用#代替它，读/写头向右移动，寻找 $b$：

<start, a, del_b, #, R>

<del_b, a, del_b, a, R>

<del_b, #, del_b, #, R>

<del_b, $, del_b, $, R>

**注意**：在状态 del_b 时，若遇到 B，则停机。

(2)当处于状态 del_b 时，扫描到 $b$，用\$代替它，读/写头向左移动，寻找 $a$（从(1)开始又重复循环）：

<del_b, b, seek_a, $, L>

<seek_a, #, seek_a, #, L>

<seek_a, $, seek_a, $, L>

<seek_a, a, del_b, #, R>

(3)在状态 seek_a 时，没有再发现 $a$（都已经被#所代替），还需要检查是否所有的 $b$ 都已经被扫描过，还必须注意#与\$的顺序：

<seek_a,⊢, check1,⊢, R>

<check1, #, check1, #, R>

<check1, $, check2, $, R>

<check2, $, check2, $, R>

<check2, B, accept, B, N>

**例 5.6**　使用第二种算法，使得图灵机接收语言 $\{a^n b^n \mid n>0\}$。

**思路**：当图灵机遇到 $a$ 时，将 $a$ 改写为#，然后到右边寻找 $b$，找到 $b$，将 $b$ 改写为\$，再向左寻找 $a$（此时的 $a$ 是整个 $a$ 串最左边的 $a$），将 $a$ 改写为#，然后到右边寻找 $b$，找到 $b$，将 $b$ 改写为\$，再向左寻找 $a$……直到所有 $a$ 都寻找完。

**构造**

$$\mathrm{TM}=(Q, \Sigma, \mathrm{start}, \mathrm{accept}, \delta)$$

其中，

$$Q=\{\mathrm{start, del\_b, seek\_\#, seek\_a, check, accept}\}$$

$$\Sigma=\{a, b\}$$

$$\Sigma=\{a, b, \mathrm{B}, \#, \$\}$$

(1)图灵机读到一个 $a$，用#代替它，读/写头向右移动，寻找 $b$：

<start, a, del_b, #, R>

<del_b, a, del_b, a, R>

<del_b, $, del_b, $, R>

(2)当图灵机处于状态 del_b 时，扫描到 $b$，用\$代替它，读/写头向左移动，寻找 $a$：

<del_b, b, seek_#, $, L>

<seek_#, $, seek_#, $, L>

<seek_#, a, seek_#, a, L>　　　　　　　　跳过整个 a 串

<seek_#, #, seek_a, #, R>　　　　　　　找到最右边的#

<seek_a, a, del_b, #, R>　　　　　　　　找到最左边的 a

（3）在状态 seek_a 时，没有再发现 a，还需要检查是否所有的 b 都已经被扫描过：

<seek_a, $, check, $, R>

<check, $, check, $, R>

<check2, B, accept, B, N>　　　　　　　最右边的 B

**例 5.7**　使用第三种算法，使得图灵机接收语言{$a^n b^n \mid n>0$}。

**思路**：将 a 改写为#，将 b 改写为$，首先检查输入串是否为 $a^+ b^+$ 的格式；如果不是，则拒绝该串，如果是，串应该变为 $\#^+ \$^+$ 的格式，将 $\#^+ \$^+$ 的格式还原为 $a^+ b^+$ 的格式，再检查 a 和 b 的个数是否相等。当图灵机遇到 a 时，将 a 改写为#，然后到右边寻找 b，找到 b，将 b 改写为$，再向左寻找 a（此时的 a 是整个 a 串最右边的 a），将 a 改写为#，然后到右边寻找 b，找到 b，将 b 改写为$，再向左寻找 a……直到所有 a 都找完。

$$TM=(Q, \Sigma, start, accept, \delta)$$

其中，

$Q$={start, s_a, s_b, first, first_a, first_b, new_start, del_b, seek_a, check, accept}

$$\Sigma=\{a, b\}$$

$$\Sigma=\{a, b, B, \#, \$\}$$

<start, a, s_a, #, R>

<s_a, a, s_a, #, R>　　　　　　　　扫描 a

<s_a, b, s_b, $, R>

<s_b, b, s_b, $, R>　　　　　　　　扫描 b

<s_b, B, first, B, L>

<first, $, first_b, b, L>　　　　　　开始还原

<first_b, $, first_b, b, L>

<first_b, #, first_a, a, L>

<first_a, #, first_a, a, L>

<first_a, ⊢, new_start, ⊢, R>　　　　开始检查 a 和 b 的个数是否相等

<new_start, a, del_b, #, R>

<del_b, a, del_b, a, R>

<del_b, #, del_b, #, R>

<del_b, b, seek_a, #, L>

&lt;seek_a, #, seek_a, #, L&gt;

&lt;seek_a, *a*, del_b, #, R&gt;

&lt;seek_a,⊢, check,⊢, R&gt;　　　　　　　　检查是否有多余的 *b*

&lt;check, #, check, #, R&gt;

&lt;check, B, accept, B, N&gt;

**例 5.8** 使用图灵机接收语言 $\{a^n b^n c^n \mid n>0\}$。

$$TM=(Q, \Sigma, start, accept, \delta)$$

其中，

$$Q=\{start, del\_b, del\_c, seek\_a, check1, check2, check3, accept\}$$

$$\Sigma=\{a, b, c\}$$

$$\Sigma=\{a, b, c, B, \#, \$, !\}$$

(1)图灵机读到一个 *a*，用#代替它，读/写头向右移动，寻找 *b*：

&lt;start, *a*, del_b, #, R&gt;

&lt;del_b, *a*, del_b, *a*, R&gt;

&lt;del_b, #, del_b, #, R&gt;

&lt;del_b, \$, del_b, \$, R&gt;

(2)当图灵机处于状态 del_b 时，扫描到 *b*，用\$代替它，读/写头向右移动，寻找 *c*：

&lt;del_b, *b*, del_c, \$, R&gt;

&lt;del_c, *b*, del_c, *b*, R&gt;

&lt;del_c, !, del_c, !, R&gt;

(3)当处于状态 del_c 时，扫描到 *c*，用!代替它，读/写头向左移动，寻找 *a*，从(1)开始重复循环：

&lt;del_c, *c*, seek_a, !, L&gt;

&lt;seek_a, !, seek_a, !, L&gt;

&lt;seek_a, *b*, seek_a, *b*, L&gt;

&lt;seek_a, \$, seek_a, \$, L&gt;

&lt;seek_a, *a*, del_b, #, R&gt;

(4)在状态 seek_a 时，没有再发现 *a*(都已经被#所代替)，还需要检查是否所有的 *b* 和 *c* 都已经被扫描过(注意#、\$和!的顺序)：

&lt;seek_a,⊢, check1,⊢, R&gt;

&lt;check1, #, check1, #, R&gt;　　　　　　　　跳过所有#

&lt;check1, \$, check2, \$, R&gt;　　　　　　　　识别第一个\$

&lt;check2, \$, check2, \$, R&gt;　　　　　　　　跳过剩余\$

&lt;check2, !, check3, !, R&gt;　　　　　　　　识别第一个!

<check3, !, check3, !, R>　　　　　　跳过剩余!

<check3, B, accept, B, N>　　　　　　接收

该图灵机接收语言$\{a^n b^n c^n \mid n>0\}$。也有多种方法接收语言$\{a^n b^n c^n \mid n>0\}$。

**例 5.9**　构造图灵机接收语言$\{a^k \mid k=2^n, n>0\}$。

$$TM=(Q, \Sigma, start, accept, \delta)$$

其中，

$Q=\{start,checkone0,seekend0,seekfront0,replace\$,replace\#,delete\$,refresh0,reject,accept\}$

$$\Sigma=\{a, b, c\}$$

$$\Sigma'=\{a, b, c, B, \#, \$, !\}$$

(1) 判断是否只有 1 个 0，只有 1 个 0 就接收：

<start, 0, checkone0, #, R>

<checkone0, B, accept, B, N>

(2) 对折判断是否为 2 的倍数：

<checkone0,0,seekend0,0,R>

<seekend0,0,seekend0,0,R>

<seekend0,\$,replace\$,\$,L>

<seekend0,B,replace\$,B,L>

<replace\$,0,seekfront0,\$,L>

<seekfront0,0,seekfront0,0,L>

<seekfront0,#,replace#,#,R>

<replace#,0,seekend0,#,R>

(3) 除 2 并刷新 0：

<replace#,\$,delete\$,B,R>

<delete\$,\$,delete\$,B,R>

<delete\$,B,refresh0,B,L>

<refresh0,B,refresh0,B,L>

<refresh0,#,refresh0,0,L>

<refresh0,B,start,B,R>

(4) 不是 2 的倍数，则拒收：

<replace\$,#,reject,#,N>

**思考：**

(1) 构造图灵机接收语言$\{a^i b^j c^{i+j} \mid i, j, k>0\}$。

(2) 构造图灵机接收语言$\{c^{i+j} a^i b^j \mid i, j, k>0\}$。

(3) 构造图灵机接收语言$\{a^i b^j c^{i\times j} \mid i, j, k>0\}$。

(4) 构造图灵机接收语言$\{c^{i\times j} a^i b^j \mid i, j, k>0\}$。

(5)构造图灵机接收语言$\{\omega c \omega^{\mathrm{T}} \mid \omega \in (a, b)^*\}$。

(6)构造图灵机接收语言$\{a^k \mid k=3^n, n>0\}$。

(7)构造图灵机能够计算两个二进制数的和。

## 5.2 图灵机作为非负整数函数计算模型

设有$k$元函数

$$f(n_1, n_2, \cdots, n_k)$$

和图灵机

$$\mathrm{TM}=(Q, \Sigma, q_0, q_\alpha, \delta)$$

如果图灵机接收输入串$0^{n_1}10^{n_2}1\cdots10^{n_k}$，而输出符号串$0^m$；但当$f(n_1, n_2, \cdots, n_k)$无定义时，图灵机没有恰当的输出，则图灵机计算$k$元函数$f$或称$k$元函数$f$为图灵机计算的函数，也称$k$元函数$f$是图灵可计算的(Turing Computable)。

**定义 5.6** 设有$k$元函数$f$，如果对于任意的$n_1, n_2, \cdots, n_k$，$f$均有定义，也就是计算$f$的图灵机总能给出确定的输出，则称$f$为完全递归函数(Total Recursive Function)。一般地，图灵机计算的函数称为部分递归函数(Partial Recursive Function)。

从对任意输入串是否都停机来讲，部分递归函数与递归可枚举语言相对应，完全递归函数与递归语言对应。

图灵机和其他自动机都具有识别语言的功能，还具有计算功能，如可以在指定的数的表示法情况下，实现整数函数的求值。

$k$元函数是多个二元函数的组合，本节仅讨论图灵机计算二元函数的情况。

为便于描述，使用"一进制"方式表示一个整数，即使用$0^m$表示整数$m$。若需要计算$f(m, n)$，则可以在输入带上存放$0^m10^n$，然后通过图灵机的动作，将输入带上串设置为$f(m, n)$个 0 的形式，即表示出计算的结果。

**例 5.10** 构造加法图灵机，对于任意非负整数$m$和$n$，计算$m+n$。

**分析**：图灵机输入$0^m10^n$，需要输出$0^{m+n}$。

当$m=n=0$时，输入为 1，输出为 B，需将 1 改写为 B。

当$m=0$，$n>0$时，输入为$10^n$，输出为$0^n$，需将 1 改写为 0，将最后一个 0 改写为 B。

当$m>0$，$n=0$时，输入为$0^m1$，输出为$0^m$，需将 1 改写为 B。

当$m>0$，$n>0$时，输入为$0^m10^n$，输出为$0^{m+n}$，需将 1 改写为 0，将最后一个 0 改写为 B。

动作规律如下：将 1 改写为 0，将最后一个 0 改写为 B(可能是 1 改写成的 0)。

$$\mathrm{TM}=(Q, \Sigma, \mathrm{start}, \mathrm{accept}, \delta)$$

其中，

$$Q=\{\mathrm{start}, q_1, q_2, \mathrm{accept}\}$$

$$\Sigma=\{0, 1\}$$

$$\Sigma'=\{0, 1, B\}$$

方法 1：start 可以是一般状态

　　　　　　　　　<start, 0, start, 0, R>

　　　　　　　　　<start, 1, $q_1$, 0, R>

　　　　　　　　　<$q_1$, 0, $q_1$, 0, R>

　　　　　　　　　<$q_1$, B, $q_2$, B, L>　　　　　遇到 B，向左寻找 0

　　　　　　　　　<$q_2$, 0, accept, B, N>　　　　最后的 0 改为 B

方法 2：start 仅为开始状态

　　　　　　　　　<start, 1, $q_1$, 0, R>　　　　　串为 1 或 $10^n$

　　　　　　　　　<start, 0, $q_1$, 0, R>　　　　　第 1 个 0

　　　　　　　　　<$q_1$, 0, $q_1$, 0, R>　　　　　跳过剩余的 0

　　　　　　　　　<$q_1$, 1, $q_1$, 0, R>　　　　　遇到 1，改为 0

　　　　　　　　　<$q_1$, B, $q_2$, B, L>　　　　　遇到 B，向左寻找 0

　　　　　　　　　<$q_2$, 0, accept, B, N>　　　　最后的 0 改为 B

整个串只允许一个 1。扫描 1 左边和右边的 0 的工作都由

　　　　　　　　　<$q_1$, 0, $q_1$, 0, R>

完成。

　　需要注意的是，由于将中间的 1 改为了 0，所以需要找到串的最后一个 0，并将它改为 B。

　　**思考**：构造图灵机，对于任意非负整数 $m$，计算 $m+1$。

　　**例 5.11**　构造图灵机，实现非负减法(真减法)，该运算定义为

$$m \dot{-} n = \begin{cases} m-n, & m>n \\ 0, & m \leqslant n \end{cases}$$

　　**思路 1**：原来输入带上字符串的形式为 $0^m10^n$，寻找 1 左边的一个 0，删除 1 右边的一个 0；可能在寻找 1 左边的 0 时结束 $(m \leqslant n)$，或者在删除 1 右边的 0 时结束 $(m>n)$。

$$TM = (Q, \Sigma, start, accept, \delta)$$

(1) <start, 0, seek_1, B, R>　　　　扫描第 1 个 0

(2) <seek_1, 0, seek_1, 0, R>　　　跳过 1 左边的剩余的 0

　　　<seek_1, 1, del_0, 1, R>　　　原标记的 1

(3) <del_0, 0, seek_B, 1, L>　　　将 1 后的第 1 个 0 变为 1

　　　<del_0, 1, del_0, 1, R>

(4) <seek_B, 1, seek_B, 1, L>　　　向左寻找 0

　　　<seek_B, 0, seek_B, 0, L>

　　　<seek_B, B, start, B, R>　　　转(1)重复上述动作

(5) <del_0, B, $m>n$, B, L>　　　遇到最右边的 B，表示 1 右边已没有 0

　　　<$m>n$, 1, $m>n$, B, L>　　　将 1 改写为 B

$<m > n, 0, m > n, 0, L>$

$<m > n, B, accept, 0, N>$ 补写 1 个 0，结束

(6)$<start, 1, m \leq n, B, R>$ start 遇到第一个 1

$<m \leq m, 1, m \leq n, B, R>$

$<m \leq m, 0, m \leq n, B, R>$

$<m \leq n, B, accept, B, N>$ 此时，输入带上全为 B，表示 0

在第(5)步开始时，输入带上的字符串形式为

$$BBB\underbrace{\cdots 000\cdots}_{m-n-1个}\underbrace{011\cdots}_{n个}11B$$

当 $m>n$ 时，根据图灵机的动作，在左边消除一个 0，再去 1 的右边寻找 0，当发现 1 的右边已经没有 0 时，减法工作应该结束，但左边多消除了一个 0。因此，第(5)步，在 $m>n$ 的控制下除了将 1 改写为 B 外，还应该将一个 0 补写回来，才能结束减法工作。此时，输入带上的字符串形式为

$$BBB\underbrace{\cdots 000\cdots}_{m-n个}0B$$

当 $m \leq n$ 时，整个减法的结果应该为 0，输入带全为 B。

当 $m=n=0$，则串为 1BB$\cdots$ 的形式，使用

$$<start, 1, m \leq n, B, R>$$

$$<m \leq n, B, accept, B, N>$$

将 1 改为 B 即可。

**思路 2**：图灵机反复进行下面的工作。先用 B 替换 1 左边领头的 0，然后向右寻找 1 右边的第一个 0，并将这个 0 替换为 $X$，然后左移到 B，重新开始循环。

退出循环的条件有如下两种：

(1)1 的左边找不到 0，说明 $n \leq m$，应输出 $0^0$，应将所有非 B 符号改写为 B；

(2)1 的右边找不到 0，说明 $n > m$，应输出 $0^{n-m}$，应将 1 替换为 0，将 $X$ 替换为 B。

状态转换函数如下所示。

(1)开始循环，用 B 替换 1 左边领头的 0：

$$<q_0, 0, q_1, B, R>$$

(2)向右寻找 1：

$$<q_1, 0, q_1, 0, R>$$

$$<q_1, 1, q_2, 1, R>$$

(3)向右寻找 1 右边的第一个 0，并将这个 0 替换为 $X$：

$$<q_2, X, q_2, X, R>$$

$$<q_2, 0, q_3, X, L>$$

(4)左移到 B，重新开始循环：

$$<q_3, X, q_3, X, L>$$

$$<q_3, 1, q_3, 1, L>$$

$$<q_3, 0, q_3, 0, L>$$
$$<q_3, B, q_0, B, R>$$

（5）符合退出条件（1），即 1 的左边寻找不到 0，用状态 $q_4$ 向右扫描，将所有非 B 符号改写为 B，并进入终止状态 $q_6$：

$$<q_0, 1, q_4, B, R>$$
$$<q_4, X, q_4, B, R>$$
$$<q_4, 0, q_4, B, R>$$
$$<q_4, B, q_6, B, R>$$

（6）符合退出条件（2），即 1 的右边寻找不到 0，用状态 $q_5$ 向左扫描，将所有 X 改写为 B，将 1 替换为 0，并进入终止状态 accept：

$$<q_2, B, q_5, B, L>$$
$$<q_5, X, q_4, B, L>$$
$$<q_5, 1, q_5, 0, L>$$
$$<q_5, B, accept, B, N>$$

## 5.3　图灵机的构造技术

前面介绍了图灵机的基本模型和构造图灵机的一些例子。如果将图灵机当作计算机，构造一个具体的图灵机，就相当于为计算机编写一个程序。本节介绍的图灵机的一些构造技术，相当于一些计算机程序设计的技术。这些技术具有一般性，对于图灵机的构造和程序设计具有较大的帮助。

### 5.3.1　图灵机的存储技术

**例 5.12**　构造图灵机，输入字母表为 $\{a, b, c\}$，要求图灵机接收语言 $L$：该语言的每个字符串的第一个符号在该串中仅出现一次。

**思路**：使用 first_is_a、first_is_b 和 first_is_c 分别代表输入带上的字符串的第一个符号为 $a$、$b$ 和 $c$ 的状态。在扫描输入带上的其他符号时，与第一个符号进行比较：如果两个符号相同，则拒绝并停机；如果输入带上的其他符号与第一个符号都不相同，则接收该字符串。

$$TM=(Q, \Sigma, start, accept, \delta)$$

其中，

$$Q=\{start, first\_is\_a, first\_is\_b, first\_is\_c, refuse, accept\}$$
$$\Sigma=\{a, b, c\}$$
$$\Sigma=\{a, b, c, B\}$$

（1）<start, $a$, first_is_a, $a$, R>　　　　　扫描第一个符号，并存储第一个符号

　　　<start, $b$, first_is_b, $b$, R>

&lt;start, *c*, first_is_c, *c*, R&gt;

(2) &lt;first_is_a, *a*, refuse, *a*, N&gt;　　　　　　判断剩余的符号是否再出现 *a*

　　　&lt;first_is_a, *b*, first_is_a, *b*, R&gt;

　　　&lt;first_is_a, *c*, first_is_a, *c*, R&gt;

(3) &lt;first_is_b, *a*, first_is_b, *a*, R&gt;　　　　　判断剩余的符号是否再出现 *b*

　　　&lt;first_is_b, *b*, refuse, *b*, N&gt;

　　　&lt;first_is_b, *c*, first_is_b, *c*, R&gt;

(4) &lt;first_is_c, *a*, first_is_c, *a*, R&gt;　　　　　判断剩余的符号是否再出现 *c*

　　　&lt;first_is_c, *b*, first_is_c, *b*, R&gt;

　　　&lt;first_is_c, *c*, refuse, *c*, N&gt;

(5) &lt;first_is_a, B, accept, B, N&gt;　　　　　　　遇到最右边的 B，接收该串

　　　&lt;first_is_b, B, accept, B, N&gt;

　　　&lt;first_is_c, B, accept, B, N&gt;

图灵机的有限状态控制器可以保存有限数量的信息，即保存多个状态。状态的表示方法可以多种多样，不仅是单个字母或加上一些下标的字母的简单标记。实际上，状态可以使用比较复杂的结构进行表达，至少可以使用一个 *n* 元组表示一个状态，而 *n* 元组的不同分量可以代表不同的含义。比较常用的是使用二元组表示单个状态，其中第一个分量仍然表示原来的状态；第二个分量是输入带上的符号串的子串，可以使用这种方式将输入带上的一个或多个符号"存储"到图灵机的有限状态控制器中。即使用一个分量实现控制，另一个分量用于存储。

**例 5.13**　使用存储技术构造图灵机，输入字母表为 {*a*, *b*, *c*}，要求图灵机接收语言 *L*：该语言的每个字符串的第一个符号在该串中仅出现一次。

**思路**：要求第一个符号仅出现一次，那么，图灵机可以"记住"输入带上的第一个符号（*a* 或 *b* 或 *c*），在扫描输入带上的其他符号时，与第一个符号进行比较：如果两个符号相同，则拒绝并停机；如果输入带上的其他符号与第一个符号都不相同，则接收该字符串。

使用二元组表示单个状态，其中第一个分量仍然表示原来的状态；第二个分量是输入带上的第一个符号。[*q*, *a*]、[*q*, *b*] 和 [*q*, *c*] 分别代表输入带上的字符串的第一个符号为 *a*、*b* 和 *c* 的状态。

$$TM = (Q, \Sigma, start, accept, \delta)$$

其中，

$$Q = \{start, [q, a], [q, b], [q, c], refuse, accept\}$$

$$\Sigma = \{a, b, c\}$$

$$\Sigma' = \{a, b, c, B\}$$

(1) &lt;start, *a*, [*q*, *a*], *a*, R&gt;　　　　　　扫描第一个符号，并存储第一个符号

　　　&lt;start, *b*, [*q*, *b*], *b*, R&gt;

　　　&lt;start, *c*, [*q*, *c*], *c*, R&gt;

(2) &lt;[*q*, *a*], *a*, refuse, *a*, N&gt;　　　　　第一个符号是 *a*，判断剩余的符号是否再出现 *a*

　　　　　&lt;[q, a], b, [q, a], b, R&gt;

　　　　　&lt;[q, a], c, [q, a], c, R&gt;

(3)&lt;[q, b], a, [q, b], a, R&gt;　　　　　第一个符号是 b，判断剩余的符号是否再出现 b

　　　　　&lt;[q, b], b, refuse, b, N&gt;

　　　　　&lt;[q, b], c, [q, b], c, R&gt;

(4)&lt;[q, c], a, [q, c], a, R&gt;　　　　　第一个符号是 c，判断剩余的符号是否再出现 c

　　　　　&lt;[q, c], b, [q, c], b, R&gt;

　　　　　&lt;[q, c], c, refuse, c, N&gt;

(5)&lt;[q, a], B, accept, B, N&gt;　　　　　遇到最右边的 B，接收该串

　　　　　&lt;[q, b], B, accept, B, N&gt;

　　　　　&lt;[q, c], B, accept, B, N&gt;

**注意**：直接运用规则(1)和规则(5)可以接收只有一个符号的输入串。

上述两个例子中，第一个例子使用 first_is_a 来代表输入带上的字符串的第一个符号为 a 的状态，第二个例子使用二元组[q, a]代表输入带上的字符串的第一个符号为 a 的状态。图灵机的基本结构和模型并未发生改变，但使用 n 元组表示一个状态更为直观和方便。

**例 5.14**　构造图灵机，输入字母表为{a, b, c}，要求图灵机接收语言 L：该语言的每个字符串的最后一个符号在该串中仅出现一次。

**思路 1**：要求最后一个符号仅出现一次，那么需要图灵机先将读/写头移动到输入带上输入串的最后，"记住"输入带上的最后一个符号(a 或 b 或 c)。再向左移动读/写头，以便扫描输入带上的其他符号时，与最后一个符号进行比较，如果两个符号相同，则拒绝并停机；如果输入带上的其他符号与最后一个符号都不相同，则接收该字符串。

使用二元组表示单个状态，其中第一个分量仍然表示原来的状态；第二个分量是输入带上的第一个符号。[q, a]、[q, b]和[q, c]分别代表输入带上的字符串的第一个符号为 a、b 和 c 的状态。

$$\text{TM} = (Q, \Sigma, \text{start}, \text{accept}, \delta)$$

其中，

$$Q = \{\text{start, seek\_last, } [q, a], [q, b], [q, c], \text{refuse, accept}\}$$

$$\Sigma = \{a, b, c\}$$

$$\Sigma' = \{a, b, c, B\}$$

(1)&lt;start, x, seek_B, x, R&gt;　　　　　将读/写头移动到带上输入串的最后位置

　　　　　&lt;seek_B, x, seek_B, x, R&gt;　　　x 代表 a,b,c

　　　　　&lt;seek_B, B, seek_last, B, L&gt;

(2)&lt;seek_last, a, [q, a], a, L&gt;　　　　扫描最后一个符号，并存储最后一个符号

　　　　　&lt;seek_last, b, [q, b], b, L&gt;

　　　　　&lt;seek_last, c, [q, c], c, L&gt;

(3)&lt;[q, a], a, refuse, a, N&gt;　　　　　最后一个符号是 a，判断其余的符号是否再出现 a

　　　　　&lt;[q, a], b, [q, a], b, L&gt;

<[q, a], c, [q, a], c, L>

(4) <[q, b], a, [q, b], a, L>　　　　　　最后一个符号是 b，判断其余的符号是否再出现 b

　　 <[q, b], b, refuse, b, N>

　　 <[q, b], c, [q, b], c, L>

(5) <[q, c], a, [q, c], a, L>　　　　　　最后一个符号是 c，判断其余的符号是否再出现 c

　　 <[q, c], b, [q, c], b, L>

　　 <[q, c], c, refuse, c, N>

(6) <[q, a], ⊢, accept, B, N>　　　　　　遇到最左边的 ⊢，接收该串

　　 <[q, b], ⊢, accept, B, N>

　　 <[q, c], ⊢, accept, B, N>

**思路 2**：要求最后一个符号仅出现一次，那么图灵机可以"记住"输入带上的已经出现过的符号(a 或 b 或 c)，在扫描输入带上的最后一个符号时，与已经出现过的符号进行比较，如果两个符号相同，则拒绝并停机；如果输入带上的最后一个符号与出现过的符号都不相同，则接收该字符串。

为了识别输入带上的最后一个符号，图灵机还需要"记住"当前扫描的符号。

使用三元组表示单个状态，其中第一个分量仍然表示原来的状态；第二个分量是输入带上已经出现过的符号组成的串(ab、ac 或 bc，它们分别表示 a 和 b、a 和 c 或 b 和 c 已经出现过)；第三个分量表示当前扫描的输入带上的符号。例如，[q, ab, a]代表输入带上的字符已经出现过 a 和 b，当前扫描的符号为 a。

$$TM=(Q, \Sigma, start, accept, \delta)$$

其中，

$Q$={start, [q, a], [q, b], [q, c], [q, ab, a], [q, ab, b], [q, ab, c], [q, ac, a], [q, ac, b], [q, ac, c],

[q, bc, a], [q, bc, b], [q, bc, c], [q, abc, a], [q, abc, b], [q, abc, c], refuse, accept}

$$\Sigma=\{a, b, c\}$$

$$\Sigma=\{a, b, c, B\}$$

实现过于烦琐，略。

**思考：**

(1)构造图灵机，输入字母表为{a, b, c}，要求图灵机接收语言 L：该语言的每个字符串的第 n 个符号(或者倒数第 n 个符号)在该串中仅出现 k 次。其中，n=1, 2, 3,…；k=1, 2, 3,…。

(2)构造图灵机，输入字母表为{a, b, c}，要求图灵机接收语言 L：该语言的每个字符串的第 n 个符号(或者倒数第 n 个符号)在该串中至少出现 k 次。其中，n=1, 2, 3,…；k=1, 2, 3,…。

(3)构造图灵机，输入字母表为{a, b, c}，要求图灵机接收语言 L：该语言的每个字符串的第 n 个符号(或者倒数第 n 个符号)在该串中至多出现 k 次。其中，n=1, 2, 3,…；k=1, 2, 3,…。

(4)构造图灵机，输入字母表为 26 个英文字母表，要求图灵机接收语言 L：该语言的

每个字符串的第 $n$ 个符号(或倒数第 $n$ 个符号)在该串中仅(或至少或至多)出现 $k$ 次。其中，$n=1, 2, 3, \cdots$；$k=1, 2, 3, \cdots$。

### 5.3.2 图灵机的移动技术

在解决比较复杂的问题时，图灵机经常需要将输入带上一组连续的非空符号左移或者右移若干单元，实现这一要求的图灵机也是使用状态存储一个或多个符号，直到某个阶段再将这些符号印刷到输入带上。

**例 5.15** 构造图灵机，输入字母表为 $\{a, b, c\}$ (串长度至少为 2)，要求图灵机将整个输入串右移两个单元。

使用三元组 $[q, a_1, a_2]$ 表示单个状态，其中第一个分量 $q$ 表示原来的状态；第二个分量 $a_1$ 和第三个分量 $a_2$ 是输入带上的任意符号，即 $a, b$ 或 $c$。

$$TM=(Q, \Sigma, start, end\_move, \delta)$$

其中，

$$Q=\{start, [q, a_1], [q, a_1, a_2], end\_move\}$$

$$\Sigma=\{a, b, c\}$$

$$\Sigma'=\{a, b, c, B\}$$

$$a_1, a_2, a_3 \text{ 代表 } a,b,c$$

(1) <start, $a_1$, [q, $a_1$], B, R>　　　扫描第一个符号，并存储第一个符号

(2) <[q, $a_1$], $a_2$, [q, $a_1$, $a_2$], B, R>　　扫描第二个符号，并存储第二个符号

(3) <[q, $a_1$, $a_2$], $a_3$, [q, $a_2$, $a_3$], $a_1$, R>　将 $a_1$ 放在 $a_3$ 位置，将 $a_3$ 存储在状态中

(4) <[q, $a_1$, $a_2$], B, [q, $a_2$], $a_1$, R>　　将倒数第二个符号放在右边空白单元，将倒数第一个符号存储在状态中

(5) <[q, $a_2$], B, end\_move, $a_2$, R>　　将最后一个符号放在输入带上

其中第(3)个规则需要重复多次使用。

使用格局表示串 $abccba$ 的处理过程：

$$(start)abccba => B[q, a]bccba$$
$$=> BB[q, a, b]ccba$$
$$=> BBa[q, b, c]cba$$
$$=> BBab[q, c, c]ba$$
$$=> BBabc[q, c, b]a$$
$$=> BBabcc[q, b, a]$$
$$=> BBabccb[q, a]$$
$$=> BBabccba(end\_move)$$

使用三元组表示特殊状态，也可以使用二元组表示特殊状态，如 $[q, a_1, a_2]$ 可以记为 $[q, a_1a_2]$。

移动输入带上的符号，一般只是比较复杂的图灵机的识别任务中的一部分工作，移动

本身不会涉及串的接收或拒绝问题。复杂的图灵机可以继续从 end_move 状态开始识别串的工作。

对于输入带上多个符号的移动,或者需要将带上符号从右向左进行移动,都可以进行类似的处理。

**思考**:构造图灵机,输入字母表为$\{a, b, c\}$,要求图灵机将整个输入串开头的两个符号删除掉。

**例 5.16** 构造图灵机,输入字母表为$\{0, 1\}$,要求图灵机在输入符号串的开始处添加子串 10。

**思路**:为在符号串的开始处添加子串 10,需要将整个输入串右移两格,为 10 空出位置。

$$TM=(Q, \Sigma, \text{start}, \text{end\_move}, \delta)$$

其中,

$$Q=\{[\text{start}, 1, 0], [q, 0, a], [q, a, b], [q, b], \text{end\_move}\}$$

$a,b$ 代表 0,1。

(1)<[start, 1, 0], $a$, [$q$, 0, $a$], 1, R>      扫描第一个符号,并存储第一个符号,放 1

(2)<[$q$, 0, $a$], $b$, [$q$, $a$, $b$], 0, R>      扫描第二个符号,并存储第二个符号,放 0

(3)<[$q$, $a$, $b$], $c$, [$q$, $b$, $c$], $a$, R>      将 $a$ 放在输入带上,将 $c$ 存储在状态中

(4)<[$q$, $a$, $b$], B, [$q$, $b$], $a$, R>      将倒数第二个符号放在右边空白单元,将倒数第一个符号存储在状态中

(5)<[$q$, $b$], B, [end_move], $b$, R>      最后一个符号放在输入带上

使用格局表示串 101 的处理过程:

$$[\text{start}, 1, 0]101 => 1[q, 0, 1]01$$
$$=> 10[q, 1, 0]1$$
$$=> 101[q, 0, 1]$$
$$=> 1010[q, 1]$$
$$=> 10101(\text{end\_move})$$

**例 5.17** 构造图灵机,输入字母表为$\{a, b, c\}$,要求图灵机将整个输入串包含的第一个 $abc$ 子串删除掉。

**思路**:寻找到第一个 $abc$ 子串的位置,将后面的输入串符号向左移动 3 个单元。具体工作请自行完成。

### 5.3.3 图灵机扫描多个符号技术

**例 5.18** 构造图灵机,输入字母表为$\{0, 1\}$,要求图灵机接收语言 $L$:该语言的每个字符串必须包含子串 100。

**思路 1**:要求语言的每个字符串必须包含子串 100,即语言的每个字符串至少包含一个子串 100,可以检查扫描过的输入带上的符号,并"记住"某些信息:当扫描到符号 1 时,它可能是子串 100 的第一个符号 1,当接着扫描到符号 0 时,它可能是子串 100 的第二个

符号 0，如果接着扫描到符号 0，它就是子串 100 的第三个符号 0。

使用二元组表示单个状态，其中第一个分量仍然表示原来的状态；第二个分量是子串 100 的前缀。[q, 1]、[q, 10]和[q, 100]分别代表扫描输入带上的符号所遇到的 1、10 和 100 的状态。

$$TM=(Q, \Sigma, start, accept, \delta)$$

其中，

$$Q=\{start, [q, 0], [q, 1], [q, 10], [q, 100], refuse, accept\}$$

$$\Sigma=\{0, 1\}$$

$$\Sigma'=\{0, 1, B\}$$

(1) <start, 0, [q, 0], 0, R>　　　　　　扫描第一符号

  <start, 1, [q, 1], 1, R>

  <start, B, refuse, B, N>　　　　　空串

(2) <[q, 0], 0, [q, 0], 0, R>　　　　　　期待扫描到 1

  <[q, 0], 1, [q, 1], 1, R>

(3) <[q, 1], 1, [q, 1], 1, R>　　　　　　已经扫描到 1，等待可能的 0

  <[q, 1], 0, [q, 10], 0, R>

(4) <[q, 10], 0, [q, 100], 0, R>　　　　　已经扫描到 10，等待可能的 0

  <[q, 10], 1, [q, 1], 1, R>

(5) <[q, 100], 0, accept, 0, N>　　　　　已经扫描到 100

  <[q, 100], 1, accept, 1, N>

  <[q, 100], B, accept, B, N>

(6) <[q, 0], B, refuse, B, N>　　　　　　整个输入串中没有 100

  <[q, 1], B, refuse, B, N>

  <[q, 10], B, refuse, B, N>

也可以将状态[q, 100]直接当作接收状态，则

$$TM=(Q, \Sigma, start, accept, \delta)$$

其中，

$$Q=\{start, [q, 1], [q, 10], [q, 0], refuse, accept\}$$

$$\Sigma=\{0, 1\}$$

$$\Sigma'=\{0, 1, B\}$$

(1) <start, 0, [q, 0], 0, R>　　　　　　扫描第一个符号

  <start, 1, [q, 1], 1, R>

  <start, B, refuse, B, N>　　　　　空串

(2) <[q, 0], 0, [q, 0], 0, R>　　　　　　期待扫描到 1

  <[q, 0], 1, [q, 1], 1, R>

(3) <[q, 1], 1, [q, 1], 1, R>　　　　　　已经扫描到 1，等待可能的 0

&lt;[q, 1], 0, [q, 10], 0, R&gt; 已经扫描到 10, 等待可能的 0

(4) &lt;[q, 10], 0, accept, 0, R&gt; 已经扫描到 100

&lt;[q, 10], 1, [q, 1], 1, N&gt;

(5) &lt;[q, 0], B, refuse, B, N&gt; 整个输入串中没有 100

&lt;[q, 1], B, refuse, B, N&gt;

&lt;[q, 10], B, refuse, B, N&gt;

**思路 2**: 要求语言的每个字符串必须包含子串 100, 可以将输入带上的 3 个符号当作一个单元, 整体进行扫描, 但每次仅将图灵机的读/写头移动一个单元。

$$TM = (Q, \Sigma, start, accept, \delta)$$

(1) &lt;start, 000, q, 000, R&gt; 扫描前 3 个符号

&lt;start, 001, q, 001, R&gt;

&lt;start, 010, q, 010, R&gt;

&lt;start, 011, q, 011, R&gt;

&lt;start, 101, q, 101, R&gt;

&lt;start, 110, q, 110, R&gt;

&lt;start, 111, q, 111, R&gt;

(2) &lt;start, 100, accept, 100, R&gt;

(3) &lt;q, 000, q, 000, R&gt; 每次扫描 3 个符号

&lt;q, 001, q, 001, R&gt;

&lt;q, 010, q, 010, R&gt;

&lt;q, 011, q, 011, R&gt;

&lt;q, 101, q, 101, R&gt;

&lt;q, 110, q, 110, R&gt;

&lt;q, 111, q, 111, R&gt;

(4) &lt;q, 100, accept, 100, N&gt;

(5) &lt;q, BBB, refuse, B, N&gt; 整个输入串中没有 100

对于上述图灵机, 考虑的是理想的情况: 整个输入带上的符号个数是 3 的整数倍。当然, 输入带上的符号个数也可能不是 3 的整数倍, 需要考虑输入串开始和结束时的情况, 则

$$TM = (Q, \Sigma, start, accept, \delta)$$

(1) &lt;start, ⊢BB, refuse, ⊢BB, N&gt; 输入带上的符号个数不足 3 个

&lt;start, 0BB, refuse, 0BB, N&gt;

&lt;start, 1BB, refuse, 1BB, N&gt;

&lt;start, 01B, refuse, 01B, N&gt;

&lt;start, 10B, refuse, 10B, N&gt;

&lt;start, 00B, refuse, 00B, N&gt;

&lt;start, 11B, refuse, 11B, N&gt;

(2) &lt;start, 000, *q*, 000, R&gt;　　　　　扫描前 3 个符号

　　&lt;start, 001, *q*, 001, R&gt;

　　&lt;start, 010, *q*, 010, R&gt;

　　&lt;start, 011, *q*, 011, R&gt;

　　&lt;start, 101, *q*, 101, R&gt;

　　&lt;start, 110, *q*, 110, R&gt;

　　&lt;start, 111, *q*, 111, R&gt;

(3) &lt;start, 100, accept, 100, R&gt;

(4) &lt;*q*, 000, *q*, 000, R&gt;　　　　　每次扫描 3 个符号

　　&lt;*q*, 001, *q*, 001, R&gt;

　　&lt;*q*, 010, *q*, 010, R&gt;

　　&lt;*q*, 011, *q*, 011, R&gt;

　　&lt;*q*, 101, *q*, 101, R&gt;

　　&lt;*q*, 110, *q*, 110, R&gt;

　　&lt;*q*, 111, *q*, 111, R&gt;

(5) &lt;*q*, 100, accept, 100, R&gt;

(6) &lt;*q*, BBB, refuse, BBB, N&gt;　　　整个输入串中没有 100

(7) &lt;*q*, 0BB, refuse, 0BB, N&gt;　　　输入带上剩余的符号个数不足 3 个

　　&lt;*q*, 1BB, refuse, 1BB, N&gt;

　　&lt;*q*, 01B, refuse, 01B, N&gt;

　　&lt;*q*, 10B, refuse, 10B, N&gt;

　　&lt;*q*, 00B, refuse, 00B, N&gt;

　　&lt;*q*, 11B, refuse, 11B, N&gt;

图灵机每次只能扫描输入带上的一个符号，如果对于字母表 $\Sigma$，要求图灵机接收语言 $L$：该语言的每个字符串必须包含子串的形式为 $a_1a_2a_3\cdots a_k$，其中，$k\geqslant 1$。实际上，就可以将该子串当作一个整体，使得图灵机可以一次扫描输入带上的多个符号。

上例中，要求语言的每个字符串必须包含子串 100，可以将输入带上的 3 个符号当作一个单元，整体进行扫描，但是，将图灵机的读/写头每次还是向右仅移动一个单元。这是因为子串的某个前缀或某个后缀可能是语言中的字符串的上下文。例如，对于串 010011，它包含子串 100，而如果图灵机的读/写头每次向右移动 3 个单元，则该串分解为 010 和 011，都不包含子串 100。

**定义 5.7** 扫描多个符号的图灵机定义。

扫描多个符号的图灵机

$$TM=<Q, \Sigma, q_0, q_a, \delta>$$

其中，$Q$、$\Sigma$、$q_0$ 和 $q_a$ 的定义同扫描一个符号的图灵机；$\delta$ 是

$$Q\times\Sigma^*\to Q\times\Sigma^*\times\{L, R, N\}$$

的状态转换函数，即

$$\delta<q, \omega>=<q', W, \{L, R, N\}>$$

一般记为

$$<q, \omega, q', W, \{L, R, N\}>$$

**定理 5.1** 扫描多个符号的图灵机与扫描一个符号的图灵机是等价的。

**证明：** 假设此时的图灵机不改变子串的内容。

扫描多个符号的图灵机与扫描一个符号的图灵机的结构是一致的，不同之处在于：

扫描多个符号的图灵机的规则为

$$<q, a_1a_2a_3\cdots a_K, q', a_1a_2a_3\cdots a_k, R>$$

扫描一个符号的图灵机的规则为

$$<q, x, q', x', R>$$

可以将扫描多个符号的图灵机的一条规则等价地改造为扫描一个符号的图灵机的多条规则：

$$<q, a_1, q_1, a_1, R>$$
$$<q_1, a_2, q_2, a_2, R>$$
$$<q_2, a_3, q_3, a_3, R>$$
$$\cdots$$
$$<q_{k-1}, a_k, q_k, a_k, L>$$
$$<q_k, a_{k-1}, q_{k+1}, a_{k-1}, L>$$
$$\cdots$$
$$<q_{2k-3}, a_2, q', a_2, N>$$

其中，状态 $q_1, q_2, \cdots, q_{2k-3}$ 是新增加的状态。

对于扫描多个符号的图灵机，实际上是扫描输入带上的多个符号，而读/写头仅移动一个单元，可以将该动作当作扫描一个符号的图灵机的多个动作的综合。扫描多个符号的图灵机与扫描一个符号的图灵机是等价的。

对于要求每个字符串必须包含特定子串的语言 $L$，可以利用扫描多个符号的方法方便构造识别该语言的图灵机。

将扫描多个符号的图灵机的规则

$$<q, a_1a_2a_3\cdots a_K, q', a_1a_2a_3\cdots a_k, R>$$

扩展为

$$<q, a_1a_2a_3\cdots a_k, q', b_1b_2b_3\cdots b_m, R>$$

表示可以将特定子串替换为指定的子串。

可以将一条规则$<q, a_1a_2a_3\cdots a_k, q', b_1b_2b_3\cdots b_m, R>$等价地改造为扫描一个符号的图灵机的多条规则，分如下 3 种情况讨论。

（1）$k=m$。

$$<q, a_1, q_1, b_1, R>$$
$$<q_1, a_2, q_2, b_2, R>$$

$<q_2, a_3, q_3, b_3, \text{R}>$

...

$<q_{k-1}, a_k, q', b_k, \text{R}>$　　　刚好替换前 $k$ 个符号

（2）$k < m$。

$<q, a_1, q_1, b_1, \text{R}>$

$<q_1, a_2, q_2, b_2, \text{R}>$

$<q_2, a_3, q_3, b_3, \text{R}>$

...

$<q_{k-1}, a_k, q_{k+1}, b_k, \text{N}>$　　　前 $k$ 个符号替换

...　　　　　　　　　　　将 $a_1 a_2 a_3 \cdots a_k$ 子串的后面部分利用移动技术右移 $m - k$ 个位置

...　　　　　　　　　　　复制剩余的 $m - k$ 个符号

（3）$k > m$。

$<q, a_1, q_1, b_1, \text{R}>$

$<q_1, a_2, q_2, b_2, \text{R}>$

$<q_2, a_3, q_3, b_3, \text{R}>$

...

$<q_{m-1}, a_m, q_m, b_m, \text{N}>$　　　前 $m$ 个符号替换

...　　　　　　　　　　　将 $a_1 a_2 a_3 \cdots a_m$ 串的后面部分利用移动技术左移 $k - m$ 个位置

最后，读/写头处于 $b_1 b_2 b_3 \cdots b_m$ 的右边第一个单元处。

特别地，如果 $m = 0$，则扫描多个符号的图灵机的规则为

$$<q, a_1 a_2 a_3 \cdots a_k, q', \varepsilon, \text{R}>$$

表示可以删除 $a_1 a_2 a_3 \cdots a_k$ 子串。

整个过程以图灵机的移动方向为右移为标准，左移的情况类似。

对于要求每个字符串必须包含特定子串的语言 $L$，可以利用扫描多个符号的方法方便地构造识别该语言的图灵机。

**例 5.19**　构造图灵机，输入字母表为 $\{0, 1\}$，要求图灵机接收语言 $L$：该语言的每个字符串包含且只能包含一个 101 子串。

**思路：** 要求语言的每个字符串只能包含一个 101 子串，当识别出第一个 101 子串后，就必须检查输入带上剩余的串，不能再包含 101。

$$\text{TM} = (Q, \Sigma, \text{start}, \text{accept}, \delta)$$

其中，

$Q = \{\text{start}, [q, 0], [q, 1], [q, 10], \text{check}, [\text{check}, 0], [\text{check}, 1], [\text{check}, 10], \text{refuse}, \text{accept}\}$

$$\Sigma = \{0, 1\}$$

$$\Sigma = \{0, 1, \text{B}\}$$

（1）$<\text{start}, 0, [q, 0], 0, \text{R}>$　　　扫描第 1 个符号

$<\text{start}, 1, [q, 1], 1, \text{R}>$

$<\text{start}, \text{B}, \text{refuse}, \text{B}, \text{N}>$　　　空串

(2) <[q, 0], 0, [q, 0], 0, R>

　　 <[q, 0], 1, [q, 1], 1, R>

(3) <[q, 1], 1, [q, 1], 1, R>　　　　　已经扫描到 1，等待可能的 0

　　 <[q, 1], 0, [q, 10], 0, R>

(4) <[q, 10], 0, [q, 0], 0, R>　　　　已经扫描到 10，等待可能的 1

　　 <[q, 10], 1, check, 1, R>　　　　扫描到 101

(5) <check, 0, [check, 0], 0, R>　　　已经扫描到 101，检查输入串的剩余部分

　　 <check, 1, [check, 1], 1, R>

(6) <[check, 0], 0, [check, 0], 0, R>

　　 <[check, 0], 1, [check, 1], 1, R>

(7) <[check, 1], 0, [check, 10], 0, R>

　　 <[check, 1], 1, [check, 1], 1, R>

(8) <[check, 10], 0, [check, 0], 0, R>

　　 <[check, 10], 1, refuse, 1, R>

(9) <[q, 0], B, refuse, B, N>　　　　　整个输入串中没有 101

　　 <[q, 1], B, refuse, B, N>

　　 <[q, 10], B, refuse, B, N>

(10) <[check, 0], B, accept, B, N>　　　整个输入串只有一个 101

　　　 <[check, 1], B, accept, B, N>

　　　 <[check, 10], B, accept, B, N>

**思考**：构造图灵机，输入字母表为$\{0, 1\}$，要求图灵机接收语言 $L$：该语言的每个字符串必须包含两个 101 子串。

**例 5.20** 构造图灵机，输入字母表为$\{0, 1\}$，要求图灵机接收语言 $L$：该语言的每个字符串最多只能包含一个 101 子串（也可以没有 101 子串）。

$$\text{TM}=(Q, \Sigma, \text{start}, \text{accept}, \delta)$$

其中，

$Q=\{\text{start}, [q, 0], [q, 1], [q, 10], \text{check}, [\text{check}, 0], [\text{check}, 1], [\text{check}, 10], \text{refuse}, \text{accept}\}$

$$\Sigma=\{0, 1\}$$

$$\Sigma=\{0, 1, B\}$$

(1) <start, 0, [q, 0], 0, R>　　　　　扫描第 1 个符号

　　 <start, 1, [q, 1], 1, R>

　　 <start, ⊢, accept, ⊢, N>　　　　空串

(2) <[q, 0], 0, [q, 0], 0, R>

　　 <[q, 0], 1, [q, 1], 1, R>

(3) <[q, 1], 1, [q, 1], 1, R>　　　　　已经扫描到 1，等待可能的 0

　　 <[q, 1], 0, [q, 10], 0, R>

(4) <[q, 10], 0, [q, 0], 0, R>　　　　　　已经扫描到 10，等待可能的 1

　　<[q, 10], 1, check, 1, R>　　　　　　扫描到 101

(5) <check, 0, [check, 0], 0, R>　　　　已经扫描到 101，需要检查输入串的剩余部分

　　<check, 1, [check, 1], 1, N>

(6) <[check, 0], 0, [check, 0], 0, R>

　　<[check, 0], 1, [check, 1], 1, R>

(7) <[check, 1], 0, [check, 10], 0, R>

　　<[check, 1], 1, [check, 1], 1, R>

(8) <[check, 10], 0, [check, 0], 0, R>

　　<[check, 10], 1, refuse, 1, R>

(9) <[q, 0], B, accept, B, N>　　　　　　整个输入串中没有 101

　　<[q, 1], B, accept, B, N>

　　<[q, 10], B, accept, B, N>

(10) <[check, 0], B, accept, B, N>　　　整个输入串中只有一个 101

　　　<[check, 1], B, accept, B, N>

　　　<[check, 10], B, accept, B, N>

**例 5.21**　构造图灵机，输入字母表为{0, 1}，要求图灵机接收语言 $L$：该语言的每个字符串最多只能包含一个 100 子串（也可以没有 100 子串）。

**思路**：要求语言的每个字符串最多只能包含一个 100 子串，当识别出第一个 100 后，就必须检查输入带上剩余的串，不能再包含 100。使用一次扫描输入带上多个符号的方式。

$$\text{TM}=(Q, \Sigma, \text{start}, \text{accept}, \delta)$$

其中，

$$Q=\{\text{start}, q, \text{check}, \text{refuse}, \text{accept}\}$$

$$\Sigma=\{0, 1\}$$

$$\Sigma=\{0, 1, B\}$$

(1) <start, ⊢BB, accept, ⊢BB, N>　　　输入带上的符号个数不足 3 个

　　<start, 0BB, accept, 0BB, N>

　　<start, 1BB, accept, 1BB, N>

　　<start, 01B, accept, 01B, N>

　　<start, 10B, accept, 10B, N>

　　<start, 00B, accept, 00B, N>

　　<start, 11B, accept, 11B, N>

(2) <start, 000, q, 000, R>　　　　　　扫描前 3 个符号

　　<start, 001, q, 001, R>

　　<start, 010, q, 010, R>

　　<start, 011, q, 011, R>

　　<start, 101, q, 101, R>

           &lt;start, 110, $q$, 110, R&gt;

           &lt;start, 111, $q$, 111, R&gt;

（3）&lt;start, 100, check, 100, R&gt;

（4）&lt;$q$, 000, $q$, 000, R&gt;                     每次扫描 3 个符号

           &lt;$q$, 001, $q$, 001, R&gt;

           &lt;$q$, 010, $q$, 010, R&gt;

           &lt;$q$, 011, $q$, 011, R&gt;

           &lt;$q$, 101, $q$, 101, R&gt;

           &lt;$q$, 110, $q$, 110, R&gt;

           &lt;$q$, 111, $q$, 111, R&gt;

（5）&lt;$q$, 100, check, 100, R&gt;

（6）&lt;check, 000, check, 000, R&gt;         每次扫描 3 个符号

           &lt;check, 001, check, 001, R&gt;

           &lt;check, 010, check, 010, R&gt;

           &lt;check, 011, check, 011, R&gt;

           &lt;check, 101, check, 101, R&gt;

           &lt;check, 110, check, 110, R&gt;

           &lt;check, 111, check, 111, R&gt;

（7）&lt;check, 100, refuse, 100, N&gt;

（8）&lt;$q$, BBB, accept, BBB, N&gt;         整个输入串中没有 100

（9）&lt;$q$, 0BB, accept, 0BB, N&gt;         输入带上剩余的符号个数不足 3 个

           &lt;$q$, 1BB, accept, 1BB, N&gt;

           &lt;$q$, 01B, accept, 01B, N&gt;

           &lt;$q$, 10B, accept, 10B, N&gt;

           &lt;$q$, 00B, accept, 00B, N&gt;

           &lt;$q$, 11B, accept, 11B, N&gt;

（10）&lt;check, BBB, accept, BBB, N&gt;     整个输入串中有一个 100

           &lt;check, 0BB, accept, 0BB, N&gt;     输入带上剩余的符号个数不足 3 个

           &lt;check, 1BB, accept, 1BB, N&gt;

           &lt;check, 01B, accept, 01B, N&gt;

           &lt;check, 10B, accept, 10B, N&gt;

           &lt;check, 00B, accept, 00B, N&gt;

           &lt;check, 11B, accept, 11B, N&gt;

**例 5.22**  构造图灵机，输入字母表为{0, 1}，要求图灵机接收语言 $L$：该语言的每个字符串包含且最多只能包含一个 100 子串。

**思路**：要求语言的每个字符串最多只能包含一个 100 子串，当识别出第一个 100 后，就必须检查输入带上剩余的串，不能再包含 100。使用一次扫描输入带上多个符号的方式。

$$TM=(Q, \Sigma, start, accept, \delta)$$

其中，

$$Q=\{start, q, check, refuse, accept\}$$

$$\Sigma=\{0, 1\}$$

$$\Sigma'=\{0, 1, B\}$$

(1) <start, ⊢BB, refuse, ⊢BB, N>　　　　输入带上的符号个数不足 3 个

    <start, 0BB, refuse, 0BB, N>

    <start, 1BB, refuse, 1BB, N>

    <start, 01B, refuse, 01B, N>

    <start, 10B, refuse, 10B, N>

    <start, 00B, refuse, 00B, N>

    <start, 11B, refuse, 11B, N>

(2) <start, 000, q, 000, R>　　　　扫描前 3 个符号

    <start, 001, q, 001, R>

    <start, 010, q, 010, R>

    <start, 011, q, 011, R>

    <start, 101, q, 101, R>

    <start, 110, q, 110, R>

    <start, 111, q, 111, R>

(3) <start, 100, check, 100, R>

(4) <q, 000, q, 000, R>　　　　每次扫描 3 个符号

    <q, 001, q, 001, R>

    <q, 010, q, 010, R>

    <q, 011, q, 011, R>

    <q, 101, q, 101, R>

    <q, 110, q, 110, R>

    <q, 111, q, 111, R>

(5) <q, 100, check, 100, R>

(6) <check, 000, check, 000, R>　　　　每次扫描 3 个符号

    <check, 001, check, 001, R>

    <check, 010, check, 010, R>

    <check, 011, check, 011, R>

    <check, 101, check, 101, R>

    <check, 110, check, 110, R>

    <check, 111, check, 111, R>

(7) <check, 100, refuse, 100, N>

(8) <q, BBB, refuse, BBB, N>　　　　整个输入串中没有 100

(9)<q, 0BB, refuse, 0BB, N>                    输入带上剩余的符号个数不足 3 个

　　<q, 1BB, refuse, 1BB, N>

　　<q, 01B, refuse, 01B, N>

　　<q, 10B, refuse, 10B, N>

　　<q, 00B, refuse, 00B, N>

　　<q, 11B, refuse, 11B, N>

(10)<check, BBB, accept, BBB, N>               整个输入串中包含且只包含一个 100

　　<check, 0BB, accept, 0BB, N>               输入带上剩余的符号个数不足 3 个

　　<check, 1BB, accept, 1BB, N>

　　<check, 01B, accept, 01B, N>

　　<check, 10B, accept, 10B, N>

　　<check, 00B, accept, 00B, N>

　　<check, 11B, accept, 11B, N>

**例 5.23**　构造图灵机，输入字母表为 $\{0, 1\}$，要求图灵机接收语言 $L$：该语言的每个字符串必须不包含子串 101。

**思路**：要求语言的每个字符串必须不包含子串 101，可以检查扫描过的输入带上的符号，并"记住"某些信息：当扫描到符号 1 时，它可能是子串 101 的第一个符号 1，当接着扫描到符号 0 时，它可能是子串 101 的第二个符号 0，如果接着扫描到符号 1，它就是子串 101 的第三个符号 1，则拒绝。

使用二元组表示单个状态，其中第一个分量仍然表示原来的状态；第二个分量是子串 101 的前缀。$[q, 1]$、$[q, 10]$ 和 $[q, 101]$ 分别代表扫描输入带上的符号时，遇到了 1、10 和 101 的状态。

$$TM=(Q, \Sigma, start, accept, \delta)$$

其中，

$$Q=\{start, [q, 0], [q, 1], [q, 10], [q, 101], refuse, accept\}$$

$$\Sigma=\{0, 1\}$$

$$\Sigma'=\{0, 1, B\}$$

(1)<start, 0, [q, 0], 0, R>                    扫描第 1 个符号

　　<start, 1, [q, 1], 1, R>

　　<start, ⊢, accept, ⊢, N>                  空串

(2)<[q, 0], 0, [q, 0], 0, R>

　　<[q, 0], 1, [q, 1], 1, R>

(3)<[q, 1], 1, [q, 1], 1, R>                   已经扫描到 1，等待可能的 0

　　<[q, 1], 0, [q, 10], 0, R>

(4)<[q, 10], 0, [q, 0], 0, R>                  已经扫描到 10，等待可能的 1

　　<[q, 10], 1, [q, 101], 1, R>              扫描到 101

(5)<[q, 101], 0, refuse, 0, N>                已经扫描到 101，拒绝

<[q, 101], 1, refuse, 1, N>

<[q, 101], B, refuse, B, N>

(6) <[q, 0], B, accept, B, N>　　　　　　整个输入串中没有 101

<[q, 1], B, accept, B, N>

<[q, 10], B, accept, B, N>

**例 5.24**　构造图灵机，输入字母表为{0, 1}，要求图灵机接收语言 *L*：该语言的每个字符串必须不包含 100 子串。

**思路**：使用一次扫描输入带上多个符号的方式。要求语言的每个字符串不能包含 100 子串，当识别出第一个 100 后，就拒绝。

$$TM=(Q, \Sigma, start, accept, \delta)$$

其中，

$$Q=\{start, q, check, refuse, accept\}$$

$$\Sigma=\{0, 1\}$$

$$\Sigma=\{0, 1, B\}$$

(1) <start, ⊢BB, accept, ⊢BB, N>　　　　输入带上的符号个数不足 3 个

<start, 0BB, accept, 0BB, N>

<start, 1BB, accept, 1BB, N>

<start, 01B, accept, 01B, N>

<start, 10B, accept, 10B, N>

<start, 00B, accept, 00B, N>

<start, 11B, accept, 11B, N>

(2) <start, 000, q, 000, R>　　　　　　　扫描前 3 个符号

<start, 001, q, 001, R>

<start, 010, q, 010, R>

<start, 011, q, 011, R>

<start, 101, q, 101, R>

<start, 110, q, 110, R>

<start, 111, q, 111, R>

(3) <start, 100, refuse, 100, R>

(4) <q, 000, q, 000, R>　　　　　　　　　每次扫描 3 个符号

<q, 001, q, 001, R>

<q, 010, q, 010, R>

<q, 011, q, 011, R>

<q, 101, q, 101, R>

<q, 110, q, 110, R>

<q, 111, q, 111, R>

(5) <q, 100, refuse, 100, R>

(6) $<q$, BBB, accept, BBB, N$>$ 整个输入串中没有 100
(7) $<q$, 0BB, accept, 0BB, N$>$ 输入带上剩余的符号个数不足 3 个
  $<q$, 1BB, accept, 1BB, N$>$
  $<q$, 01B, accept, 01B, N$>$
  $<q$, 10B, accept, 10B, N$>$
  $<q$, 00B, accept, 00B, N$>$
  $<q$, 11B, accept, 11B, N$>$

### 5.3.4  图灵机的多道技术

为了能够保存和处理更复杂的数据,可以将图灵机的一条输入带水平地划分为若干道,在各道上可以存放不同的符号。这样没有改变图灵机的基本模型,只是将输入带上的符号当作一个向量的组合,其中每个符号可以是一个 $k$ 维向量(将输入带划分为 $k$ 道)。单带 $k$ 道的图灵机如图 5.4 所示。

| ⊢ | $a_{11}$ | $a_{12}$ | ⋯ | $a_{1i}$ | ⋯ | $a_{1n}$ | B | ⋯ |
|---|---|---|---|---|---|---|---|---|
| ⊢ | $a_{21}$ | $a_{22}$ | ⋯ | $a_{2i}$ | ⋯ | $a_{2n}$ | B | ⋯ |
| ⋮ | ⋮ | ⋮ | ⋮ | ⋮ | ⋮ | ⋮ | ⋮ | ⋮ |
| ⊢ | $a_{k1}$ | $a_{k2}$ | ⋯ | $a_{ki}$ | ⋯ | $a_{kn}$ | B | ⋯ |

图 5.4  单带 $k$ 道的图灵机

图灵机状态转换函数的一般形式为
$$<q, x, q', W, \{L, R, N\}>$$
对于多道图灵机,状态转换函数的形式为
$$<q, [a_{i1}, a_{i2}, \cdots, a_{ik}], q', [b_{i1}, b_{i2}, \cdots, b_{ik}], \{L, R, N\}>$$
即要求多道图灵机一次需要扫描一个符号的多道。

**例 5.25**  利用三道图灵机进行非负二进制数的加法运算。

**思路**:第一道和第二道分别存放被加数和加数,第三道存放计算结果。

二进制数的基本加法规则为
$$0 + 0 = 0$$
$$0 + 1 = 1$$
$$1 + 0 = 1$$
$$1 + 1 = 10$$

还需要考虑进位的情况,可以利用存储技术表达进位情况:状态$[q, 0]$表示当前无进位;状态$[q, 1]$表示当前有进位。

被加数和加数长度可能不一致:以长度长的操作数为标准,短的操作数前面补充 B。

运算从低位到高位进行,假设被加数和加数已经右对齐,读/写头已经位于最低位(最右端)单元;第三道初始全部为 B。

第 2 个单元存放 B(使得第三道存放最高位可能的进位)。

如果长度一致，初始时，图灵机情况如图 5.5 所示，其中 $a$ 与 $b$ 可以为 0 或 1。

| ⊢ | B | $a$ | $a$ | $a$ | ... | $a$ | B | ... |
|---|---|-----|-----|-----|-----|-----|---|-----|
| ⊢ | B | $b$ | $b$ | $b$ | ... | $b$ | B | ... |
| ⊢ | B | B | B | B | ... | B | B | ... |

图 5.5　三道图灵机进行非负二进制数加法运算初始情况

没有进位：

$$<[q, 0], [0, 0, B], [q, 0], [0, 0, 0], L>$$
$$<[q, 0], [0, 1, B], [q, 0], [0, 1, 1], L>$$
$$<[q, 0], [1, 0, B], [q, 0], [1, 0, 1], L>$$
$$<[q, 0], [1, 1, B], [q, 1], [1, 1, 0], L>$$

有进位：

$$<[q, 1], [0, 0, B], [q, 0], [0, 0, 1], L>$$
$$<[q, 1], [0, 1, B], [q, 1], [0, 1, 0], L>$$
$$<[q, 1], [1, 0, B], [q, 1], [1, 0, 0], L>$$
$$<[q, 1], [1, 1, B], [q, 1], [1, 1, 0], L>$$

两个数长度不一致：

$$<[q, 0], [0, B, B], [q, 0], [0, B, 0], L>$$
$$<[q, 0], [1, B, B], [q, 0], [1, B, 1], L>$$
$$<[q, 0], [B, 0, B], [q, 0], [B, 0, 0], L>$$
$$<[q, 0], [B, 1, B], [q, 0], [B, 1, 1], L>$$
$$<[q, 1], [0, B, B], [q, 0], [0, B, 1], L>$$
$$<[q, 1], [1, B, B], [q, 1], [1, B, 0], L>$$
$$<[q, 1], [B, 0, B], [q, 0], [B, 0, 1], L>$$
$$<[q, 1], [B, 1, B], [q, 1], [B, 1, 0], L>$$

结束：

$$<[q, 0], [B, B, B], END, [B, B, B], L>$$
$$<[q, 1], [B, B, B], END, [B, B, 1], L>$$

**思考**：非负二进制数的减法运算。非负二进制数的关系运算。

**例 5.26**　构造图灵机，输入字母表为 $\{a\}$，要求图灵机接收语言 $L: \{a^n \mid n \geq 0$ 且 $n$ 为完全平方数$\}$。

**思路**：使用三道图灵机，第一道存放输入串；第二、三道作为运算器使用。

基本数学公式

$$(n + 1)^2 = n^2 + 2n + 1$$

初始时，图灵机的输入带如图 5.6 所示。

对于 $n=0$ 或 $n=1$ 这两种特殊情况，图灵机一开始就进行判断。

从 $i>1$ 开始考虑，在第二道上放 $i^2$ 个 $a$，比较第一道与第二道上 $a$ 的个数：如果相等，就接收；如果不相等，则在第三道上计算出 $2i+1$ 个 $a$，然后，将第三道上的 $a$ 加入第二道上，从而在第二道上形成 $(i+1)^2$ 个 $a$，再与第一道上 $a$ 的个数进行比较。上述动作一直重复下去，直到第一、二道上 $a$ 的个数相等，则接收；或者第一、二道上 $a$ 的个数不相等（第二道上 $a$ 的个数超过第一道上 $a$ 的个数），则拒绝该输入串（即 $a$ 的个数不是完全平方数）。

| ├ | $a$ | $a$ | ⋯ | $a$ | ⋯ | $a$ | B | ⋯ |
|---|---|---|---|---|---|---|---|---|
| ├ | B | B | ⋯ | B | ⋯ | B | B | ⋯ |
| ├ | B | B | ⋯ | B | ⋯ | B | B | ⋯ |

图 5.6　图灵机初始时输入带情况

初始：$i=0$，第二道 $a$ 的个数为 $0^2=0$

$aaa\cdots\cdots aB$　　　　　　　　$n$ 个 $a$

$BBB\cdots\cdots BB$　　　　　　　　$0^2=0$

$BBB\cdots\cdots BB$

第三道设置为 $2\times 0+1$

$aaa\cdots\cdots aB$

$BBB\cdots\cdots BB$　　　　　　　　$0^2$

$aBB\cdots\cdots BB$　　　　　　　　$2\times 0+1=1$

第二道设置为 $1^2$

$aaa\cdots\cdots aB$

$aBB\cdots\cdots BB$　　　　　$1^2=1$　第三道的 $a$ 加到第二道的末尾

$aBB\cdots\cdots BB$

第三道设置为 $2\times 1+1$

$aaa\cdots\cdots aB$

$aBB\cdots\cdots BB$　　　　　　　　$1^2$

$aaaB\cdots\cdots BB$　　　　　$2\times 1+1$　第三道增加 2 个 $a$

第二道设置为 $2^2$

$aaa\cdots\cdots aB$

$aaaaB\cdots\cdots BB$　　　　　　　$2^2$

$aaaB\cdots\cdots BB$

第三道设置为 $2\times 2+1$

$aaa\cdots\cdots aB$

$aaaaB\cdots\cdots BB$　　　　　　　$2^2$

$aaaaaB\cdots\cdots BB$　　　　$2\times 2+1$　第三道增加 2 个 $a$

第二道设置为 $3^2$

$aaa\cdots\cdots aB$

$aaaaaaaaaB\cdots BB$　　　　　　$3^2$

$aaaaaB\cdots\cdots BB$

第三道设置为 $2×3+1$

　　　　$aaa$ ················· $a$B

　　　　$aaaaaaaaa$B ·········· BB　　　　　　　$3^2$

　　　　$aaaaaaa$B ············· BB　　　　　　　$2×3+1$　第三道增加 2 个 $a$

第二道设置为 $4^2$

　　　　$aaa$ ················· $a$B

　　　　$aaaaaaaaaaaaaaaaa$B ········ BB　　　　　$4^2$

　　　　$aaaaaaa$B ············· BB

　　　　···

　　上述动作一直重复下去，直到第一、二道上 $a$ 的个数相等，则接收；或者第一、二道上 $a$ 的个数不相等，则拒绝该输入串。

　　$i=2$ 过渡到 $i=3$ 时，图灵机输入带如图 5.7 所示。

| ├ | $a$ | $a$ | $a$ | $a$ | $a$ | $a$ | $a$ | $a$ | $a$ | B | ··· |  |
|---|-----|-----|-----|-----|-----|-----|-----|-----|-----|---|-----|--|
| ├ | $a$ | $a$ | $a$ | $a$ | B | B | B | ··· | | | | |
| ├ | $a$ | $a$ | $a$ | $a$ | $a$ | B | B | ··· | | | | |

图 5.7　从 $i=2$ 过渡到 $i=3$ 时的图灵机输入带情况

　　为方便图灵机的构造，图灵机的工作流程设计如下。

（1）准备工作：

① 对于两种特殊情况：$n=0$ 或 $n=1$，进行处理；

② 第二道存放 $aaaa$；第三道存放 $aaa$。

（2）第二道与第一道的 $a$ 进行比较：第一道的 $a$ 多，转（3）；相等，接收；第二道的 $a$ 多，拒绝。

（3）第三道增加 $aa$。

（4）第三道的 $a$ 复制（增加）到第二道；转（2）。

　　具体指令（其中 $x, y, z$ 代表 $a$ 或 B）如下。

（1）准备工作。

　　　　<start, [B,B,B], accept, [B,B,B], N>　　　　$n=0$

　　　　<start, [$a$,B,B], $a$GE1, [$a$,$a$,$a$], R>　　　第二、第三道存放 $a$

　　　　<$a$GE1, [B,B,B], accept, [B,B,B], N>　　　$n=1$

　　　　<$a$GE1, [$a$,B,B], $a$GT1, [$a$,$a$,$a$], R>　　第二、第三道存放 $aa$

　　　　<$a$GT1, [$x$,B,B], $a$>=2, [$x$,$a$,$a$], R>　　第二、第三道存放 $aaa$

　　　　<$a$>=2, [$x$,B,B], 1_m_2_ready, [$x$,$a$,B], L>　第二道再存 $a$；

　　　　　　　　　　　　　　　　　　　　　　　　此时，第二道存放 $aaaa$；第三道存放 $aaa$

（2）第一道和第二道进行比较。

　　　　<1_m_2_ready, [$x$,$a$,$z$], 1_m_2_ready, [$x$,$a$,$x$],L>　　　左移到左端点

　　　　<1_m_2_ready, ├, 1_ m_2, ├, R>　　　　　　　开始比较

　　　　<1_m_2, [$a$,$a$,$x$], 1_m_2, [$a$,$a$,$x$], R>

&lt;1_m_2, [B,*a*,*x*], refuse, [B,*a*,*x*], N&gt;　　　　　　第二道 *a* 多，拒绝

&lt;1_m_2, [B,B,*x*], accept, [B,B,*x*], N&gt;　　　　　　接收

&lt;1_m_2 [*a*,B,*x*], 3_add_2a_ready, [*a*,B,*x*], L&gt;　　第二道 *a* 少

(3) 第三道增加 2 个 *a*。

&lt;3_add_2a_ready, [*x*,*y*,B], 3_add_2a_ready, [*x*,*y*,B], L&gt;　　左移找到第三道最后的 *a*

&lt;3_add_2a_ready, [*x*,*y*,*a*], 3_add_1a, [*x*,*y*,*a*], R&gt;

&lt;3_add_1a, [*x*,*y*,B], 3_add_2a, [*x*,*y*,*a*], R&gt;　　　增加 1 个 *a*

&lt;3_add_2a, [*x*,*y*,B], 3_copy_2_ready, [*x*,*y*,*a*], L&gt;　　再增加 1 个 *a*，准备复制

(4) 第三道 *a* 复制到第二道末尾。

&lt;3_copy_2_ready, [*x*,*y*,*z*], 3_copy_2_ready, [*x*,*y*,*z*], L&gt;　　左移到左端点

&lt;3_copy_2_ready, ⊢, 3_copy_2, ⊢, R&gt;　　　　　　开始复制

&lt;3_copy_2, [*x*,*a*,*a*], seek_2_B, [*x*,*a*,*b*], R&gt;　　第三道 *a* 改为 *b*，向右寻找第二道末尾

&lt;seek_2_B, [*x*,*a*,*z*], seek_2_B, [*x*,*a*,*z*], R&gt;

&lt;seek_2_B, [*x*,B,*z*], seek_3_b, [*x*,*a*,*z*], L&gt;　　复制 1 个 *a*，向左寻找第三道 *b*

&lt;seek_3_b, [*x*,*a*,B], seek_3_b, [*x*,*a*,B],L&gt;　　跳过第三道 B

&lt;seek_3_b, [*x*,*a*,*a*], seek_3_b, [*x*,*a*,*a*], L&gt;　　跳过第三道 *a*

&lt;seek_3_b, [*x*,*a*,*b*],seek_3_a, [*x*,*a*,*a*], R&gt;　　将 *b* 还原为 *a*

　　　　　　　　　　　　　　　　　向右寻找第三道是否还有 *a* 需要复制

&lt;seek_3_a, [*x*,*a*,*a*], seek_2_B, [*x*,*a*,*b*], R&gt;　　第三道还有 *a*，继续复制

&lt;seek_3_a, [*x*,*a*,B], 1_m_2_ready,[*x*,*a*,B], L&gt;

　　　　　　　　　　　　　　　　　复制结束，继续比较第一道和第二道的 *a*

**思考**：第一道、第二道比较的第二种算法：读/写头移动到第二道的最后一个 *a* 处，进行比较。

**例 5.27**　利用多道技术构造三道图灵机，实现一进制斐波那契数的接收。

斐波那契数被定义为前两个数字之和是新的斐波那契数，即

$$F_n = \begin{cases} 1, & n = 0,1 \\ F_{n-1} + F_{n-2}, & n \geq 2 \end{cases}$$

自然数如果用一进制表示，那么 *n* 个 0 可以表示自然数 *n*。例如，3 表示为 $0^3$=000，5 表示为 $0^5$=00000。构造三道图灵机判断输入的 0 串是否为斐波那契数。所述三道图灵机的第一道存放待比较的 0 串，第二道和第三道各存放 1 个 0 串表示 *n* = 0,1 的初始情况，如图 5.8 所示。

| ⊢ | 0 | 0 | 0 | ... | ... | 0 | 0 | B |
| --- | --- | --- | --- | --- | --- | --- | --- | --- |
| ⊢ | 0 | B | B | ... | ... | B | B | B |
| ⊢ | 0 | B | B | ... | ... | B | B | B |

图 5.8　三道图灵机初始化情况

**思路**：利用第二道或第三道作为加操作的媒介进行上下加和实现斐波那契数列，第二

道与第三道之间进行互相移动表示相加，轮流与第一道进行比较，直到第一道与第二道或第三道完全相等。

用 $x, y, z$ 表示符号 0 或 B。

(1) 初始状态：

　　<start, [0, 0, 0], cmp1_2, [0, 0, 0], R>

(2) 首先比较第一和第二道。

　　<cmp1_2, [B, B, $x$], accept, [B, B, $x$], N>

　　<cmp1_2, [0, 0, $x$], cmp1_2, [0, 0, $x$], R>

　　<cmp1_2, [B, 0, $x$], reject, [B, 0, $x$], N>

　　<cmp1_2, [0, B, $x$], add2_to_3_ready, [0, B, $x$], L>

(3) 出现不一致，准备将第二道 0 复制到第三道末尾。

　　<add2_to_3_ready, [$x$, $y$, $z$], add2_to_3_ready, [$x$, $y$, $z$], L>

　　<add2_to_3_ready, ├, add2_to_3, ├, R>

(4) 第二道首 0 改为 $b$，向右寻找第三道末尾 B。

　　<add2_to_3_ready, [$x$, 0, 0], seek_3_B, [$x$, $b$, 0], R>

　　<seek_3_B, [$x$, $y$, 0], seek_3_B, [$x$, $y$, 0], R>

　　<seek_3_B, [$x$, $y$, B], seek_2_b, [$x$, $y$, 0], L>

(5) 第三道复制 1 个 0，向左寻找第二道 $b$。

　　<seek_2_b, [$x$, B, 0], seek_2_b, [$x$, B, 0], L>　　　　跳过第二道 B

　　<seek_2_b, [$x$, 0, 0], seek_2_b, [$x$, 0, 0], L>　　　　跳过第二道 0

　　<seek_2_b, [$x$, $b$, 0], seek_2_0, [$x$, 0, 0], R>　　　还原 $b$ 为 0

(6) 向右寻找第二道是否还有 0 需要复制。

　　<seek_2_0, [$x$, 0, 0],　seek_3_B, [$x$, $b$, 0], R>　　　第二道还有 0

　　<seek_2_0, [$x$, B, 0],　cmp1_3_ready, [$x$, B, 0], N>　　第三道没有 0

(7) 准备比较第一和第三道，若第一道已经为 B，则不是斐波那契数。

　　<cmp1_3_ready, [B, $x$, 0], reject, [B, $x$, 0], N>

　　<cmp1_3_ready, [0, $x$, 0], cmp1_3, [0, $x$, 0], R>

(8) 否则，继续向右比较第一和第三道。

　　<cmp1_3, [B, $x$, B], accept, [B, $x$, B], N>

　　<cmp1_3, [B, B, 0], reject, [B, B, 0], N>

　　<cmp1_3, [0, $x$, 0], cmp1_3, [0, $x$, 0], R>

　　<cmp1_2, [0, $x$, B], add3_to_2_ready, [0, $x$, B], L>

　　<add3_to_2_ready, [$x$, $y$, $z$], add3_to_2_ready, [$x$, $y$, $z$], L>

　　<add3_to_2_ready, ├, add3_to_2, ├, R>

(9) 第三道首 0 改为 $b$，向右寻找第二道末尾 B。

　　<add3_to_2_ready, [$x$, 0, 0], seek_2_B, [$x$, 0, $b$], R>

　　<seek_2_B, [$x$, 0, $y$], seek_2_B, [$x$, 0, $y$], R>

　　<seek_2_B, [$x$, B, $y$], seek_3_b, [$x$, 0, $y$], L>

(10)第二道复制 1 个 0，向左寻找第三道 *b*。

    <seek_3_b, [*x*, 0, B], seek_3_b, [*x*, 0, B], L>

    <seek_3_b, [*x*, 0, 0], seek_3_b, [*x*, 0, 0], L>

    <seek_3_b, [*x*, 0, *b*], seek_3_0, [*x*, 0, 0], R>

(11)向右寻找第三道是否还有 0 需要复制。

    <seek_3_0,[*x*, 0, 0], seek_2_B, [*x*, 0, *b*], R>

    <seek_3_0,[*x*, 0, B], cmp1_2_ready, [*x*, 0, B], N>

(12)准备比较第一和第三道，若第一道已经为 B，则不是斐波那契数。

    <cmp1_2_ready, [B, 0, *x*], reject, [B, 0, *x*], N>

    <cmp1_2_ready, [0, 0, *x*], cmp1_2, [0, 0, *x*], R>

**思考**：第二道或第三道的其中一道只用作临时数据存放，另一道进行加操作和比较。

**例 5.28**　利用多道技术构造三道图灵机，实现字符串子串的判定。

已知字符串中任意一个连续的字符组成的子序列称为该串的子串。字符串 *w* 用二进制表示即 $w \in \{0, 1\}^+$，如字符串 0101 和字符串 1100101，则 0101 为 1100101 的子串。构造三道图灵机判断输入的两个字符串的子串关系。

**思路**：三道图灵机的第一道和第二道存放待比较的两个字符串，且第一道的长度小于等于第二道的长度，第三道用于输出判断结果，0 表示不存在子串关系，1 表示第一道为第二道的子串。三道图灵机初始化情况如图 5.9 所示。

| ⊢ | 0 | 0 | 0 | ⋯ | ⋯ | 0 | 0 | B |
|---|---|---|---|---|---|---|---|---|
| ⊢ | 0 | B | B | ⋯ | ⋯ | B | B | B |
| ⊢ | 0 | B | B | ⋯ | ⋯ | B | B | B |

图 5.9　三道图灵机初始化情况

用 *x*, *y* 表示符号 0 或 1 或 B。

(1)初始状态：

    <start,[0,0,B],cmp,[0,0,B],R>

    <start,[1,1,B],cmp,[1,1,B],R>

    <start,[0,1,B],rm,[0,1,B],N>

    <start,[1,0,B],rm,[1,0,B],N>

(2)若相同则继续比较。

    <cmp,[0,0,B],cmp,[0,0,B],R>

    <cmp,[1,1,B],cmp,[1,1,B],R>

    <cmp,[B,*y*,B],output1[B,*y*,B],R>

(3)若不同则准备偏移。

    <cmp,[0,1,B],readyrm,[0,1,B],N>

    <cmp,[1,0,B],readyrm,[1,0,B],N>

    <readyrm,[*x*,*y*,B],readyrm,[*x*,*y*,B],L>

    <readyrm, ⊢,check, ⊢,R>

（4）偏移前判断第一道是否小于第二道。

　　　&lt;check,[x,y,B],check,[x,y,B],R&gt;

　　　&lt;check,[B,y,B],gotohead,[B,y,B],R&gt;

　　　&lt;check,[0,B,B],output0,[B,B,B],R&gt;

　　　&lt;check,[1,B,B],output0,[B,B,B],R&gt;

（5）第二道向左偏移一位。

　　　&lt;rm,[x,y,B],shift,[x,y,B],R&gt;

　　　&lt;shift,[x,0,B],copy0,[x,0,B],L&gt;

　　　&lt;shift,[x,1,B],copy1,[x,1,B],L&gt;

　　　&lt;copy0,[x,B,B],readyshifit,[x,0,B],R&gt;

　　　&lt;copy1,[x,B,B],readyshifit,[x,1,B],R&gt;

　　　&lt;readyshifit,[x,B,B],shifit,[x,B,B],R&gt;

　　　&lt;shift,[x,B,B],gotohead,[x,B,B],N&gt;

　　　&lt;gotohead,[x,B,B],gotohead,[x,B,B],L&gt;

　　　&lt;gotohead,├,gotohead,start,├,R&gt;

（6）输出结果。

　　　&lt;output0,[x,y,B],output0,[x,y,B],R&gt;

　　　&lt;output0,├,return0,├,R&gt;

　　　&lt;return0,[x,y,B],accept,[x,y,0],N&gt;

　　　&lt;output1,[x,y,B],output1,[x,y,B],R&gt;

　　　&lt;output1,├,return1,├,R&gt;

　　　&lt;return1,[x,y,B],accept,[x,y,1],N&gt;

**例 5.29**　利用多道技术构造三道图灵机，检查某数 $n$ 是不是质数。

**思路**：将被检查的数 $n$，以二进制形式写在输入带的第一道上，数的两端分别用符号#和\$定界，在第二道上写上一个二进制数 2，并把第一道上的数复制到第三道上。然后用第三道上的数减去第二道上的数，余下的数留在第三道上，如此反复进行。最后实现的结果实际上是用第二道上的数去除第三道上的数，最后将余数留在第三道上。

　　当余数为 0 时，表示第一道上的数不是质数。当余数不为 0 时，则对第二道上的数加 1。

　　对第二道上的数加 1 之后，如果第二道上的数等于第一道上的数，则说明第一道上的数不能被小于自身的任何数（除 1 外）除尽，为质数。如果第二道上的数小于第一道上的数，再将第一道上的数复制到第三道上，然后重复上述过程。

　　具体算法的构造过程，留给读者自行完成。

### 5.3.5　图灵机的查讫技术

　　在图灵机的工作中，有时需要对输入带上已经扫描过的符号进行某种检查。为了区分带上的某个符号是否已经检查过，可以使用查讫符号"√"进行标记，即在该已经检查过的符号上方或下方印刷上特殊符号"√"。当然，为了给查讫符号预留出位置，还需要使用多道技术。初始时，所有带上符号的查讫标记都标记为"B"。

**例 5.30**　构造 $M$，使得 $L(M)=\{\omega 2\omega \mid \omega \in \{0,1\}^+\}$。

**分析**：将带分成两道，第一道上存放输入符号串，第二道上存放是否检查过的标记。比较时，使用存储技术，先将符号 2 前面的待比较符号记录到有限控制器中，再将读/写头移动到 2 后面相应的位置进行比较。

$M$ 的初始状态为 start，令 $a=0$ 或 1，$b=0$ 或 1。

$$<\text{start}, \vdash, [q_1, B], R>$$

记录待比较符号：

$$<[q_1, B], [a, B], [q_2, a], [a, \sqrt{}], R>$$

读/写头右移到 2 之后：

$$<[q_2, a], [b, B], [q_2, a], [b, B], R>$$
$$<[q_2, a], [2, B], [q_3, a], [2, B], R>$$

找到要比较的位置：

$$<[q_3, a], [b, \sqrt{}], [q_3, a], [b, \sqrt{}], R>$$

比较后相同则继续：

$$<[q_3, a], [a, B], [q_4, B], [a, \sqrt{}], L>$$

读/写头左移到 2 之前：

$$<[q_4, B], [b, \sqrt{}], [q_4, B], [b, \sqrt{}], L>$$
$$<[q_4, B], [2, B], [q_5, B], [2, B], L>$$

读/写头左移过 2 后有两种情况：

$$<[q_5, B], [b, B], [q_6, B], [b, B], L> \quad\text{未比较完}$$
$$<[q_5, B], [b, \sqrt{}], [q_7, B], [b, \sqrt{}], R> \quad\text{已比较完}$$

未比较完时读/写头左移到待比较符号：

$$<[q_6, B], [b, B], [q_6, B], [b, B], L>$$
$$<[q_6, B], [b, \sqrt{}], [q_1, B], [b, \sqrt{}], R>$$

已比较完则看右边是否处理完：

$$<[q_7, B], [2, B], [q_8, B], [2, B], R>$$
$$<[q_8, B], [b, \sqrt{}], [q_8, B], [b, \sqrt{}], R>$$
$$<[q_8, B], [B, B], [q_9, B], [B, B], R>$$

## 5.3.6　图灵机的子程序技术

和通常的程序设计技术相似，子程序的思想在图灵机的构造中也是一种十分重要的技术。子程序技术的使用，可以将复杂的问题进行分解（化简），同时，也可以将图灵机的构造模块化，更便于图灵机的设计。图灵机子程序技术的基本思想是，将图灵机中需要重复使用的功能分解出来，作为一个子程序。

完成整个功能的图灵机为 $M$（作为主程序对待），完成某个特定子功能的图灵机为

$M'$（图灵机 $M'$ 作为子程序）。$M'$ 从状态 $q$ 开始（$q$ 不是整个图灵机的开始状态），到一个固定的状态 $f$（$f$ 不是整个图灵机的接收状态）结束；而状态 $q$ 和 $f$ 是图灵机的两个一般状态；当图灵机进入状态 $q$ 时，就启动 $M'$（相当于调用子程序）；当 $M'$ 进入状态 $f$ 时就返回到 $M$（相当于子程序结束）。

**注意**：图灵机 $M'$ 中可以有多个状态，但仅有两个状态（即开始状态 $q$ 和接收状态 $p$）是与主程序的图灵机共用的，$M'$ 的其他状态是私有的，不能被主程序的图灵机所使用。

**例 5.31** 构造图灵机，使得 TM 完成正整数的乘法运算。

正整数的乘法运算的数学公式

$$m \times n = \underbrace{(1+1+\cdots+1)}_{\text{共}m\text{个}1} \times n$$

使用图灵机实现正整数的乘法运算，就是当图灵机的输入带上存放串 $0^m10^n$，经过图灵机的处理后，使得带上的串变为 $0^{m \times n}$ 形式。图灵机处理该问题的最一般的方法为：当从 1 的左边消去一个 0 后，应该在 $0^n$ 的后面增加 $n$ 个 0；当 1 左边的所有 0（共有 $m$ 个）消完后，再消去多余的符号（两个 1 和原来的 $0^n$），就得到了 $0^{m \times n}$ 形式。

所以，$M$ 的输入为 $0^m10^n$，输出为 $0^{m \times n}$。处理过程为每次将 1 前面的一个 0 改写为 B，同时在输入串后面添加 $n$ 个 0。该过程是重复的，因此，可以使用子程序技术。

在某个时刻，图灵机输入带上的符号形式为

$$B^h0^{m-h}10^n10^{h \times n}B$$

图灵机的动作函数分为如下 3 部分。

(1) 初始化。将第一个 0 变为 B，并在最后一个 0 后面设置标记（该标记表明了增加 0 的位置）为 1，使得增加的 0 在第二个 1 的后面。使用 $q_0$ 表示图灵机的开始状态，sub_start 为完成初始化后的图灵机的状态，则格局变换为

$$q_00^m10^n =>^* B0^{m-1}1\text{sub\_start }0^n1$$

注意：初始化时，只是消去了第一个 0，还没有在后面增加 0。

(2) 主控程序。首先，图灵机从状态 $q_0$ 开始，扫描前 $m$ 个 0 中剩余的 0 和第一个 1，并将读/写头移动到 $n$ 个 0 中的第一个处，此时，状态变为 sub_start。这个状态相当于子程序图灵机的开始状态，然后，进入子程序，将 $n$ 个 0 增加到第二个 1 的后面。当退出子程序时，状态为 sub_end（sub_end 也就是子程序图灵机的接收状态），此时需要将读/写头移动回前面 $m$ 个 0 中剩余 0 的第一个处，并将这个 0 改为 B，状态改为 $q_0$，准备进入下一次循环。对应的格局转换为

$$B^hq_00^{m-h}10^n10^{(h-1) \times n} =>^* B^h0^{m-h}1\text{sub\_start}0^n10^{(h-1) \times n}$$

$$\cdots \qquad\qquad \text{进入子程序} \quad \text{复制 } n \text{ 个 } 0$$

$$B^h0^{m-h}1\text{sub\_end}0^n10^{h \times n} =>^* B^{h+1}q_00^{m-h-1}10^n10^{h \times n}$$

当找不到前面 $m$ 个 0 中剩余的 0 时，表示乘法计算工作已经结束，需要消去多余的符号（两个 1 和原来的 $0^n$），得到最后的结果串。对应的格局转换为

$$B^m \text{ delete\_1}10^n10^{m \times n} =>^* B^{m+n+1+1}\text{end}0^{m \times n}$$

其中，状态 end 是整个图灵机的接收状态。

(3) 子程序。完成将 $n$ 个 0 增加到原来 $0^n$ 后面的任务。子程序图灵机从它的开始状态 sub_start 启动，进入接收状态 sub_end 时完成一次工作，并返回到主控程序。

进入图灵机子程序时，输入带上符号串的形式情况及读/写头位置为

$$B^h 0^{m-h} 1000 \cdots 010^{(h-1) \times n}$$

sub_start

读/写头指向 $0^n$ 的第一个 0。

子程序对应的格局转换为

$$B^h 0^{m-h} 1 sub\_start 0^n 10^{(h-1) \times n} =>^* B^h 0^{m-h} 1 sub\_end 0^n 10^{h \times n}$$

整个图灵机的格局转换情况如下。

初始化：

$$q_0 0^m 10^n =>^* B 0^{m-1} sub\_start 10^n 1$$

主程序和子程序：

$B^h q_0 0^{m-h} 10^n 10^{(h-1) \times n} =>^* B^h 0^{m-h} 1 sub\_start 0^n 10^{(h-1) \times n}$      主程序消除 0

$B^h 0^{m-h} 1 sub\_start 0^n 10^{(h-1) \times n} =>^* B^h 0^{m-h} 1 sub\_end 0^n 10^{h \times n}$      子程序增加 $0^n$

$B^h 0^{m-h} 1 sub\_end 0^n 10^{h \times n} =>^* B^{h+1} q_0 0^{m-h-1} 10^n 10^{h \times n}$      主程序消除 0

$\cdots$

$B^m delete\_1 10^n 10^{m \times n} =>^* B^{m+n+1+1} end 0^{m \times n}$      主程序消除多余符号

图灵机具体的状态转换函数如下。

初始化(只执行 1 次)：

    <start, 0, $m$>0, 0, R>

    <start, 1, set_right_B, B, R>      $m=0$

    <$m$>0, 0, $m$>0, 0, R>

    <$m$>0, 1, $n$>0?, 1, R>

    <$n$>0?, B, set_left_B, B, L>      $n=0$

    <$n$>0?, 0, $n$>0, 0, R>

    <$n$>0, 0, $n$>0, 0, R>

    <$n$>0, B, left_move, 1, L>      增加 1

    <left_move, 0, left_move, 0, L>

    <left_move, 1, left_move, 1, L>

    <left_move, ⊢, main_start, ⊢, R>

    <set_right_B, 0, set_right_B, B, R>

    <set_right_B, B, END, B, N>

    <set_left_B, 1, set_left_B, B, L>

    <set_left_B, 0, set_left_B, B, L>

    <set_left_B, ⊢, END, ⊢, N>

主程序：

  <main_start, 0, seek_1, B, R>

  <seek_1, 0, seek_1, 0, R>

  <seek_1, 1, sub_start, 1, R>

  <sub_end, 0, ready_next, 0, L>

  <ready_next, 1, end_or_next, 1, L>

  <end_or_next, 0, next, 0, L>

  <next, 0, next, 0, L>

  <next, B, main_start, B, R>    上一次循环结束，本次循环开始

  <end_or_next, B, delete_1, B, R>  $m$ 个 0 都消完，循环结束

消去多余串 $10^n1$：

  <delete_1, 1, delete_0, B, R>

  <delete_0, 0, delete_0, B, R>   执行 $n$ 次

  <delete_0, 1, END, B, L>

子程序：

  <sub_start, 0, seek_B, 2, R>   将 0 标记为 2，以方便复制 $0^n$

  <seek_B, 0, seek_B, 0, R>    向右寻找 B

  <seek_B, 1, seek_B, 1, R>    遇到标记 1（带上符号串的第二个 1）

  <seek_B, B, seek_2, 0, L>    复制一个 0

  <seek_2, 0, seek_2, 0, L>    向左寻找 $0^n$ 中剩余的 0

  <seek_2, 1, seek_2, 1, L>

  <seek_2, 2, sub_start, 2, R>   复制下一个 0

  <sub_start, 1, reset_0, 1, L>   $n$ 个 0 都已经复制结束

  <reset_0, 2, reset_0, 0, L>   将 2 恢复为 0

  <reset_0, 1, sub_end, 1, R>   子程序结束，读/写头仍然在 $0^n$ 的第一个 0 处

最终，图灵机带上的符号形式为

$$B^{m+n+1+1}0^{m \times n}$$

图灵机共有 15 个状态，子程序图灵机使用了 5 个状态：sub_start，seek_B，seek_2，reset_0 和 sub_end。主程序图灵机使用了 10 个状态：main_start，seek_1，sub_start，sub_end，ready_next，end_or_next，next，delete_1，delete_0 和 END。

子程序图灵机也允许有多个接收状态，代表不同的情况，类似于函数具有多个 return 语句，如正整数除法情况。

## 5.4　图灵机变形

前面介绍了最基本的图灵机及其构造技术，本节从不同的方面对图灵机进行扩充，包括双向无穷带图灵机、多带多读/写头图灵机、不确定图灵机和多维图灵机等。

为了区别扩展的图灵机，单向无穷带图灵机称为基本图灵机。

与基本图灵机相比，扩展图灵机在不同的方面进行了扩展，但它们仍然与基本图灵机是等价的。对基本图灵机进行扩展，使得构造复杂的图灵机变得更加简便。

由于这些扩展实际上都是技术上的一些改进，而且它们的基本描述相对都比较复杂。本书致力于基本思想和基本方法的介绍，而忽略那些比较烦琐的描述，包括一些形式化的描述。这与本书前面较为严格的论述不同。但是，根据基本思想和基本方法的介绍，读者较容易给出相应的形式化的描述和严格的证明，只不过这些形式化的描述和严格的证明比较烦琐而已。

## 5.4.1 双向无穷带图灵机

基本图灵机的模型中，输入带上规定有左端点。所以，对于基本图灵机，读/写头是不能够向左移动出该左端点的。

对基本图灵机取消左端点的限制，得到双向无穷带图灵机，双向无穷带图灵机的输入带向左和向右都是无限的。输入带上所有空单元(包括左边和右边)全部标记为 B。双向无穷带图灵机的基本模型如图 5.10 所示。

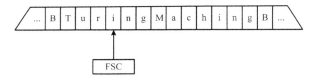

图 5.10 双向无穷带图灵机的基本模型

对于双向无穷带图灵机，读/写头可以向左或向右任意移动，其他定义与基本图灵机一致。

**定理 5.2** 如果语言 $L$ 能够被一个双向无穷带图灵机所接收，则该语言 $L$ 也能够被一个单向无穷带图灵机(即基本图灵机)所接收。

**证明**：设 $M_1=(Q_1, \Sigma_1, q_0, F_1, \delta_1)$ 是具有双向无穷带的图灵机，且语言 $L=L(M_1)$。现在构造单向无穷带图灵机 $M_2=(Q_2, \Sigma_2, q_0, F_2, \delta_2)$，$M_2$ 将模拟 $M_1$ 的动作，但需要使用两道：在第一道模拟 $M_1$ 的读/写头在输入带初始位置的右边的动作，在第二道模拟 $M_1$ 的读/写头在输入带初始位置的左边的动作。$M_1$ 和 $M_2$ 的输入带对应情况如图 5.11 和图 5.12 所示。

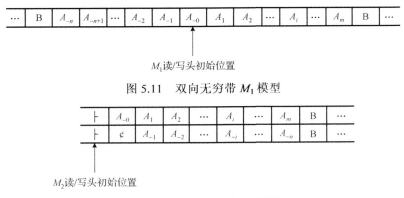

图 5.11 双向无穷带 $M_1$ 模型

图 5.12 单向无穷带 $M_2$ 模型

在处理过程中，$M_2$ 应该确定当前正在处理的符号是第一道上的符号还是第二道上的符号。为此，可以考虑让 $M_2$ 的基本状态与 $M_1$ 的状态相同，而在基本状态上标出当前处理的是哪一个道上的符号。使用"1"表示 $M_2$ 当前正在处理第一道上的符号，使用"2"表示 $M_2$ 当前正在处理第二道上的符号。$M_2$ 在处理第一道上的符号(简称为 $M_2$ 在第一道上运行)时，$M_2$ 的读/写头的移动方向与 $M_1$ 的读/写头的移动方向完全一致；而 $M_2$ 在处理第二道上的符号(简称为 $M_2$ 在第二道上运行)时，$M_2$ 的读/写头的移动方向与 $M_1$ 的读/写头的移动方向正好相反。因此，$M_2$ 的状态应该有两个分量：一个分量为 $M_2$ 的状态，另一个分量表示 $M_2$ 所运行的道。$M_2$ 的空白符号为[B, B]。$M_2$ 的接收状态集合为 $M_1$ 的接收状态集合与表示所处道的标记的笛卡儿乘积。$M_2$ 的带符号集合为 $M_1$ 的带符号集合与自身的笛卡儿乘积再增加形如[X, ¢]的符号。$M_2$ 的输入符号集合为形如[X, B]的符号，其中 $X$ 代表输入符号。

构造
$$M_2=(Q_2, \Sigma_2, q_0, F_2, \delta_2)$$
其中，
$$Q_2=Q_1\times\{1, 2\}$$
$$\Sigma_2=\Sigma_1\cup\{B\}$$
$$\Sigma_2'=\Sigma_1\times\Sigma_1\cup\Sigma_1\times\{¢\}$$
$$F_2=F_1\times\{1, 2\}$$

$M_2$ 的状态转换 $\delta_2$ 函数如下。

(1) $M_2$ 在启动时，需要模拟 $M_1$ 的启动动作，并且要在输入带的第二道的左端点印刷上标记符号¢，然后，按照左移和右移分别进入第一道或第二道运行。

对于任意 $q\in Q_1, X\in\Sigma_1, a\in\Sigma_2=\Sigma_1\cup\{B\}$，如果 $M_1$ 有
$$<q_0, a, p, X, R>$$
则 $M_2$ 有
$$<q_0, [a, B], [p, 1], [X, ¢], R>$$
如果 $M_1$ 有
$$<q_0, a, p, X, L>$$
则 $M_2$ 有
$$<q_0, [a, B], [p, 2], [X, ¢], R>$$

(2) 当 $M_2$ 的读/写头没有指向输入带的最左端的符号时，$M_2$ 在第一道上完全模拟 $M_1$ 的动作。

对于任意 $q\in Q_1, Y\in\Sigma_1, [X, Z]\in\Sigma_1\times\Sigma_1$，如果 $M_1$ 有
$$<q, X, p, Y, R>$$
则 $M_2$ 有
$$<[q, 1], [X, Z], [p, 1], [Y, Z], R>$$
如果 $M_1$ 有
$$<q, X, p, Y, L>$$

则 $M_2$ 有
$$<[q, 1], [X, Z], [p, 1], [Y, Z], \text{L}>$$

即当 $M_2$ 在第一道运行时，$M_2$ 完全模拟 $M_1$ 的动作，此时，$M_2$ 只关注输入带第一道上的符号，而对于输入带第二道上的符号，$M_2$ 不做任何处理：仅按照图灵机的要求，将输入带第二道上的符号重新印刷一遍。

　　(3) 当 $M_2$ 的读/写头没有指向输入带的最左端的符号时，$M_2$ 在第二道上模拟 $M_1$ 的动作，但需要将读/写头向相反的方向移动。

　　对于任意 $q \in Q_1$，$Y \in \Sigma_1$，$[Z, X] \in \Sigma_1 \times \Sigma_1$，如果 $M_1$ 有
$$<q, X, p, Y, \text{R}>$$

则 $M_2$ 有
$$<[q, 2], [Z, Y], [p, 2], [Z, Y], \text{L}>$$

如果 $M_1$ 有
$$<q, X, p, Y, \text{L}>$$

则 $M_2$ 有
$$<[q, 2], [Z, X], [p, 2], [Z, Y], \text{R}>$$

即当 $M_2$ 在第二道运行时，$M_2$ 通过相反的移动方向来模拟 $M_1$ 的动作，此时，$M_2$ 只关注输入带第二道上的符号，而对于输入带第一道上的符号，$M_2$ 不做任何处理，仅按照图灵机的要求，将输入带第一道上的符号重新印刷一遍。

　　(4) 当 $M_2$ 的读/写头正指向输入带的最左端的符号时，由于第二道上的符号只是端点的标记，所以，此时无论 $M_2$ 的状态表示出它当前是在第一道上运行，还是在第二道上运行，$M_2$ 实际上只可能是在第一道上运行。

　　对于任意 $q \in Q_1$，$X, Y \in \Sigma_1$，如果 $M_1$ 有
$$<q, X, p, Y, \text{R}>$$

则 $M_2$ 有
$$<[q, 1], [X, \rlap{/}c], [p, 1], [Y, \rlap{/}c], \text{R}>$$
$$<[q, 2], [X, \rlap{/}c], [p, 1], [Y, \rlap{/}c], \text{R}>$$

如果 $M_1$ 有
$$<q, X, p, Y, \text{L}>$$

则 $M_2$ 有
$$<[q, 1], [X, \rlap{/}c], [p, 2], [Y, \rlap{/}c], \text{R}>$$
$$<[q, 2], [X, \rlap{/}c], [p, 2], [Y, \rlap{/}c], \text{R}>$$

当 $M_2$ 运行到最左端 $[X, \rlap{/}c]$ 时（这是一个特殊的位置），若 $M_2$ 在第一道，且原来 $M_1$ 正好要向右移动，则此时 $M_2$ 继续保持在第一道运行；若 $M_2$ 在第一道，且原来 $M_1$ 正好要向左移动，则此时 $M_2$ 必须由第一道移至第二道且向右移动读/写头。与此类似，若 $M_2$ 在第二道，且原来 $M_1$ 正好要向左移动，则此时 $M_2$ 继续保持在第二道运行；若 $M_2$ 在第二道，且原来 $M_1$ 正好要向右移动，则此时 $M_2$ 必须由第二道移至第一道且向右移动读/写头。

此外，当 $M_1$ 到达拒绝状态时，$M_2$ 也到达拒绝状态；当 $M_1$ 到达接收状态时，$M_2$ 也到达接收状态。

综上所述，如果 $L=L(M_1)$，则 $L=L(M_2)$。

总之，双向无穷带图灵机与基本图灵机是等价的。

## 5.4.2　多带多读/写头图灵机

基本图灵机的另一个重要的扩展是双向多带多读/写头图灵机。这种双向的多输入带图灵机具有多条双向的无穷输入带，每一个输入带都有自己的读/写头。在每一个动作中，图灵机根据当前的状态及每个读/写头正在扫描的带上符号确定图灵机的下一个状态，并且各个读/写头可以相互独立地向各自希望的方向移动。

双向多带多读/写头图灵机简称为多带图灵机（Multi-Tape Turing Machine）。将具有 $k$ 条输入带的图灵机简称为 $k$ 带图灵机（$k$-Tape Turing Machine）。

多带图灵机的一个动作可以描述如下：

（1）改变图灵机当前的状态；

（2）在各自的输入带上印刷上一个符号；

（3）各个读/写头向各自希望的方向移动。

$k$ 带图灵机的状态转换函数的形式为

$$\delta(p,(X_1,X_2,X_3,\cdots,X_k))=(q,[Y_1,D_1],[Y_2,D_2],[Y_3,D_3],\cdots,[Y_k,D_k])$$

其中，$p$ 是当前状态；$q$ 是下一状态；$X_i$ 是第 $i$ 条输入带的当前符号；$Y_i$ 是第 $i$ 条输入带印刷上的符号；$D_i$ 是第 $i$ 个读/写头条移动的方向。

一般地，多带图灵机在启动时，它的输入只出现在第一条输入带上，而其他的输入带都是空的。

多带图灵机的引入给图灵机的构造和一些定理的证明带来了方便，但多带图灵机的识别能力仍然没有超过基本的单带图灵机。

**定理 5.3**　多带图灵机与基本图灵机等价。

**证明**：由于基本图灵机是多带图灵机的一个特例，所以只需要证明：对于任意一个多带图灵机，都有一个与之等价的基本图灵机。

设 $M_1=(Q_1,\Sigma_1,q_0,F_1,\delta_1)$ 是一个 $k$ 带图灵机，现在构造与之等价的基本图灵机。

根据前面的讨论，双向无穷带图灵机与基本图灵机是等价的，所以，只需要证明一条双向无穷带的图灵机可以完全模拟多带图灵机。因此，不妨假设多带图灵机的 $k$ 个带都是单向无穷带。同样，与前面的模拟技术类似，使用一条具有 $2k$ 道的双向无穷带 $M'$ 实现对 $k$ 带图灵机 $M_1$ 的模拟。对应 $M_1$ 的每一条输入带，$M'$ 使用两个道进行模拟，其中的第一道用来存放 $M_1$ 对应带的内容，第二道专门用来标记对应带上读/写头所在的位置，也就是说，第二道上只有一个带单元存放非 B 符号（B 代表空白符号）。该非 B 符号指出，$M_1$ 对应带的读/写头在第二道中非 B 符号所在带单元对应的位置。

为简单起见，给出当 $k=3$ 时的模拟情况，如图 5.13 所示。它表示带 1 的读/写头正处于 $A_0$ 的位置，带 2 的读/写头正处于 $C_n$ 的位置，带 3 的读/写头正处于 $D_{10}$ 的位置。

| 读/写头 1 位置 | √ | | | | | | | | | | | |
|---|---|---|---|---|---|---|---|---|---|---|---|---|
| 带 1 的内容 | $A_0$ | $A_1$ | ... | $A_{10}$ | ... | $A_n$ | $A_{n+1}$ | ... | $A_m$ | ... | B | |
| 读/写头 2 位置 | | | | | | √ | | | | | | |
| 带 2 的内容 | $C_0$ | $C_1$ | ... | $C_{10}$ | ... | $C_n$ | $C_{n+1}$ | ... | $C_m$ | ... | B | |
| 读/写头 3 位置 | | | | √ | | | | | | | | |
| 带 3 的内容 | $D_0$ | $D_1$ | ... | $D_{10}$ | ... | $D_n$ | $D_{n+1}$ | ... | $D_m$ | ... | B | |

图 5.13  $M'$ 的一条有 $2\times3$ 个道的带模拟 $M_1$ 的 3 个带

$M'$ 有一个读/写头，该读/写头将用来对输入带进行扫描，以发现各个原始读/写头当前所扫描的字符，并将这些字符记在 $M'$ 自己的状态控制器中。另外，由于 $M'$ 的输入带是双向无穷的，为了使 $M'$ 在运行过程中更好地掌握当前还需要移动过多少个读/写头标记，还需要记住 $M_1$ 的读/写头扫描的带单元的右侧还有多少个原始读/写头的位置标记。因此，$M'$ 的状态集合为

$$Q_1\times(\Sigma_1\times\Sigma_1\times\{R, L, N\})\times\cdots\times(\Sigma_1\times\Sigma_1\times\{R, L, N\})\{1, 2, \cdots, k\}$$

式中共有 $2k$ 个 $\Sigma_1$。所以，当 $M_1$ 有 $k$ 条输入带时，$M'$ 的状态应该有 $3k+2$ 个分量。第 $j$ 组 $(\Sigma_1\times\Sigma_1\times\{R, L, N\})$ 中的元素 $[X, Y, D]$，表示 $M_1$ 的第 $j$ 个读/写头正在扫描第 $j$ 条输入带上的符号 $X$，$M_1$ 在当前要进行的动作中，将这个 $X$ 改印为 $Y$，同时还需要根据 $D$ 所指示的方向将该读/写头在第 $j$ 条输入带上移动。印刷上的新符号 $Y$ 和移动方向 $D$ 都是由 $M_1$ 在该带上的处理动作统一决定的。

由于 $M$ 的每个动作是根据它的 $k$ 个读/写头所扫描的内容和它当前所处的状态，来确定每个读/写头在各自的输入带上印刷什么符号，读/写头向什么方向移动，状态如何变化；所以，$M'$ 每次都需要从最左的原始读/写头的标记位置开始，从左到右地扫描输入带上的符号，直到读/写头到达最右的原始读/写头的标记位置。而且在扫描的过程中，需要记录各个原始读/写头当前所扫描的符号。当获得所有原始读/写头正在扫描的符号后，$M'$ 就可以确定本次的动作，然后将该动作记录下来，再开始将读/写头向左移动，每遇到一个原始读/写头的标记就完成该读/写头应该完成的动作，即印刷新符号、移动读/写头、改变状态。在所有读/写头完成本次动作后，再开始下一次循环，直到到达接收状态。

对于第 $j$ 组 $(\Sigma_1\times\Sigma_1\times\{R, L, N\})$ 中的元素 $[X, Y, D]$，$X$ 是在读/写头从左到右的扫描过程中记录下来的，$Y$ 和 $D$ 是在完成本次循环的右移之后写入的。

根据前面的讨论，$M'$ 使用一系列的动作后能够完成对 $M_1$ 的一个动作的模拟。所以

$$L(M')=L(M_1)$$

$M'$ 所使用的一系列动作的个数，与最左读/写头和最右读/写头的位置之间的距离有关，而且是该距离的线性函数。

## 5.4.3  不确定图灵机

图灵机是一个五元式

$$TM=(Q, \Sigma, q_0, q_a, \delta)$$

其中，$\delta$ 是 $Q\times\Sigma\rightarrow Q\times\Sigma\times\{L, R, N\}$ 的状态转换函数，即

$$\delta(q, x) = (q', W, \{L, R, N\})$$

图灵机是确定图灵机。

对于一个给定的状态和读入符号，确定图灵机只能有一种可选动作。

**定义 5.8**　图灵机 $M$ 称为不确定图灵机(或非确定图灵机)，除状态转换函数 $\delta$ 的定义外，其余部分的定义同确定的图灵机。即对于某个状态 $q$ 和扫描到的带上符号 $x$，图灵机可能有多个动作(即 $M$ 的状态转换函数 $\delta$ 可能将 $Q \times \Sigma$ 映射到 $Q \times \Sigma \times \{L, R, N\}$ 的一个子集上)。

不确定图灵机是一个五元式

$$M = (Q, \Sigma, q_0, q_a, \delta)$$

其中，$Q$ 是有限状态集合；$\Sigma$ 是带上字母表的有限集合，用 $\Sigma = \Sigma \cup \{B\}$ 代表 $\Sigma$ 的增广集合；$q_0 \in Q$，是开始状态；$q_a \in Q$，是接收状态；$\delta$ 是 $Q \times \Sigma \to 2^Q \times \Sigma \times \{L, R, N\}$ 的状态转换函数，即对于任意的 $(q, X) \in Q \times \Sigma$，$\delta(q, X) = \{(q_1, Y_1, D_1), (q_2, Y_2, D_2), \cdots, (q_n, Y_n, D_n)\}$。

状态转换函数表明：对于一个给定的状态 $q$ 和读入符号 $X$，不确定图灵机可能有多种可选动作，即可以有选择地进入状态 $q_i$，在当前读/写头扫描的单元印刷符号 $Y_i$，并按照 $D_i$ 移动读/写头。

对于输入串 $\omega$，若不确定图灵机存在某些状态转换系列，能使不确定图灵机处于接收格局，则称不确定图灵机能识别串 $\omega$。

不确定图灵机的格局定义同确定图灵机。需要注意的是，不确定图灵机处于某个格局时，下一个格局可能有多个。

**定义 5.9**　不确定图灵机接收的语言。

不确定图灵机 $M = (Q, \Sigma, q_0, q_a, \delta)$ 在字母表 $\Sigma$ 上接收的语言为 $L(M)$，则

$$L(M) = \{\ \omega \mid \omega \in \Sigma^* 且存在 \omega_1, \omega_2 \in (\Sigma')^*，有 q_0\omega =>^* \omega_1 q_a \omega_2\}$$

对于不确定图灵机 $M$，一方面可以认为，对于给定的输入串，$M$ 能够自动地选择一系列正确的动作，使得 $M$ 能够最终进入接收状态，即不确定图灵机具有一定的智能。另一方面，由于处理一个输入串的所有可能的动作系列都是可以逐个列举的，所以，对于任意的输入串，可以让不确定图灵机逐一地按照当前列举出的动作系列去处理该输入串，如果该输入串是不确定图灵机所能够识别的串(即该输入串是不确定图灵机接收语言的句子)，则 $M$ 最终能够执行接收该输入串的动作系列，不确定图灵机与确定图灵机的等价性证明就是基于这一思想。

**定理 5.4**　若语言 $L$ 能被不确定图灵机所识别，则存在确定图灵机，有 $L(M) = L$。

**证明：**需要证明，对于任意一个不确定图灵机，都存在一个与之等价的确定基本图灵机。

设 $M = (Q, \Sigma, q_0, F, \delta)$ 是一个不确定图灵机，现在构造与之等价的确定图灵机 $M'$。

令

$$m = \mathrm{MAX}\{\ |\delta(q, X)| \mid (q, X) \in Q \times \Sigma\}$$

对于任意的 $(q, X) \in Q \times \Sigma$，不确定图灵机有

$$\delta(q, X) = \{(q_1, Y_1, D_1), (q_2, Y_2, D_2), \cdots, (q_j, Y_j, D_j)\}$$

表示 δ 可能有 j 个选择。

使用 1, 2,…, j 分别代表图灵机选择了 $(q_1, Y_1, D_1)$,$(q_2, Y_2, D_2)$,…, $(q_j, Y_j, D_j)$。对任意的输入字符串,则 M 处理该串的动作系列都可以使用 $\{1, 2, 3, …, n\}$ 上的数字系列进行表示。由于 $n \geqslant j$,所以,处理该串的动作中,有些是有效的,有些是无效的。

假设确定图灵机 M′ 是一个三带图灵机,它模拟不确定图灵机的动作。三带的作用如下。

第一带 $T_1$:存放 M 的输入串。

第二带 $T_2$:存放 m 进制的整数(需要逐步加 1)。

第三带 $T_3$:在输入串上模拟 M。

确定图灵机 M′ 的动作(即 M′ 的状态转换函数)如下。

(1)写(印刷)整数 1 到 $T_2$ 上。

(2)将 $T_1$ 上的输入串复制到 $T_3$。

(3)根据 $T_2$ 上的 m 进制整数 $m_1 m_2 … m_k$ $(1 \leqslant m_i \leqslant m)$ 在 $T_3$ 上模拟 M 的动作。第一步动作使用 $m_1$ 种选择,第二步动作使用 $m_2$ 种选择,……,第 k 步动作使用 $m_k$ 种选择,共执行 k 步动作。

(4)执行模拟动作(k 步)后,如果到达 M 的接收状态,则 M′ 接收该输入串;否则,将 $T_2$ 上的 m 进制整数 $m_1 m_2 … m_k$ 加 1,转(2)继续进行模拟。

设对于某个输入串 x,不确定图灵机能够接收该串。虽然 M 是不确定的,但终究是经过有限步骤的动作到达 M 的接收状态的。例如,第一步使用的是 M 的某个 δ 的第 2 个选择,第二步使用的是 M 的某个 δ 的第 1 个选择,第三步使用的是 M 的某个 δ 的第 3 个选择……最后一步使用的是 M 的某个 δ 的第 12 个选择,最终到达不确定图灵机的接收状态。根据三带确定 M′ 的动作模拟,213…12 这个整数在 $T_2$ 上一定会出现的(注意,12 是一个整体,是十二进制的整数),因此,M′ 根据(3)的模拟动作,也能够接收该串 x。反之,如果输入串 y 不能被不确定图灵机接收,那么不存在上述的有穷位 m 进制整数,因此,确定的 M′ 在(2)和(4)之间不停地循环(导致不停机),也不能接收输入串 y。

总之,若语言 L 能被某个不确定图灵机所识别,则存在一个确定图灵机,能够接收该语言 L。

**定理 5.5** 不确定图灵机和确定图灵机是等价的。

**证明:**确定图灵机是不确定图灵机的特例,再根据定理 5.4,得证。

不确定图灵机的引入给图灵机的构造和一些定理的证明带来了方便,但不确定图灵机的识别能力仍然没有超过确定图灵机。

## 5.4.4 多维图灵机

前面接触过的图灵机的输入带都是一维的。也就是说,图灵机的输入带不是只可以向右无限延长,就是只可以向左无限延长,因而,图灵机的读/写头只能够向前或向后移动。现在,将图灵机的输入带扩展为多维的,这种图灵机的读/写头可以沿着多个维移动,该图灵机称为多维图灵机。如果图灵机的读/写头可以沿着 k 维移动,则该图灵机称为 k 维图灵机。

k 维图灵机的输入带由 k 维单元阵列组成,读/写头可以在 2k 个方向上移动,而且在所

有的 $2k$ 个方向上都是无穷的，它的读/写头可以在 $2k$ 个方向中的任意一个上移动。

图灵机接收的语言可能是无穷的语言，但不会去考虑一个无穷长度的输入串的接收问题。对于双向无穷带图灵机，虽然它的输入带在左、右两个方向上都是无穷的，但是，在双向无穷带图灵机运行期间的任一时刻，只有有限长度的带上包含非空白的内容（或者说，输入带上只有有限长度的非空白输入串）。同样，在一个 $k$ 维图灵机运行期间的任一时刻，该 $k$ 维图灵机的每一维上也只有有限多个道各自包含有穷多个非空白字符。这就是说，这些非空白字符可以被一个有限的 $k$ 维立方体所包含，使得可以将这 $k$ 维上的有穷长度的字符串用适当的方式进行组织，从而组合成可以放在一维输入带上存放的字符串。这种做法类似于在计算机的一维的内存中存放多维的数据（多维数组）。

### 5.4.5　其他图灵机

1. 多头图灵机

多头图灵机（Multi-Head Turing Machine）是指图灵机只有一条输入带，但有多个读/写头。

多头图灵机的多个读/写头统一受图灵机状态控制器的控制。多头图灵机根据当前的状态和多个读/写头当前扫描的多个字符，确定当前多头图灵机的一个动作。在多头图灵机的一个动作中，各个读/写头在输入带上所印刷的新符号和所移动的方向都可以是相互独立的。

如果多头图灵机有 $k$ 个读/写头，则该图灵机称为 $k$ 头图灵机。

**定理 5.6**　多头图灵机与基本图灵机等价。

**证明**：按照与多带图灵机与基本图灵机等价类似的证明方法，可以使用输入带上具有 $k+1$ 个道的基本图灵机来模拟具有 $k$ 个读/写头的多头图灵机，其中一个道存放原输入带上的符号，另外的 $k$ 个道分别记录 $k$ 个读/写头的位置。

具体证明过程略。

2. 离线图灵机

离线图灵机（Off-Line Turing Machine）是一种多带图灵机，但对于其中一条输入带，只能读，不能印刷上符号（即不能写）。

通常使用符号¢和\$标记离线图灵机的只读输入带的左、右端点，只允许离线图灵机的读/写头在¢和\$标记的区域内来回移动。离线图灵机实际上是多带图灵机的一个特例。

如果只允许离线图灵机的读/写头从左向右移动，则称这种离线图灵机为在线图灵机（On-Line Turing Machine）。

虽然离线图灵机是多带图灵机的一个特例，但离线图灵机却能够模拟任何一个图灵机。

**定理 5.7**　离线图灵机与基本图灵机等价。

**证明**：对于基本图灵机 $M$，构造离线图灵机 $M'$模拟 $M$。最简单的方法是让离线图灵机比基本图灵机多一条输入带，用以复制基本图灵机的输入串，然后将该输入带当作基本图灵机的输入带，模拟基本图灵机进行相应的处理。

具体证明过程略。

3. 作为枚举器的图灵机

图灵机是递归可枚举语言的识别器和非负整函数的计算器。除此之外，图灵机还可以作为语言的产生模型。

产生语言的图灵机称为作为枚举器的图灵机(Turing Machine as Enumerator)，它是一个特殊的多带(多头)图灵机，其中一个带专门作为输出带，并且规定一旦一个字符被印刷在输出带上，就不能再被更改。如果输出带的读/写头的正常移动方向是向右，则输出带的读/写头不允许向左移动。

基本图灵机每次启动后，只处理输入带的一个输入串(即对于多个串，需要多次启动)；而对于作为枚举器的图灵机，在启动之后，在输出带上将产生相应语言的每一个句子。为了区别每个句子，每产生一个句子，就在该句子后面印刷一个分隔符号(如"#")。

注意：如果作为枚举器的图灵机产生的语言是一个无穷的语言，则作为枚举器的图灵机将永不停机。

基本图灵机接收的语言记为 $L(M)$，作为枚举器的图灵机产生的语言记为 $G(M)$。

定理 5.8  一个语言 $L$ 是递归可枚举语言的充分必要条件是，存在作为枚举器的图灵机，使得 $L=G(M)$。

证明：略。

此外，还可以要求作为枚举器的图灵机按照一定的顺序产生一个语言的所有句子。设

$$\Sigma = \{a_1, a_2, a_3, \cdots, a_n\}$$

是一个字母表，$\Sigma^*$ 上的规范顺序是指：较短的串在前面，较长的串在后面。对于长度相同的串，可以按照"数值顺序"进行排列，即将字符 $a_k$ 当作以 $n$ 为基(即 $n$ 进制)的数字 $k$；因此，长度为 $m$ 的串就可以当作一个基为 $n$ 的 $0 \sim n^m - 1$ 的某个数。

语言 $L$ 的规范顺序同理。

定理 5.9  一个语言 $L$ 是递归语言的充分必要条件是，存在作为枚举器的图灵机，使得 $L=G(M)$，并且语言 $L$ 是被 $M$ 按照规范顺序产生的。

证明：略。

4. 多栈机

下推自动机实际上相当于非确定多带图灵机,具有一条只读输入带和一条存储带(模拟堆栈)。

多栈机(Multi-Stack Machine)具有一条只读输入带和多条模拟堆栈的存储带。输入带上的读/写头不能够向左移动，存储带上可以印刷规定的符号，并且存储带上的读/写头可以向左或向右移动。需要注意的是，存储带上的读/写头在向左移动时，必须在当前扫描的带单元中印刷上空白符号 B，因此，存储带上的读/写头在向左移动时，该读/写头的右部全是空白符号 B(将当前的单元作为栈顶)。另外，存储带上的读/写头在向右移动时，一般情况下，应该在当前扫描的带单元印刷一个非空白符号(在特殊情况下，也可以印刷一个空白符号 B，如下面介绍的计数机)。

一个确定的双栈机(Double Stack Machine)是一个确定图灵机，具有一条只读输入带和两条模拟堆栈的存储带。存储带上的读/写头向左移动时，只能印刷空白符号 B。

**定理 5.10**　一个任意的单带图灵机可以被一个确定的双栈机模拟。

**证明**：略。

5. 计数机

计数机(Counter Machine)是一种离线图灵机，具有一条只读输入带和多条用于计数的单向无穷带(存储带)，用带上读头到最左边符号的距离(即单元的个数)表示所计的数。

一个具有 $n$ 条用于计数的带的计数机称为 $n$ 计数机。

用于计数的单向无穷带上只能有两种字符，一个为相当于作为栈底符号的 Z，该字符也当作计数带的首字符，它仅出现在计数带的最左端；另一个就是空白字符 B，一条计数带上所记的数，就是该计数带从 Z 开始到该计数带的读/写头当前位置，所包括的空白符号 B 的个数。

**定理 5.11**　一个任意的图灵机可以被一个计数机模拟。

**证明**：略。

6. 丘奇-图灵论题与随机存取机

在研究可计算性问题时，一种观点认为：对于任何的输入，算法都应该能够终止，否则，只能称为(计算)过程。根据这个观点，某些输入不能够停机的图灵机就不能够称为算法，也就是说，如果某个图灵机使用永不停机的方式表示不能够接收某个输入串，该图灵机就不是算法；而只有对任何输入都必定停机的图灵机，才称为算法。或者说，接收递归语言的图灵机是算法，接收递归可枚举语言的图灵机不一定是算法。另一种观点则忽略停机问题，从而扩大了可计算问题的范围。

1936 年，丘奇使用称为 $\lambda$-演算的记号系统来定义算法。图灵使用计算模型——图灵机来描述(定义)算法。

丘奇-图灵论题(又称丘奇假说)：对于任何可以用有效算法解决的问题，都存在解决此问题的图灵机。该论题还没有被严格证明。因为只能列出算法的有限性、机械可执行性、确定性、终止性等特征，即有效算法说明的可解性概念是非形式化的、不严格的，而图灵机的概念却是形式化和严格的。但是，图灵机作为计算模型，使得将算法集中在可以用图灵机描述的计算上，因此，可以认为，可计算问题可以等同于图灵机的可计算问题。

随机存取机(Random Access Machine，RAM)是更接近现代数字计算机的(图灵机)模型。

随机存取机含有无穷多个存储单元，这些存储单元按照 0, 1, 2, … 进行编号，每个存储单元可以存放一个任意整数。随机存取机还包含有穷个能保存任意整数的算术寄存器，这些整数可以译码成通常的各类计算机指令。

显然，如果选择一个适当的指令集合，随机存取机就可以用来模拟任何现代数字计算机。

图灵机与随机存取机具有相同的能力。

图灵机等同于各种存储指令的计算机系统。

可以将图灵机用作算法定义的精确模型。

描述算法有 3 种基本方式：形式描述、实现描述和高水平描述。形式描述需要详细给出图灵机的状态定义、转换函数的定义，是最详细程度的算法描述；实现描述通常使用自然语言来描述图灵机的动作，如读/写头的移动、怎样存储数据等，不需要给出具体的状态转换函数的描述；高水平描述采用自然语言描述，忽略了图灵机的实现模型，即通常意义上的算法描述。

## 5.5 通用图灵机

图灵机是一个算法的实现装置。直观地，一台通用的计算机，如果不受存储空间和运行时间的限制，它应该能够实现所有的有效算法。按照丘奇-图灵论题，图灵机应该是现代计算机形式化的模型。因此，应该存在一个图灵机，它可以实现对所有图灵机的模拟，也就是说，该图灵机可以实现所有有效的算法，称该图灵机为通用图灵机（Universal Turing Machine）。

**定义 5.10** 通用图灵机。

通用图灵机就是能够模拟所有图灵机的图灵机。

### 5.5.1 编码目的

为了使通用图灵机模拟某个图灵机，需要将图灵机作为通用图灵机的输入信息对待。这就需要对图灵机有一个统一的、合理的编码，便于通用图灵机识别该图灵机的动作。如果图灵机接收给定的输入串，则通用图灵机就接收图灵机和它所接收的输入串。换句话说，为了使通用图灵机模拟某个图灵机，需要设计一个编码系统，它在实现对图灵机表示的同时，可以实现对该图灵机处理的句子的表示。当考察一个输入串是否被一个给定的图灵机接收时，就将这个给定的图灵机和该输入串作为通用图灵机的输入，再由通用图灵机去模拟该图灵机的运行。

由于通用图灵机需要模拟所有的图灵机，所以，通用图灵机的字母表有可能非常巨大，甚至可能是无穷的。而使用有穷表示来代表无穷表示，正是形式化方法的要求。

对图灵机的统一编码的方案可以有多种。一种最简单的思路是：用 0、1 对图灵机的符号进行编码。具体而言，就是用 0 对图灵机除了空白符号以外的其他符号进行编码，这样，图灵机的输入带上的符号集合可以为某个字母表（可能包含多个字母），而通用图灵机的输入带上的符号集合仅为 $\{0, B\}$，输入符号集合也仅为 $\{0\}$。同时，也使用 0 对图灵机的状态转换函数进行编码，使用 1 表示编码之间的分隔。

### 5.5.2 编码方法

设 $TM=(Q, \Sigma, q_0, q_a, \delta)$ 是任意一个图灵机，其中

$$Q=\{q_1, q_2, \cdots, q_n\}$$

$$\Sigma=\{x_1, x_2, \cdots, x_k\}$$

$$\Sigma=\{x_1, x_2, \cdots, x_k, x_{k+1}, \cdots, x_m\}$$

$$q_0=q_i$$

$$q_a=q_j$$

为了使通用图灵机能够模拟该图灵机，对该图灵机进行编码。编码由 3 个步骤构成，即编码开始部分、状态转换函数编码、图灵机输入带上的符号串编码。编码开始部分表示了整个图灵机的情况。

1) 编码开始部分

该图灵机有 $n$ 个状态 $q_1, q_2, \cdots, q_n$，可以使用对应的编码分别表示为

$$q_1: 0, \quad q_2: 00, \quad \cdots, \quad q_n: 0^n$$

图灵机有 $m$ 个带上符号（其中前 $k$ 个为输入符号），可以使用对应的编码分别表示为

$$x_1: 0, \quad x_2: 00, \quad \cdots, \quad x_k: 0^k, \quad \cdots, \quad x_m: 0^m$$

该图灵机编码的开始部分为

$$0^n 1 0^m 1 0^k 1 0^s 1 0^t 1 0^r 1 0^u 1 0^v$$

其中，$0^s$，$0^t$，$0^r$ 分别代表开始状态、接收状态和拒绝状态对应的编码；$0^u$ 代表输入带左端点 ⊢ 的编码，此处，令 $u=k+1$；$0^v$ 代表输入带空白符号 B 的编码，此处，令 $v=m$。

2) 状态转换函数编码

同样，使用 0、1 对图灵机的动作函数进行编码。

图灵机读/写头的移动方向为 R, L, N，可以使用对应的编码分别表示为

$$R(D_1): 0^1=0, \quad L(D_2): 0^2=00, \quad N(D_3): 0^3=000$$

图灵机状态转换函数的一般形式为

$$\delta(q_i, x_j)=(q_k, x_p, D_m)$$

可以使用对应的编码分别表示为

$$0^i 1 0^j 1 0^k 1 0^p 1 0^m$$

因此，可以使用

$$111\delta_1 11\delta_2 11\cdots 11\delta_h 111$$

来表示整个图灵机状态转换函数的编码（使用 11 进行分隔，使用 111 作为开始和结束的标记）。其中，$h$ 是转换函数的个数。

3) 图灵机输入带上符号串编码

图灵机有 $m$ 个带上符号（其中前 $k$ 个为输入符号），输入带上符号串为 $\omega=y_1 y_2 \cdots y_n$，设 $y_i=x_j$ 可以使用 $x_j$ 对应的编码分别表示（使用 1 进行分隔）。

最后，得到图灵机的编码和输入带上的符号串 $\omega$ 的编码为

$$0^n 1 0^m 1 0^k 1 0^s 1 0^t 1 0^r 1 0^u 1 0^v 111\delta_1 11\delta_2 11\cdots 11\delta_h 111\omega$$

**例 5.32**　TM$=(\{q_1, q_2, q_3, q_4\}, \{a, b\}, q_4, q_3, \delta)$，其中 $\delta$ 的定义如下：

$$\delta(q_4, a)=(q_4, a, R)$$

$$\delta(q_4, b)=(q_1, b, R)$$

$$\delta(q_1, a) = (q_1, a, R)$$
$$\delta(q_1, b) = (q_2, b, R)$$
$$\delta(q_2, a) = (q_2, a, R)$$
$$\delta(q_2, b) = (q_3, \#, N)$$

该图灵机编码的开始部分为

$$0^n 10^m 10^k 10^s 10^t 10^r 10^u 10^v$$

其中，状态数 $n=4$；带上符号数 $m=5$；输入符号数 $k=2$；开始状态为 $q_4$；接收状态为 $q_3$；左端点符号 ⊢ 为带上符号的第 3 个，即 $u=3$；# 为带上符号的第 4 个，即 $v=3$；空白符号 B 为带上符号的第 5 个；没有拒绝状态。则图灵机编码的开始部分就是

0000100000100100001000110001000000

图灵机输入符号 $a$ 对应代码 0；图灵机输入符号 $b$ 对应代码 00；左端点符号 ⊢ 对应代码 000；空白符号对应代码 0000。

状态转换函数

$$\delta(q_4, a) = (q_4, a, R)$$

对应

000010100001010

状态转换函数

$$\delta(q_4, b) = (q_1, b, R)$$

对应

00001001010010

状态转换函数

$$\delta(q_1, a) = (q_1, a, R)$$

对应

010101010

状态转换函数

$$\delta(q_1, b) = (q_2, b, R)$$

对应

010010010010

状态转换函数

$$\delta(q_2, a) = (q_2, a, R)$$

对应

00101001010

状态转换函数

$$\delta(q_2, b) = (q_3, \#, N)$$

对应

001001000010001000

该图灵机的状态转换函数编码为

11100001010000101011000010010100101101010101011010010010010110010100101011
0010010001001000111

如果需要识别的串为

*abaab*

对应编码

01001010100

则图灵机的编码和输入带上的符号串的编码为

000010000010010000100011000100000011100001010000101011000010010100011010101
01011010010010010110010100101011001001000100010001110100101 0100

将上述编码作为通用图灵机的输入,则通用图灵机能够分辨出图灵机的整体情况(包括图灵机的状态、字母表等信息)、所有的状态转换函数和当前需要识别的串。

### 5.5.3　总结

对图灵机的编码方式可能有多种,基于 0、1 的编码方法是最方便的一种。

实际上,通用图灵机只是改变了一般图灵机的字母表的元素和状态转换函数的表示方法,即仅利用 0 和 1 来代表图灵机。正如任何的高级程序语言的程序,最终都可以转换为使用 0 和 1 的机器语言的程序表示(当然,机器语言中 1 不作为编码的分隔符号)。

将字符的 ASCII 码作为输入符号的编码,对于状态,可以考虑特殊的 0、1 组合,再加上分隔标记的定义,也可以对图灵机进行编码。读者可以自行实践。

## 5.6　图灵机与短语结构语言

实际上,任何一个短语结构语言都可以被图灵机接收。

**定理 5.12**　任意一个短语结构文法 $G$ 都对应有一个图灵机,使得 $L(G)=L(M)$。

**证明:**略。

## 5.7　线性有界的图灵机与上下文相关语言

**定义 5.11**　线性有界的图灵机的定义。

一个不确定图灵机是线性有界的图灵机,若它的所有操作都局限于带上预先设置的区间内,即读/写头不允许离开带上的某个区间。一般地,分别用\$和¢来标记带上的左、右边界。

**定理 5.13**　一个线性有界的图灵机所接收的语言是上下文相关语言。

**证明:**略。

除前面介绍的单带单读/写头的图灵机外,还有多带多读/写头的图灵机。

**定理 5.14** 若语言 $L$ 能被多带多读/写头的图灵机所识别，则存在单带单读/写头的图灵机，有 $L(M)=L$。

**证明：**略。

# 5.8 图灵机应用实例

**实例 5.1** 基于非确定图灵机的中文搜索引擎。

在互联网时代，用户通过搜索引擎来搜索关注的信息。当前重视易用性的搜索引擎对查询条件的预处理主要是针对词汇进行的，包括下面两种，以将其转换为系统所能够识别的查询条件：① 提取查询条件中的词汇和逻辑关系；② 根据知识库来获取关键词的同义词、近义词及相关词。如果用户不注意关键词的逻辑性，根据现有的搜索引擎处理机制，搜索引擎很难返回令用户满意的结果。搜索引擎的发展趋势更重视人的因素，即智能化检索是基于自然语言检索(Natural Language Search，NLS)的方式，它不同于基于普通关键词的检索方式，减少了普通用户操作的复杂性，提高了搜索准确性，充分发挥了搜索引擎的优势。基于非确定图灵机(Nondeterministic Turing Machine，NTM)智能中文搜索系统，更趋近于对自然语言理解的智能化检索，通过使用 NTM 智能模块，解决了中文信息理解问题，极大地提高了搜索的准确性和查全率，而且搜索引擎同时记录用户的检索策略，为再次搜索提供了参考，避免了许多重复性操作，提高了搜索效率。

其中基于 NTM 智能模块对用户通过人机交互界面输入的查询关键词进行自然语言处理(Natural Language Processing，NLP)，产生多个适合正常语法规则的搜索字串。

对非确定图灵机进行处理，控制器关联全面支持全二分查找方法的分词词典，$\Sigma$ 中存放分词词典中存在且以控制器读头所示字符为首的相关字符串。用户输入查询信息即输入串(string)，系统根据输入串生成多个不同的移动序列，然后依据下面的步骤对输入串进行处理。

Step1：接收输入的字串 string。

Step2：生成移动序列，按规则排序。规则如下：短优先原则，对于同样长度的移动序列，则可以按照移动序列编号值的大小升序排列。例如，512 排在 521 的前面。

Step3：选择移动序列处理由 string 形成的 TM。

Step4：if 这个移动序列能让 TM 进入终止状态。

if 长度#输入的字串；then 按照由长到短的顺序输出移动序列，exit。

else goto Step 5；

else goto Step 6；

Step5：系统自动记录这个移动序列，包括编号值。

选择在此序列基础上更长的序列 goto Step3；

Step6：选择不含刚才移动序列中元素的移动序列，goto Step3。

用带有输出带的五带基本图灵机来模拟实现系统使用的非确定图灵机，如图 5.14 所示。$a$ 带用来存储输入。$b$ 带用来存放生成的用于处理输入串的移动序列。$c$ 带用作草稿纸，因为第二条带存放的移动序列是由系统生成的，但依据该序列对输入串处理并不能一定保证成功，所以把输入串放到 $c$ 带上，然后用 $b$ 带中存放的移动序列进行处理，如果最后到达终止状态，则表示接收该移动序列；否则表示当前的序列是无效的，自动机在 $b$ 带上继续生成下一个移动序列，同时将 $a$ 带中的内容抄写到 $c$ 带上，进入下一次循环。$d$ 带用来记录那些可接收的移动序列。$e$ 带作为系统输出带输出可接收的移动序列。

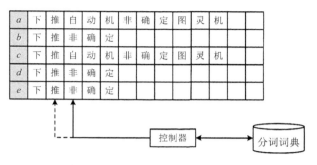

图 5.14　模拟实现非确定图灵机

**实例 5.2**　基于图灵机的递归技术实现。

递归这一概念出现在计算数学及程序设计理论中，几乎所有的高级语言都支持递归这一技术。以图灵机为机器模型的计算也是支持递归的。图灵机的递归过程相对于普通调用有其更大的现实意义，因为递归本身也是人的一种直觉思维。递归调用是图灵机自己调用自己的过程。设计相应的三带图灵机如图 5.15 所示。

第一带包含当前正在计算的图灵机 $M_i$ 的编码，此带的读/写头左右移动，模拟 $M_i$ 的计算，初始输入为 $<M_i>$。第二带是调用地址带，此带从左至右依次包含调用和被调用的图灵机，其间用记号"#"隔开，由于计算始终在一个图灵机上进行，地址带不需要保存图灵机编码，只保存递归调用次数。第三带是传递信息存储带，用以实现图灵机调用之间的信息传递与恢复的问题。

这 3 条带保证了图灵机调用过程中计算与存储的分离，第一带用于计算，第二、三带用于存储，调用完毕之后，第二、三带存储下来的就是调用过程的完整信息。

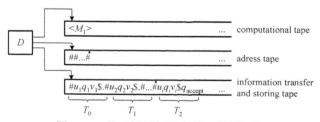

图 5.15　基于图灵机递归的三带图灵机

其中，$T_i$ 用于区分不同层次递归调用的信息传递工作区（从"#"到向后扫描的下一个"#"结束）；第二带带符号"#"代表当前计算的层次，第三带带符号"#"所在工作区代表当前信息传递工作区。这两带的两个"#"保证了调用过程中不同层次的计算互不干扰。

下面介绍模拟阶乘的图灵机。

**分析：**$m!=m\times(m-1)\times\cdots\times2\times1$ 实际上是乘法图灵机的递归。首先定义计算 $m\times n$ 的图灵机 $M$。

$M=$对于输入 $\omega=0^m10^n$：$0^i$ 代表 $M$ 的带上有 $i$ 个 0。

(1)重复 $m-1$ 次下面的动作：每次在当前串后补上 $n$ 个 0；

(2)抹去 1 之前的所有 0；

(3)带上 0 的个数即为输出。

在定义了 $M$ 之后，用算法对 $M$ 进行递归。

输入：$\omega=(<M>,\#,\#)$。

输出：

(1)递归计算结果，即 $m!$的值(带有出口标记的 $M$ 进入接收状态输出的结果)；

(2)递归计算过程($R$ 进入接收状态输出的结果)。

计算带：$<M>$。

地址带：$\#\#\cdots\overset{\wedge}{\#}$。

信息存储带：$\#0^m\$0^{(m-1)!}\#0^{(m-1)}\$0^{(m-2)!}\#\cdots\#0^3\$0^2\#0^2\$0\#0\$0$。

**实例 5.3** 基本图灵机的 Petri 网建模研究。

1. 问题定义

Petri 网是一种系统描述和分析的工具，在许多领域都得到了应用。目前，利用 Petri 网和形式语言与自动机相结合进行研究已有一些研究基础。

图灵机是一种抽象的计算模型。图灵机基本模型有一个有穷控制器、一条输入带和一个带头，输入带被分成许多单元，带头在每个时刻扫视带上的一个单元。该带有一个最左单元，向右则是无限的。带的每个单元正好可容纳有穷个带符号中的一个。开始时，最左边 $n$ 个单元($n \geqslant 0$，是一有穷数)存放着取自带符号集的一个字符串，其余无穷多个单元放空白符。空白符是特殊带符号，但不是输入符号。在一个动作中，图灵机根据带头扫视的符号和有穷控制器的状态，执行如下操作：

(1)改变状态。

(2)在被扫视的带单元上打印一个符号，以代替原有的符号。

(3)将带头向左或向右移动一个单元。

形式上，一个图灵机记成一个七元组：

$$M=(Q, \Sigma, \Gamma, \delta, q_0, B, F)$$

其中，$Q$ 是状态的有穷集合；$\Sigma$是输入符号集；$\Gamma$ 是允许使用的带符号的有穷集合；$\delta$ 是下一动作函数，它是从 $Q \times \Sigma$ 到 $Q \times \Sigma \times \{L, R\}$ 的映射，$\delta$ 对某些自变量可以没有定义；$q_0$ 是初始状态，$q_0 \in Q$；B 是空白符，$B \in \Gamma$；$F$ 是终结状态的集合。

在每一时刻，机器所处状态，带上已写符号的所有格子及机器当前扫视的格子位置，统称为机器的格局。图灵机从初始格局出发，按程序一步步把初始格局改造为格局的序列。此过程可能无限制继续下去，也可能遇到指令表中没有列出的状态、符号组合或进入结束状态而停机。在结束状态下停机所达到的格局是最终格局，此最终格局就包含机器的计算结果。

Petri 网是对离散并行系统的数学表示。Petri 网的结构如下。

1）Petri 网的元素

（1）库所（Place）：用圆形节点表示。

（2）变迁（Transition）：用方形节点表示。

（3）有向弧（Connection）：库所和变迁之间的有向弧。

（4）令牌（Token）：库所中的动态对象，可以从一个库所移动到另一个库所。

2）Petri 网的规则

（1）有向弧是有方向的。

（2）两个库所或变迁之间不允许有弧。

（3）库所可以拥有任意数量的令牌。

3）行为

如果一个变迁的每个输入库所都拥有令牌，该变迁即为被允许。一个变迁被允许时，变迁将发生，输入库所的令牌被消耗，同时为输出库所产生令牌。

（1）变迁的发生是完整的。

（2）有两个变迁都被允许的可能，但是一次只能发生一个变迁。

（3）如果出现一个变迁，其输入库所的个数与输出库所的个数不相等，令牌的个数将发生变化。

（4）Petri 网络是静态的。

（5）Petri 网的状态由令牌在库所的分布决定。

4）Petri 网流程建模

一个流程的状态是由在场所中的令牌建模的，状态的变迁是由变迁建模的。令牌表示事物（人、货物、机器）、信息、条件或对象的状态；库所代表库所、通道或地理位置；变迁代表事件、转化或传输。一个流程有当前状态、可达状态和不可达状态。

基本图灵机和 Petri 网的关系是：图灵机的运行具有流动性和状态可确定性，符合用 Petri 网进行描述的条件。利用 Petri 网这一具有描述并发、异步、动态等事件能力的图形与数学工具来给基本图灵机建模，可充分展现基本图灵机的运行过程，使得对基本图灵机的认识和分析变得简便和明确。

2. 状态模型

这里将给出利用 Petri 网为基本图灵机建模的算法。下面首先根据基本图灵机给出相应 Petri 网的严格定义，然后给出该算法的执行步骤。

定义四元组 PNM=$\{P, T, f, M_0\}$ 当且仅当满足下列条件时称为基本图灵机 $M=(Q, \Sigma, \Gamma, \delta, q_0, \mathrm{B}, F)$ 的 Petri 网：

（1）$P=\{q \mid \exists q \in Q, (q, b, \mathrm{L}) \vee (q, b, \mathrm{R}) \in \delta, b \in \Sigma\} + q_0$，$P$ 为描述图灵机状态的库所集，$q_0$ 为描述基本图灵机运行前状态的库所。

（2）$T=\{t(a) \mid \exists t(a) \in \delta, t(a) = \delta(q, a) = (q, b, \mathrm{L}) \vee t(a) = \delta(q, a) = (q, b, \mathrm{R}), a, b \in \Sigma\}$，$T$ 为描述图灵机带头移动的变迁集。

（3）$f=\{(q_1, v), (v, q_2) \mid \exists\ \delta(q_1, a) = (q_2, b, \mathrm{L}) + \delta(q_1, a) = (q_2, b, \mathrm{R}), a, b \in \Sigma, q_1, q_2 \in Q, \wedge (q_1 \neq q_2)\} + \{(q_1, v) \mid \exists\ \delta(q_1, a) = (q_1, b, \mathrm{L}) \vee\ \delta(q_1, a) = (q_1, b, \mathrm{R}), a, b \in \Sigma, q_1 \in Q\}$，$f$ 表示

库所与变迁之间的弧度集。一个括号代表一条弧，其中括号中的第一个元素指向弧尾，括号中的第二个元素指向弧头。

(4) $M_0(q_0)=1$，$P'=P-\{q_0\}$；$\forall p \in P'$，$M_0(p)=0$；$M_0$ 描述初始状态下各个库所中令牌的分布情况，若库所中无令牌则它的 $M_0$ 为 0，有令牌则 $M_0$ 为 1。根据基本图灵机的运行条件，初始化为基本图灵机运行前状态的库所有令牌，其他库所无令牌。算法步骤如下。

步骤 1   $M_0(q_0)=1$，$P'=P-\{q_0\}$；$p\in P'$，$M_0(p)=0$；$f=\varnothing$，$P=\varnothing$，$T=\varnothing$；

步骤 2   取 $t\in T$，$t=\delta(q_1, a)=(q_2, b, L) \vee t=\delta(q_1, a)=(q_2, b, R)$，$T=T+\{t\}$，如果 $q_1 \neq q_2$，$P=P+\{q_1, q_2\}$，$f=f+\{(q_1, v),(v, q_2)\}$；否则 $P=P+\{q_1\}$，$f=f+\{(q_1, v)\}$；

步骤 3   $\delta=\delta-\{t\}$，如果 $\delta=\varnothing$ 算法结束，否则转步骤 2。

算法描述如图 5.16 所示。

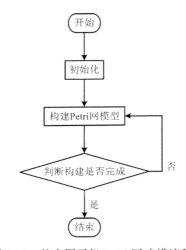

图 5.16   基本图灵机 Petri 网建模流程图

## 3. 模型实现

例如，设有上下文无关语言 $L=\{a^n b^n \mid n \geqslant 1\}$，图灵机接收语言 $L$。

图灵机 $M=(Q, \Sigma, \Gamma, \delta, q_0, B, F)$，其中，

$$Q=\{q_0, q_1, q_2, q_3, q_4\}$$
$$\Gamma=\{a, b\}$$
$$\Sigma=\{a, b, I, J, B\}$$
$$F=\{q_4\}$$

$\delta$ 函数定义如下：

$$\delta(q_0, a)=(q_1, I, R), \quad \delta(q_2, a)=(q_2, a, L)$$
$$\delta(q_0, J)=(q_3, J, R), \quad \delta(q_2, I)=(q_0, I, R)$$
$$\delta(q_1, a)=(q_1, a, R), \quad \delta(q_2, J)=(q_2, J, L)$$
$$\delta(q_1, b)=(q_2, J, L), \quad \delta(q_3, J)=(q_3, J, R)$$
$$\delta(q_1, J)=(q_1, J, R), \quad \delta(q_3, B)=(q_4, B, R)$$

例子中的图灵机按照算法利用 Visual Object Net++ 2.0a 这个 Petri 网仿真平台建模生成的 PNM 如图 5.17 所示。

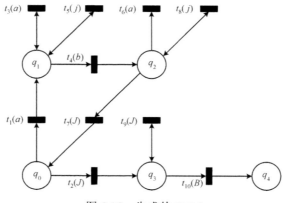

图 5.17　生成的 PNM

**实例 5.4**　神经图灵机。

神经图灵机(Neural Turning Machine，NTM)结合了神经网络与图灵机相关特性，可以在图灵机基本用途的基础上进行更高层次的扩展，如自然语言推导、情景问答等。NTM 是自动编程的一个全新研究方向。下面对 NTM 进行简单介绍。

NTM 包含两个基本部件：神经控制器和存储块。图 5.18 是 NTM 结构的高度抽象示意图。与大多数神经网络一样，神经控制器通过 I/O 向量与外部世界进行交互。不同之处在于，神经控制器能够通过可选的读/写操作与存储矩阵进行交互。类比一般的图灵机，这种参数化读写操作的神经控制器网络输出可以被抽象为"读头"或"写头"。

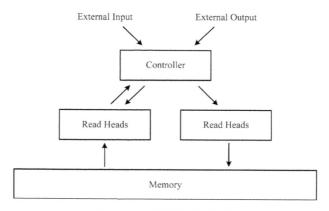

图 5.18　神经图灵机架构

NTM 的每一组成部分均是可微分的，这代表它可以用梯度下降法进行训练。这里对图灵机的读写操作进行模糊化，即读写操作可以对内存中多个元素进行操作，可操作元素个数称为度。这与传统图灵机或计算机的单元素操作不同，模糊化程度由注意力聚焦机制保证，使得读写操作被限制为针对部分内存的操作。

由于与存储交互高度稀疏，NTM 趋向于不受干扰的存储数据。读/写头所发送的特殊输出能够决定哪些存储空间是注意力聚焦区域。这种特殊的输出定义了标准化的存储矩阵的坐标权重(即存储的位置),每一个权重值决定了每一个位置所提供的读写操作的度。因此,NTM 读/写头可以集中地读写单个位置或分散地访问多个位置。

1)读操作

定义 $M_t$ 为 $t$ 时刻 $N \times M$ 的存储矩阵所存储的内容,其中 $N$ 代表存储位置的个数,$M$ 代表每个位置所存储的矢量维度。定义 $t$ 时刻读头所发出的对 $N$ 个位置的读取权重向量信号为 $\omega_t$。由于权重进行了标准化,$\omega_t$ 中的 $N$ 个元素 $\omega_t(i)$ 满足以下约束条件:

$$\sum_i \omega_t(i) = 1, \quad 0 \leqslant \omega_t(i) \leqslant 1, \forall i$$

由读头返回的读结果向量 $r_t$ 定义为存储内容行向量 $M_t(i)$ 的凸组合:

$$r_t \longleftarrow \omega_t \cdot M_t = \sum_i \omega_t(i) M_t(i)$$

它对存储内容和权重是可微分的。

2)写操作

写操作可以被分解成两步:先擦除,后添加。

在 $t$ 时刻,写头发出的写入权重向量 $\omega_t$,以及各个元素只取 (0,1) 的擦除向量 $e_t$。在 $t-1$ 时刻的存储内容向量 $M_{t-1}(i)$ 将按照以下公式修改:

$$\tilde{M}_t(i) \longleftarrow M_{t-1}(i)[1 - \omega_t(i)e_t]$$

其中,$\mathbf{1}$ 代表元素全为 1 的行向量。公式中与存储位置的乘积运算以点积进行,因此,存储位置中的元素在擦除向量元素和权重值均为 1 时才被重新置零,否则存储区的内容不变。由于乘法操作可交换,当多个写头同时发出信号时,擦除操作可以按任意顺序进行。

每一写头会产生长度为 $M$ 的添加向量 $a_t$,在擦除后以如下公式进行添加操作:

$$M_t(i) \longleftarrow \tilde{M}_{t-1}(i) + \omega_t(i) a_t$$

同样地,多个写头的添加操作与顺序无关。擦除与添加操作将产生 $t$ 时刻内存的最终内容。由于擦除与添加分别是可微分的,两个步骤合成的写操作也是可微分的。注意擦除与添加向量包含 $M$ 个独立成分,这使得人们可以对存储位置的元素修改进行细粒度的控制。

# 习 题 5

5.1 构造识别下列语言的图灵机。

(1) $\{1^n 0^m \mid n \geqslant m \geqslant 1\}$;

(2) $\{01^n 02^m 1^n \mid n, m \geqslant 1\}$;

(3) $\{1^n 0^n 1^m 0^m \mid n, m \geqslant 1\}$;

(4) $\{0^n 1^m \mid n \leqslant m \leqslant 2n\}$;

(5) $\{\omega \mid \omega \in \{0, 1\}^* \text{且} \omega \text{含有相同个数的 0 和 1}\}$;

(6) $\{\omega \mid \omega \in \{0, 1\}^* \text{且} \omega \text{中至少有 3 个连续的 1 出现}\}$;

(7) $\{\omega 2 \omega^T \mid \omega \in \{0, 1\}^*\}$;

(8) $\{ \omega\omega^{T} \mid \omega\in\{0, 1\}^{*}\}$；

(9) $\{ \omega\omega \mid \omega\in\{0, 1\}^{*}\}$。

5.2　构造计算下列函数的图灵机。

(1) $n!$；

(2) $n^{2}$；

(3) $f(\omega)=\omega\omega$，其中$\omega\in\{0, 1, 2\}^{+}$；

(4) $f(\omega)=\omega\omega^{T}$，其中$\omega\in\{0, 1, 2\}^{+}$。

5.3　构造一个多道图灵机实现正整数乘法 $n\times m$。

5.4　构造一个多带图灵机实现正整数乘法 $n\times m$。

5.5　请给出作为枚举器的图灵机的形式定义。

5.6　请给出作为多栈机的图灵机的形式定义。

5.7　请给出作为计数机的图灵机的形式定义。

5.8　构造 LBAM 识别语言$\{\omega\omega \mid \omega\in\{0, 1\}^{*}\}$。

5.9　构造 LBAM 识别语言$\{a^{i}b^{j}c^{i+j} \mid i, j>0\}$。

# 参 考 文 献

陈晓亮, 卢朝辉, 宋文, 2008. 基于图灵机的递归技术的实现[J]. 计算机工程与科学, 30(10): 153-155.

陈有祺, 2008. 形式语言与自动机[M]. 北京: 机械工业出版社.

方敏, 王宝树, 邱素蓉, 2003. 基于下推自动机的仿真模型形式化描述[J]. 计算机科学, 30(6): 159-161.

胡定文, 朱俊虎, 吴灏, 2007. 基于有限状态自动机的漏洞检测模型[J]. 计算机工程与设计, 28(8): 1804-1806.

HOPCROFT J E, MOTWANI R, ULLMAN J D, 2004. 自动机理论、语言和计算导论(原书第 2 版)[M]. 刘田, 姜晖, 王捍贫, 译. 北京: 机械工业出版社.

蒋宗礼, 姜守旭, 2012. 形式语言与自动机理论[M]. 3 版. 北京: 清华大学出版社.

金红, 蒋存波, 陈小琴, 2007. 基于有限状态自动机原理的孔中心定位程序[J]. 计算机工程与应用, 43(4): 113-114.

SHIPSER M, 2008. 计算理论导引[M]. 唐常杰, 陈鹏, 向勇, 等, 译. 北京: 机械工业出版社.

张发, 宣慧玉, 赵巧霞, 2006. 基于有限状态自动机的车道变换模型[J]. 中国公路学报, 21(3): 97-100.

张晓琳, 李宏辉, 韩剑锋, 2010. 基于下推自动机的 XML 数据流递归查询研究[J]. 计算机工程与设计, 31(4): 763-766.

赵东旭, 乐晓波, 2009. 基本图灵机的 Petri 网建模研究[J]. 电脑知识与技术, 5(21): 5760-5762.

赵丽娜, 丁宁, 赵春晓, 等, 2007. 基于非确定图灵机的中文搜索引擎研究[J]. 辽宁师范大学学报(自然科学版), 30(3): 315-318.

朱晟仁, 黄瑞光, 2007. 有限状态机在动画角色行为中的建模应用[J]. 计算机技术与发展, 17(6): 130-132.

GRAVES A, WAYNE G, DANIHELKA I, 2014. Neural turing machines[J]. arXiv preprint arXiv: 1410.5401.

LEWIS H, PAPADIMITRIOU C H, 1997. Elements of the theory of computation[M]. 2nd ed. Upper Saddle River: Prentice Hall.